刘超英 著

# 家装设计学

# Home decoration design

机械工业出版社
CHINA MACHINE PRESS

本书分14章，从家装及家装设计的概念到家装设计师的职业特点；从家装业主的属性到家装意愿的判断；从房屋的结构类型到户型分析；从家装市场的竞争格局到流行动向的把握；从功能的配置到平面设计；从家装创意的切入点到家装风格的选择；从家装工程的实施到关键的把握；从家装相关法规到设计师的法制意识，分别对家装设计的方方面面进行了详尽的理论阐述和概念定义，就各类房间的设计提出了需要把握的要点。本书用大量的案例对理论进行演绎，使读者既能全面掌握家装设计理论的概念和原理，又能打开设计思路，启发创意灵感，还有翔实的设计数据和要点提示，是想成为家装设计师以及关心家装业、家装市场和需要家装的各类人士的理想读物，也可作为大中专院校相关专业、相关课程的教材使用。


**图书在版编目(CIP)数据**

家装设计学/刘超英著.—北京：机械工业出版社，2008.8（2010.8重印）
ISBN978-7-111-24015-0

Ⅰ.家… Ⅱ.刘… Ⅲ.住宅—室内装修—建筑设计Ⅳ.TU767

中国版本图书馆CIP数据核字(2008)第059552号

机械工业出版社(北京市百万庄大街22号邮政编码100037)
责任编辑：李俊玲　版式设计：霍永明
责任校对：张玉琴　封面设计：刘超英
责任印制：杨　曦
保定市中画美凯印刷有限公司印刷
2010年8月第1版第2次印刷
186mm×245mm · 24 印张 · 583 千字

标准书号：ISBN978-7-111-24015-0
定价：98.00 元

凡购本书，如有缺页、倒页、脱页，由本社发行部调换

电话服务　　网络服务
社服务中心：(010)88361066
销 售 一 部：(010)68326294　　门户网：http://www.cmpbook.com
销 售 二 部：(010)88379649　　教材网：http://www.cmpedu.com
读者服务部：(010)68993821　　封面无防伪标均为盗版

# 前言

## 有四个命题，看起来很容易回答：

命题 1. 家装是谁的事？
答：家装是家装业主自己的事，自己想怎么装就怎么装。

命题 2. 家装设计是谁的事？
答：家装设计是家装设计师的事，他想怎么设计就怎么设计。

命题 3. 懂什么知识的人可以进行家装设计？
答：懂得设计艺术和设计技术知识的人就可以进行家装设计了。

命题 4. 家装设计是一门学问吗？
答：家装设计很普通，很世俗，大家都懂，不算什么学问。

这四个命题的回答对不对？
——对，也不对！
从简单的逻辑关系来看，都对。

家装就是家装业主个人的事，有什么样的业主，就会有什么样的家装。别人无法干预他人的意志，为他人做决定。

——对啊!

家装设计确实是由家装设计师完成，有什么样的家装设计师，就会有什么样的家装设计。设计师的理念、学识、水平决定设计的程度和水平。

——也对!

懂得家装设计艺术和家装施工技术的人确实是可以进行家装设计了。

——很有道理啊!

家装设计确实很普通，懂的人确实不少，尤其是不少有天分、有经验的人。许多不是专业的人都在设计，而且设计得还很好。

——事实确实如此!

但是，逻辑难道就这样简单吗?

家装真的就不关别人什么事吗?

家装设计真的就只是家装设计师的事吗?

家装设计真的就只涉及设计艺术和设计技术这么单纯吗?

家装设计真的就不是一门系统的学问吗?

否!!!!光给一个叹号是不够的，必须给四个叹号。

首先来看第1个命题的答案:“家装是家装业主自己的事，自己想怎么装就怎么装。”

——果真如此吗?

——否!

家装确实是家装业主自己的事，但也不完全是他自己的事。这是因为家装这件事不仅涉及家装业主自身，而且也涉及左右邻居、所处的小区及物业管理公司、国家和地方的监管机构、国家和地方的家装法规、社会与时代以及家装的设计和施工人员(公司)。这就是家装为什么会成为一个比较严重的社会问题的原因。有时，甚至政府的处罚通知书和法院的传票也会发到业主的手上。因为，身处社会中的每一个家装业主是无法回避和逃脱社会这个无形的制肘的。所以，第一个命题如果要成立的话必须有一个前提条件:即他的所有家装行为必须符合社会的公共规则，必须符合相关法律的规定，并且不对他人造成损害。

其次来看第 2 个命题的答案："家装设计是家装设计师的事，他想怎么设计就怎么设计。"

——果真如此吗？

——否！

家装设计确实是由家装设计师具体操作，可是他想怎么设计就能怎么设计吗？如果是这样的话，家装业主会第一个反对！因为家装设计师是家装业主雇来为自己服务的，这个家装设计首先要体现用户也就是业主的意志——家装业主的精神和物质要求。其次，家装设计还要符合设计规范、社会规则和法律规范。否则，这个设计就会成为一张废纸。

再来看第 3 个命题的答案："懂得设计艺术和设计技术知识的人就是可以进行家装设计了。"

——果真如此吗？

——否！

设计艺术和施工技术确实是家装设计的主要内容，但不是家装设计的全部内容。对这个问题，不但上面的这个答案不对，就连许多培养家装设计师的高校及很多专家学者也没有回答正确。要不然为什么绝大多数高校的教学计划中有的都是"住宅空间设计"、"居室室内设计"、"建筑装饰设计"、"室内设计"、"建筑装饰材料"、"建筑装饰构造"、"建筑装饰施工"、"建筑装饰设备"、"建筑装饰预算"这类设计艺术或设计技术的课程，而没有洽谈沟通、业主心理、房屋类型和家装市场等这样现实社会非常需要的教学内容。看起来设计师只要懂得"设计艺术"和"施工技术"就可以了。这样也就可以解释许多高校毕业生虽然能够画漂亮的设计图样，知道一些材料的名称，懂得一些施工的理论知识，但却不善与业主交流，不懂得如何才能说服业主接受自己的主张，更不懂得什么样的设计才能获得业主的首肯；在回答采用什么设计风格，确定什么设计档次这两个最基本的问题时往往不得要领；对到了工地如何和工人打交道、如何和施工人员及相关技术人员打交道、如何把握工程质量更是一无所知。即使派他去帮助设计师为客户测量房屋这样简单的工作，也很难胜任，拿回来的数据不是缺了这个，就是少了那个，甚至要三番五次地返工，等等。这也就是许多家装公司不愿意要刚从学校毕业的"设计师"的原因。

其实，家装设计涉及的学问除了设计艺术和施工技术以外，还有很多，例如：如何判断业主的类型，如何确定业主的家装目的，如何判断业主的属性——这需要懂心理；不同的业主有不同的社会角色，不同的家庭类型有不同的特点，需要采取不同的家装策略——这需要懂社会；如何确定家装的档次，如何提高家装的性价比——这需要懂经济；如何争取业主，开拓业务，说动业主签下合同——这需要懂营销；如何协调各个工种的技术人员，贯彻设计师的设计意图，把握施工的进程和质量——这需要懂管理；如何判断业主房屋户型的优劣，根据业主房屋的结构类型，提出相应的设计手段——这需要懂建筑和建筑结构；如何适应千变万化的市场，把握市场流行的规律，使自己的设计永立潮头——这需要懂市场；如何使自己的设计有文化内涵，有个性，有深度，有特色——这需要懂得历史、文化、民俗；如何使自己的设计能够顺利地实施，没有纠纷，没有阻碍——这需要懂这个行业相关的规章制度、法律法规；如何使自己快速成长，成为行业中耀眼的明星——这需要自己独到的知识结构和独到的才情，等等。总之要提出一个符合业主需要，又能让公司挣钱，还能体现自己才华的设计方案，确实不是一件容易的事情，绝非只懂设计艺术和施工技术，会画设计图样那么简单!

最后来看第 4 个命题的答案："家装设计很普通、很世俗，大家都懂，不算什么学问。"

——果真如此吗?

——否!

家装设计"很普通"，这话不假。因为，到目前为止，关心家装设计的人很多，经历过家装设计的人也很多，家装设计已经成为一个热门话题，聊起家装设计谁都可以说上几句。但这并不代表大家都"懂"，也不能说明家装不是一门学问；家装设计"很世俗"，这话也有一定的道理，参与其中的大多数都是世俗生活中的"你"和"我"，但世俗并不排斥学问，民俗学不也是一门大大的学问吗？在现代社会称得上"学问"的不只是那些深奥的数学、化学、物理学、政治经济学、历史学……这些看似简单、通俗的学科其实也有系统的知识，深奥的道理。就说家装设计而言，以前并没有什么《家装设计学》这样的学术专著，那并不代表这门学问不存在，而是因为缺少研究、总结它的学者和研究人员。从事这个行业的人员并不是缺乏科学、艺术知识，而是他们忙于家装设计的实践。他们现在的成功除了因为有在学校系统学习的设计艺术和设计技术的相关知识的基础，还因为在长期的社会实践中又自觉不自觉地学习并掌握了上面提到的那些知识。真正成功的家装设计师应该是一个杂家，他要懂得的东西太多了，他需要的知识太广泛了，需要有社会学、心理学、经济学、市场学、美学、文化学、工学、建筑学、材料学、艺术设计学、美术学、民俗学、管理学、教育学、法学等学科的相关知识，而且还要把这些知识进行有机整合，形成独立的学科体系和知识结构。

说到这里，把这些庞杂的知识系统地组织起来，成为一门完整的学科——家装设计学，粗看起来虽很“扎眼”，但细细分析，并不过分。家装设计这个事业在当今这个社会中，已经风风光光地发展了至少20多年。我想，把个人和同行们在这么多年的家装设计和家装教学实践中获得的经验和体会，总结成系统的《家装设计学》这件事，迟早有人要做。今天，我，斗胆地做了这样一件事！我想，不论成功还是失败，它都是有意义的。至少可以抛砖引玉，引起大家的关注、讨论，甚至是争论和批评。我想，只要是出于为我国的家装设计事业和家装设计教育事业的成功而贡献自己智慧和见解的目的，所有的这一切，都应当受到应有的尊重！

作者<br>2006年11月19日第一稿<br>2007年10月19日第二稿

# 前言

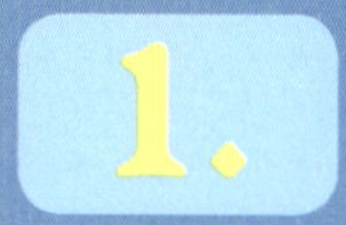

## 热点透视 家装及家装业

## 察言观色 了解家装业主

3.

# 目录 Contents

## 5. 打开锦囊 平面规划原则

## 6. 捕捉灵感 家装创意设计

## 温馨港湾　卧室

## 10. 厨餐乐趣　厨房与餐厅

## 11. 净身享受　卫生间

## 12. 不可或缺　辅助空间

## 13. 把握关键 实现设计效果

# 14. 依法行事 家装设计师的法规意识



# 参考文献

# 后记

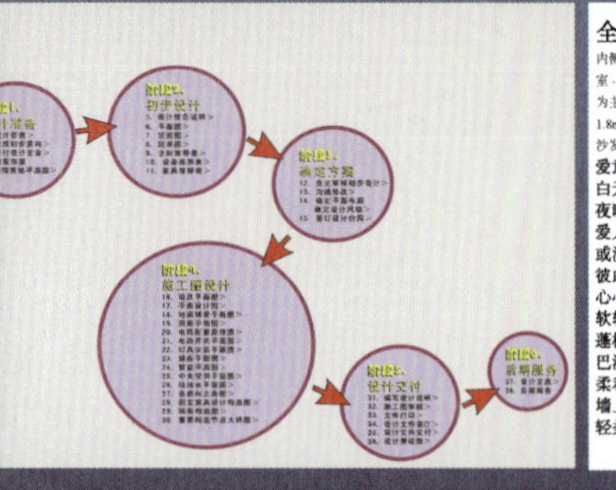

家装业是当今社会的一个热点。这是因为：①中国经济的持续发展使一批又一批人圆了住房梦。其中有的是首次购房，还有的是二次甚至是三次购房。这些人都会关注家装业；②2005年我国城市的人均住房面积已经达到了27m$^2$，中国的核心家庭——“三口之家”平均拥有81m$^2$的独立居住空间。中国的城市约有上亿户家庭，由此可见有多少家庭、多少人关注家装；③中国人的“住房情节’，决定了住的质量在其心目中的地位；④住房消费、家装消费有力地促进了中国经济的发展，“家装热”可以使很多行业及就业者生计无忧，事业发展；⑤自然折旧、审美疲劳和攀比心理的联合作用，使得人们对自己的居住空间有一轮一轮持续更新的动力。

让我们进入正题——

# 1. 热点透视

# 家装及家装业

1.1.1 家装的概念

1.1.2 家装的基本原则

1.1.3 家装的操作流程

1.1.4 家装的类型和运作模式

1.1.5 目前家装业存在的主要问题和发展趋势

## 1.2 家装设计

1.2.1 家装设计的概念

1.2.2 家装设计文件

1.2.3 家装设计的流程

## 1.3 家装设计师

1.3.1 家装设计师的工作方式

1.3.2 家装设计师的工作内容

1.3.3 家装设计师的收益

1.3.4 家装设计师的地位和作用

1.3.5 家装设计师如何实现设计理念

1.3.6 家装设计师的能力和素质

1.3.7 家装设计师的职业前景

# 1.1 家装及家装业 >>>

## 1.1.1 家装的概念

**业主委托家装设计师和家装施工人员，运用特定的设计理念、周全的功能配置、艺术的空间处理、得当的家具和陈设布置、合适的材料运用、合理的经济投入及正确的施工技术和科学的施工组织，对业主原始的家居空间进行装饰装修，使业主能够如意地生活，这样的工程活动称为家庭装饰装修，简称“家装”。**

## 1.1.2 家装的基本原则

**适用、实用、美观、经济、安全健康及可持续性是家装的六个基本原则。**

### 1. 适用

家装首先要适用。这个“适用”是“适”业主所用而不是“适”设计师所用。业主是投资者，也是使用者，如果不是“适”业主所用，这个家装设计再高明对业主来说也是没有什么意义的。家装设计师和家装公司要千方百计了解业主，理解业主，站在业主的角度，为业主所思，为业主所想，为业主服务，创造出业主适用、业主喜用的家居空间。

### 2. 实用

家装要安排好业主家庭的实用功能。因为家装的主要目的不是欣赏而是实际使用。通过专业设计，使业主在实际生活中感到所有的设施使用起来方便、顺畅、舒适；功能配置科学、合理；尺度把握得当、合体。

### 3. 美观

随着生活水平的不断提高，人们对家装的美观的要求日益突出。有些业主会把美观放在十分重要的位置。有这样一个现象：当家装落成的这段时间，业主特别希望自己的亲朋好友来串门，心里特别希望听到他们的赞许。而亲朋好友评价家装成功与否，主要以美观为依据。对好的设计师而言，适用、实用与美观是可以统一的。家装效果是否美观对设计师口碑的形成相当关键。

### 4. 经济

对多数家庭而言，家装是家庭的重大经济支出。控制家装的经济投入是多数家庭的要求。

家装的投入少则几千、几万元，多则十几万、数十万元。个别豪门上百万、上千万元地投入也时有所闻。对经济敏感的家庭，设计师要控制造价。对经济不敏感的家庭，设计师同样要优化设计。设计的经济性和设计的优化是一个很值得探讨的课题，设计师要不断地摸索、积累经验。

适用、实用、美观与否和经济投入的大小不一定成正比。不是投入大就一定适用、实用、美观。能够用少的投入获得好的效果就是设计师水平的体现。投入要讲究性价比。投入要有效益，要让人切实地感觉到。如十万元的投入让人感觉只有五六万元的效果，那么这个设计的性价比是低的，经济性是差的；反过来，如五六万元的投入让人感觉有十几万元的效果，那么这个性价比就是高的，经济性是好的。从另一个方面来讲，较高的资金投入一定要体现低投入达不到的更好的效果。有的经济条件好的业主，要让家装具有高的品位，使用名贵的材料和繁复的工艺，设计师要想尽办法把这些材料的效果和工艺的效果体现出来。这也是经济性的要求。

### 5. 安全健康

从心理学的观点来说，安全健康是人的最低要求，也是家装设计最起码的要求。可是就是因为它是最低要求，很多年来反而被人忽略了。在家装现实中，许多违反安全健康的行为屡屡发生。如无视结构安全，破坏建筑整体的承重关系的野蛮装修时有出现；与人体接触的细节处理不够妥当给人造成伤害的事故也屡有发生，严重地影响了人们的生活。因此，这个最低要求现在就被提到了一个非常重要的位置。注意安全健康，既要关心大局，也要关注细节。所谓大局就是结构安全、防火防灾；所谓细节就是设计的细枝末节，如家具中有没有尖利的锐角，台阶有没有明显的标志，灯光有没有刺目的眩光等等。

### 6. 可持续

这个概念在家装中就意味着绿色和生态。

绿色建筑是指在建筑的全寿命周期内，最大限度地节约资源(节能、节地、节水、节材)、保护环境和减少污染，为人们提供健康、适用和高效的使用空间，与自然和谐共生的建筑。就家装而言，既要考虑实现过程中如何节约材料和保护环境、减少污染，还要考虑使用过程中能够减少能耗，提高环境质量和空间效率。

生态建筑的定义是20世纪60年代美国建筑师保罗·索勒瑞(PaolaSoleri)提出的。他把生态学(Ecology)和建筑学(Architecture)两词合并为“Arology”，提出“生态建筑学”的新理念。生态建筑就是把建筑物的能源、环境与人的生理、心理甚至情感的需求综合起来考虑，在以人为核心的生态系统中达到一种供需平衡的建筑。就家装而言，更需要这种平衡。室内环境主要考虑的因素包括室内空气质量、室内热环境、室内声环境、室内光环境。这些因素既影响使用者的生理也影响使用者的心理。有效控制室内环境质量，在保证健康的前提之下，进一步追求舒适和高效是当今家装业的一项艰巨的任务。

## 1.1.3 家装的操作流程

家装的过程比较复杂，要顺利地完成家装各个环节的任务，必须有一个科学合理的流程，详见图1-1。

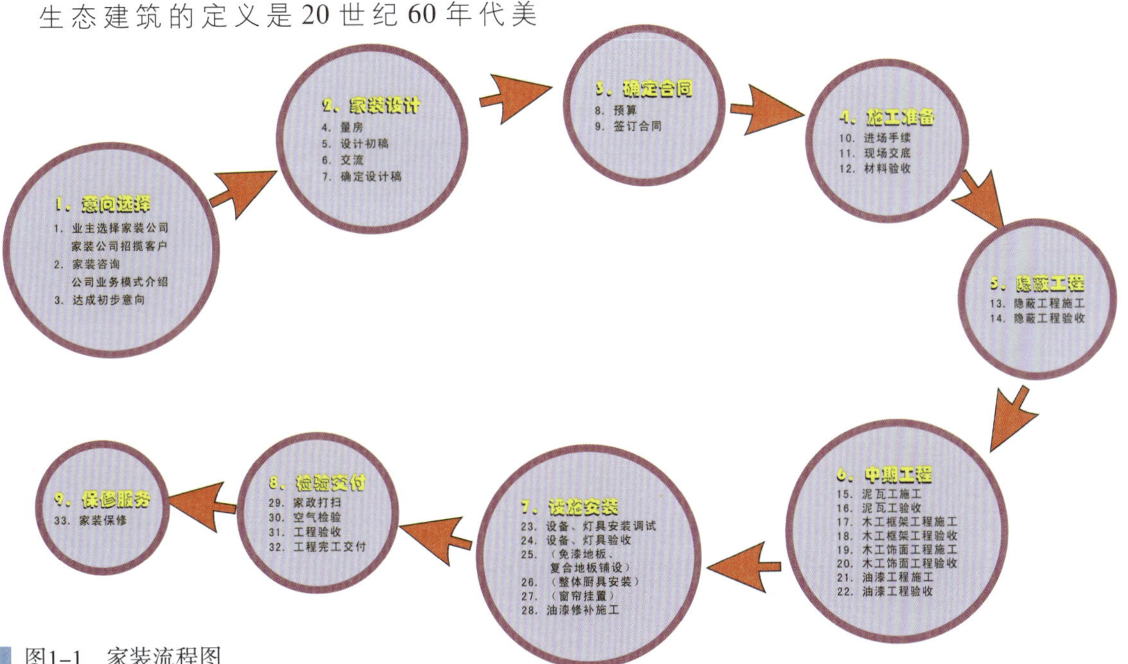


图1-1　家装流程图

图 1−1 所示 9 个阶段 33 个环节是一般家装的基本流程。各个家装公司可根据自己的实际情况制订符合自己公司实际情况的个性流程。图 1−2 所示为北京龙发公司制订的家装流程。

## 1.1.4 家装的类型和运作模式

### 1. 家装的类型

(1) 一次装修　对新交付的房屋进行的装修。一般都是新楼盘。全新的房子叫“白坯”，也叫“毛坯房”。一代伟人毛泽东主席说过“一张白纸，可以描绘最新最美的图画”。毛坯房可任由设计师发挥想象力，对设计师的限制最小。

(2) 二次装修　对原来装修过的房子重新进行装修。这样的家装类型需要全部或部分拆除原有的设施。对家装工程来说，复杂性增加了。

(3) 全装修　全装修住宅是相对现在的毛坯住宅而言。它在交付时已经包含了符合消费者意愿的质量上乘的装修，消费者可以直接入住。住宅全装修已经成为政府力推的制度，建设部经过多次论证，已经推出《商品住宅一次性装修实施细则》。当前市场上的全装修住宅主要是单身公寓。由开发商对其开发的商品房进行装修，厨房、卫生间一般装修到位，而其他房间大都只装修界面，家具由居住者自己购买，可以满足使用者的个性化需求。也有配置全部家具的精装修房，这样的房子个性化程度低，但方便性大大提高，居住者只要拎着提包入住即可。

(4) 样板房装饰装修　房地产公司为了推销自己建造的房子，往往要建造几间样板房，以促进其房屋的销售。样板房的装饰装修，是家装中的一种特殊类型，它数量少但影响大，值得家装设计师关注。

样板房的消费者是房地产公司。房地产公司不是一般的消费者，而是由一群对房产有深刻理解的专业人士组成的特殊的消费者。所以，他们对样板房设计的要求很高、很专业，一般委托比较知名的设计师进行设计。样板房的目的不是为了居住，而是为了销售。因此，装修效果非常重要，对使用功能的要求可以适度忽略。装修档次一般高于它本身的定位，风格也比较时尚、前卫，材料运用要十分讲究，要特别注重展示效果，色彩要适度地刺激，陈设布置、艺术品的点缀要有品位，能够引领相当多的消费者进行模仿。

### 2. 家装的运作模式

家装运作模式很多，常见的家装运作模式有：

(1) 委托家装公司

1) 全包。全包是最常见的家装运作模式。整个家装工程，包括家装设计、材料采购、家装施工全部由家装公司按用户提出的要求进行打理，业主只要对设计和预算进行审查、对材料审核验收、对施工质量进行检验。

适合对象：对装饰装修材料不熟悉，且无时间和精力采购材料的用户。

主要风险：家装公司的信誉度。如果业主碰到不良企业，可能就会出现以次充好、以少充多等情况。

把握关键：业主要选择一家可以信赖的家装公司。

这种模式还派生出两种子方式：

2) 清包。清包就是将材料采购以外的工程施工包给家装公司。

适合对象：专业知识丰富，对市场熟悉并且有大量时间的客户。

主要风险：材料采购的质量与价格能否保证，容易产生质量纠纷。

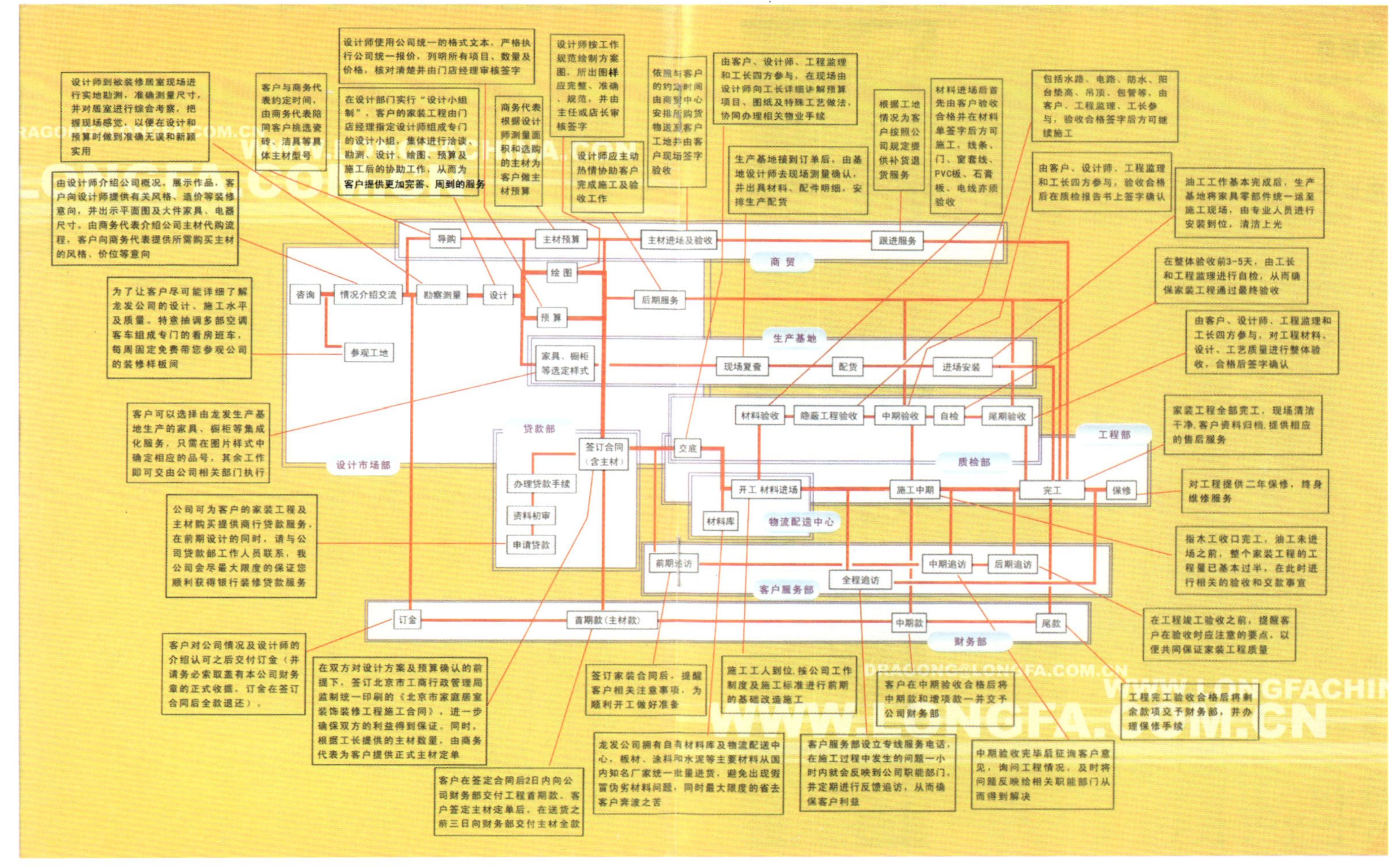


■ 图1-2　北京龙发公司家装工作流程图

把握关键：业主应做好对材料质量的鉴别和价格的比较，施工前预先检验材料。

3) 半清包。用户与家装公司只结算人工费、机械使用费、辅助材料费以及相应的间接费。用户可不用为采购辅助材料而操心，只自备主要装修材料，如涂料、磁砖、壁纸、木地板、洁具等。家装公司负责工程的施工及辅助材料的采购，如水泥、石灰、砂子、石子等。

适合对象：对装饰装修主材有鉴别能力，且有时间和精力采购主材的用户。

主要风险：材料采购的质量与价格能否保证，容易产生质量纠纷。

把握关键：业主应做好对主材材料质量的鉴别和价格的比较，施工前预先检验主材。

**(2) 委托名设计师设计，委托家装公司施工** 有些名设计师是独立开设计公司的，而家装公司的设计师往往没有独立设计师有名气。这是一种高端的家装模式。业主既享受到了高层次的设计服务，同时，整个施工由施工技术强的家装公司全包，工程质量能够得到保证，施工过程也比较轻松。家装公司也乐于采用这样的模式。因为名设计师设计的家装效果好，能够给施工的公司带来好的口碑。

适合对象：希望享受名设计师设计服务的业主。

主要风险：设计与施工衔接的密切程度。

把握关键：设计师与家装公司要有良好的配合。

**(3) 委托设计师设计，委托包工队施工，设计师负责施工指导和质量监理** 委托设计师设计，使家装效果有了保证。委托包工队施工费用低，可以省去家装公司的管理费，而施工过程又由设计师指导和监理，质量也有了保证。另外，装饰装修材料一般也在设计师的指导下购买，可以做到货真价实。因此，这种运作模式价廉物美。

适合对象：业主比较内行，特别对材料比较熟悉，同时又比较有空闲时间。

主要风险：设计与施工衔接是否顺畅。

把握关键：选择的包工队要有诚信，有一定的施工技术水平。

**(4) 委托设计师设计，委托“游击队”施工** 设计师提供设计图样，但不参与后面的施工过程。由业主分别找泥瓦工、水电工、木工、油漆工进行施工。这种运作模式又省了两笔费用：一是设计师的施工指导监理费，二是包工头的利润。

适合对象：对经济敏感的用户。

主要风险：省钱的代价是设计有可能走样，业主自己更加辛苦。施工中还可能出现各种矛盾和纠纷。施工过程中材料浪费也很大。

把握关键：需要把握的关键太多，因此也就没有了关键。真正的关键是补充大量的家装专业知识。

**(5) 无设计、全部委托包工队施工** 这是一种最原始的家装模式，被采用者认为是最省钱的一种家装模式。

适合对象：愿意承担一切家装事务，同时也承担一切风险的业主。

主要风险：各个方面都会有风险。如果业主达不到包工头的专业水平，那么十有八九要受骗、挨宰。

把握关键：业主要补充大量的家装专业知识，使自己达到包工头的水平。

**(6) 精装修** 开发商与购房者在房产销售时就约定了装修的内容，业主可直接入住，不必再次装修。开发商一般会做若干个样本房，供业主选择。这种模式好处有很多，也是国家提倡的模式。但由于一些开发商简单化操作，导致装修的个性缺乏，适用性差，许多用户还是要打掉重新装修，造成更大的浪费。

适合对象：个性要求不高，工作繁忙的业主。

主要风险：个性缺乏，开发商在材料、质量、价格方面是否诚信。

把握关键：预先认可自己喜欢的方案、品质、价格。

**小贴士**

**选择什么样的家装模式是由业主根据自己对家装的认识和自身条件决定的。如果业主征求设计师的意见，设计师可以给出客观的意见。**

### 1.1.5 目前家装业存在的主要问题和发展趋势

#### 1. 目前家装业存在的主要问题

目前家装业在一片繁荣的后面藏着隐忧。根据中国消费者协会统计，近年来有关家庭装修的投诉占全部消费者投诉的20%以上，主要的原因是市场发展过于迅猛。一方面开发商的住宅交付标准不够规范；另一方面以外来农民工为主的家装队伍技术水平低，操作缺乏规范。目前家装业存在的主要问题如下：

1) 市场秩序混乱，低水平无序竞争普遍；无执照、无资质、无技术装备、无资金保证的“游击队”占领了家装市场的半壁江山，坑蒙拐骗、卷逃资金的现象时有发生；部分企业高估冒算，偷工减料，粗制滥造，工程质量低劣，售后服务无保证。

2) 从业准入门槛低；企业规模小，数量多，缺乏竞争力；企业资质参差不齐，资质管理难度大。

3) 进行家装施工的多是小型队伍，人员大多是农民工，缺乏必要的甚至是起码的培训；施工随意性大，经常偷工减料、以次充好。

4) 产业升级难，企业经济效益低下；产业结构调整、科技进步、产业壮大等都无从谈起。

5) 现场施工的工程量大，施工工期长，施工程序复杂，施工质量难于保证；野蛮施工时有发生，存在安全隐患。

6) 设计个性化程度不高。

7) 浪费严重，如水电重做、局部结构改造、返工等时有发生；装修材料浪费惊人，家装设备存在损坏、失窃等隐性成本。

8) 环境秩序混乱，材料、半成品、装饰装修产品、垃圾等混杂在一起，卫生差；噪声、化学物质污染严重；施工产生的大量余料难于回收利用。

9) 现场治安不可靠，发生纠纷基本采用“私了”的解决方式；质量监控体系不完善，基本没有第三方监理人员的介入。

10) 业主需要持续关注家装的各个环节，精神紧张，身体劳累，容易与家装公司发生纠纷。

#### 2. 家装业的发展趋势

未来我国家装产业的发展方向是集约化、规范化、环保化、工业化、专业化、智能化。

(1) 集约化　设计、开发、施工、监理、材料供应将有序地整体运作。建筑设计时要考虑装饰设计，土建施工时要考虑装饰施工，装饰效果成为房产效果的重要组成部分，材料供应商要提供更丰富的产品供设计师选择。各个部分互相关联，互有影响，整体运作，实现共赢。以家装设计师为例，他应该在住宅建筑设计图定稿前就参与其中。因为建筑结构出来之后，家装设计师只能去适应已经形成的建筑结构。此外，他还要与装饰装修施工者更紧密地配合，指导他们按设计要求正确地完成施工任务。家装设计师如此，其他环节的人员也是如此。这种互相关联、互相考虑上下环节的要求、互相为其他环节提供方便，谋取共赢的操作手法就是集约化经营。集中经营、集中采购、集中生产，只有这样才能做大规模、降低成本、提高效益、扩大知名度；要形成开发、设计、施工、监理、产品制造一条龙，售前、售中、售后服务一体化；分工明确，操作专业，形成科学的产业链。

(2) 规范化　装饰装修企业正面临重新“洗牌”的局面。住宅全装修的发展，使一些具有品牌和实力的家装企业得以涉足整幢住宅的装饰装修，散兵游勇式的家装企业必将被淘汰。企业的经营活动都将在成熟的法律框架内进行。行业有规范的运作机制、企业有规范的运行制度、市场有规范的交易规则、设计有规范的技术要求、施工有规范的工艺流程、质量有规范的检验标准、争议有正常的协调程序、权益有国家法律法规的保障。运行各方诚信、守则，一切都在阳光下。这是必然的发展趋势。

在全装修商品房制度下，规范的集团运作将成为不可阻挡的趋势。所用装饰装修材料由开发商集团采购，装饰装修施工采取招投标，由专业公司提供专业服务，多数施工内容是一体化的工厂制作，在现场只要进行集成、安装。不管是房子的问题还是装饰装修问题，都由开发商对完整的住房产品负责，并按照国家规定进行保修。

(3) 环保化　环保不仅对可持续发展，而且对人民的生活质量和健康安全都日显重要。今后的家装，环保是一个重要的检验项目。国家已经发布了一系列规范标准，对家装的环保做出要求，并认定了一批环保检测机构。家装企业必须执行这些标准，工程必须通过环保检验。

环保有三个层次，一是必须选用环保产品，要选用通过国家环保标准的产品，在进行批量生产时，对不明确的材料应预先进行环保检验；二是在整合不同的家装产品或是对这些产品进行再加工时，必须运用环保的手段，无论采用何种材料和工艺，都不应对人体和周边的生态环境产生危害；三是装饰装修材料超过使用年限以后，也可以比较容易地自然降解及转换。家装材料企业要开发研制新的环保材料和加工工艺，设立严格的企业标准，以适应社会和市场发展的需要。

(4) 工业化　目前，我国建筑装饰装修材料及部件的品种仅为国际的十分之一，而且工厂化生产程度较低。今后，毛坯房装修中大量零星的木制品加工项目，甚至梁、柱、门框的穿线布管工作，都可以在工厂流水线上统一完成，到了现场只需装配。厨卫单元定型、管线布置定向和设备家具定位，将成为建筑装饰材料生产企业新的发展方向。除房子以外的材料全部采用工厂加工，然后到现场安装。

家装企业要有自己的装饰装修构件加工厂。住宅的标准化、模数化将逐步成为住宅设计的重要原则。适应市场需要的新产品、新技术、新工艺也会大行其道。今后的家装企业，将不单单有第三产业的属性，而且会有明显的第二产业的属性。

(5) 专业化　目前，家装涉及的工艺越来越复杂，新工艺、新材料层出不穷。因此，家装公司随着规模的扩大，各类具有不同特长的人员应实行专业化分工，有机组合，合理调配，才可能做好不同要求的工作。

另一方面，由于今后住宅全装修工程面对的不是散户，所以确定装饰装修材料必须有严格的筛选程序。同样功能的材料或产品，哪家性能最优、价格最优惠、服务最好、供货最及时等都会成为评选的标准。这就要求装饰装修材料生产企业必须专业化，只有专业化，才会有好的产品。将来装饰装修产品的提供商绝大多数也将只生产某类产品，做到更专业、品质更优良。

(6) 智能化　智能化住宅是住宅发展的必

然趋势。住宅装修时，必须充分考虑信息化功能的要求，使装饰装修后的住宅能充分利用各种高、精、尖科技来改进和完善其使用功能，体现人居活动健康化和享受化。

家装企业运作智能化是家装产业发展的必然趋势。因为面对个性化的要求，家装企业的运作将极其复杂。没有智能管理手段不可能产生高效益。电子商务、现代物流、智能设计、智能管理将是今后家装企业运作的主要手段。只有智能化运作才能将极其复杂的事情简单化，才能为企业创造高价值。推进“MIE”(制造业信息化)，导入ERP系统(企业资源计划)，实施SCM(供应链管理)和CRM(客户关系管理)，采用4C1P［CAD(计算机辅助设计)、CAM(计算机辅助制造)、CAPP(计算机辅助工艺流程设计)、CAE(计算机工艺分析)、PDM(产品数据管理)］是现代家装企业的必然选择。没有这些智能手段，现代家装企业的运作是难以想象的。

## 1.2 家装设计

### 1.2.1 家装设计的概念

**家装设计是对业主委托的原始家居空间进行整体项目或专业项目的生活方式、艺术效果和技术保障的设计。**

1. 整体项目或专业项目设计

家装的过程比较复杂，它的整体项目是由若干个专业项目组成的。所以一个整体的家装设计可以分解成以下若干个专业项目：

(1) 装修设计　主要包括功能设计，空间设计，固定家具设计，色彩和采光设计，水、电、燃气及智能等技术设计等。

(2) 装饰设计　包括软装饰设计，如家具设计、陈设设计、艺术品设计等。

(3) 施工组织设计　包括施工工艺、施工技术、施工过程的设计等。

(4) 整体厨具设计　包括厨具及相关设备及配件的设计。厨房间的给排水、供电、供气及墙面、地面、顶面的装修不包括在内。

(5) 整体卫生间设计　包括卫生间的墙、顶、地面设计和卫生间设备设施的设计。

(6) 楼梯设计　包括楼梯的形式设计、构造设计。

(7) 布艺设计　包括窗帘、帷幔等的设计。

(8) 阳台庭院绿化设计　包括植物设计、造景小品设计。

家装设计可以是上述全部项目的设计，也可以是上面某几个项目的设计。

通常人们理解的家装其实并不是家装的全部，而是以装饰装修设计为主的部分项目的设计。实际操作也是这样的，业主只要求家装公司进行家装主要部分的设计和施工。有些家装项目的设计和施工由专业公司负责。专业公司有专门的技术和设备，由他们承接的项目专项施工水平比较高。这些项目的施工一般在他们自己的工厂进行，在家装现场只要安装就可以了。

2. 生活方式设计

(1) 功能设计　主要满足家庭的各项使用功能。

(2) 房间分配设计　决定房间的功能组合。

(3) 套型改进设计　重点是发扬套型的优点，改掉套型的缺点。

(4) 设备配置设计　选择、确定家用设备。

3. 艺术效果设计

(1) 空间设计　确定室内的空间效果。

(2) 界面设计　确定室内的界面形式和材料。

(3) 构造设计　确定装修的具体构造。

(4) 色彩设计　确定室内的色彩氛围。

(5) 材料设计　确定装修采用的具体材料。

(6) 家具设计　确定采用什么类型、材料、色彩、风格的家具以及家具的摆放方式。

(7) 采光设计　确定照明形式和灯具。

(8) 陈设设计　确定各类陈设的配置。

4. 技术保障设计

(1) 给排水设计　确定供水和排水管线的敷设方式。

(2) 暖通设计　确定空调设备的种类、型号、位置。

(3) 强电设计　确定电路及开关插座的位置。

(4) 弱电设计(智能布线设计)　确定电话、有线电视、网络、报警防盗系统等的布设。

(5) 环境设计　包括环境、安全、健康设计。

## 1.2.2 家装设计文件

**家装设计文件主要包括反映设计师设计思想和设计意图的技术图样、设计说明、材料和设备清单、设计概算、设计合同、设计变更通知书、图样会审记录、技术交底记录等。**

### 1. 技术图样

技术图样主要有方案图、效果图、施工图、竣工图等。技术图样的表达方法必须符合国家相关制图标准。

### 2. 设计说明

设计说明是技术图样的补充，主要说明工程概况，施工图设计的技术依据，采用的材料、设备，设计构造、施工方法的技术要点以及免责声明等。

### 3. 材料和设备清单

设计师推荐给业主的家装材料和拟用设备的清单。

### 4. 设计概算

在初步设计阶段，由设计师根据初步设计的图样，对各项费用的定额和取费标准作一个工程造价的估算。它能大体反映这个工程的造价水平，给业主提供参考。

### 5. 设计合同

设计合同是家装公司或独立设计师与业主就委托和受托事项的权利与义务达成的一个具有法律约束力的经济合同。

### 6. 设计变更通知书

在设计完成后，有时会因种种原因需要对原设计进行部分的更改，设计师应把这种更改设计以设计变更通知书的形式告知业主和施工单位。

### 7. 图样会审记录

设计图样完成后，设计方需要组织相关技术人员对设计图样进行会审，对设计中存在的问题提出意见，互相进行技术协调。对这个过程进行记录的文件称为图样会审记录。这也是设计文件的组成部分。

### 8. 技术交底记录

设计交底是设计师对自己的设计文件中的设计要求和施工中应重点注意的技术问题向施工方进行交代。这个过程也需要书面记录，以防日后产生责任纠纷。

## 1.2.3 家装设计的流程

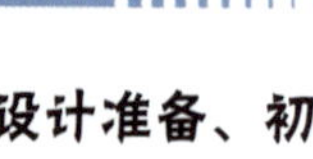

**家装设计的流程归纳起来有设计准备、初步设计、确定方案、施工图设计、设计交付、后期服务六个环节**。每个环节都有自己的核心任务，详见图 1-3。

### 1. 设计准备

核心任务：客户与设计师的互动交流。

基本要求：客户与设计师建立互信。

客户向设计师咨询，通过咨询建立对家装

公司和设计师的信任。

设计师通过交流观察，了解客户的愿望、要求，以便在初步设计时提出一系列的设计主张。

设计师和客户互动交流越充分越好，以使双方都能了解到各自需要的信息。设计准备阶段的工作内容有：

(1) 设计咨询　严格地说是对设计问题的咨询。但实际上设计师是业主最先接触的家装公司的员工，也是公司具体洽谈业务的业务员。客户在进行咨询时会对所有他感兴趣的问题发问，如公司资质、公司信誉、设计水平、施工水平、获得荣誉、操作办法、家装流程、收费办法、优惠措施、保修年限等。设计师要如实地向客户回答自己公司的操作办法、惯例和规定，同时也要讲究讲解方法和技巧，重点宣讲自己的设计理念和业绩。

(2) 达成初步　意向业主对设计咨询满意之后，设计师要不失时机地与业主达成设计意向，劝说业主支付设计定金。有的公司会承诺：设计不满意，全额退还已付费用。以消除业主对公司设计水平的顾虑。

(3) 收取设计定金　设计定金一般是设计费的 5% ~ 30%，各公司不等。收取定金的目的主要是为了“勾”住客户。因为在这个阶段，客户对设计师及公司还未完全信任，象征性地收取一点费用是为了让客户表示一点诚意。先让客户付少量的钱，可以让客户觉得数额不大，即使损失了也无所谓，这样可以解除客户的戒心。



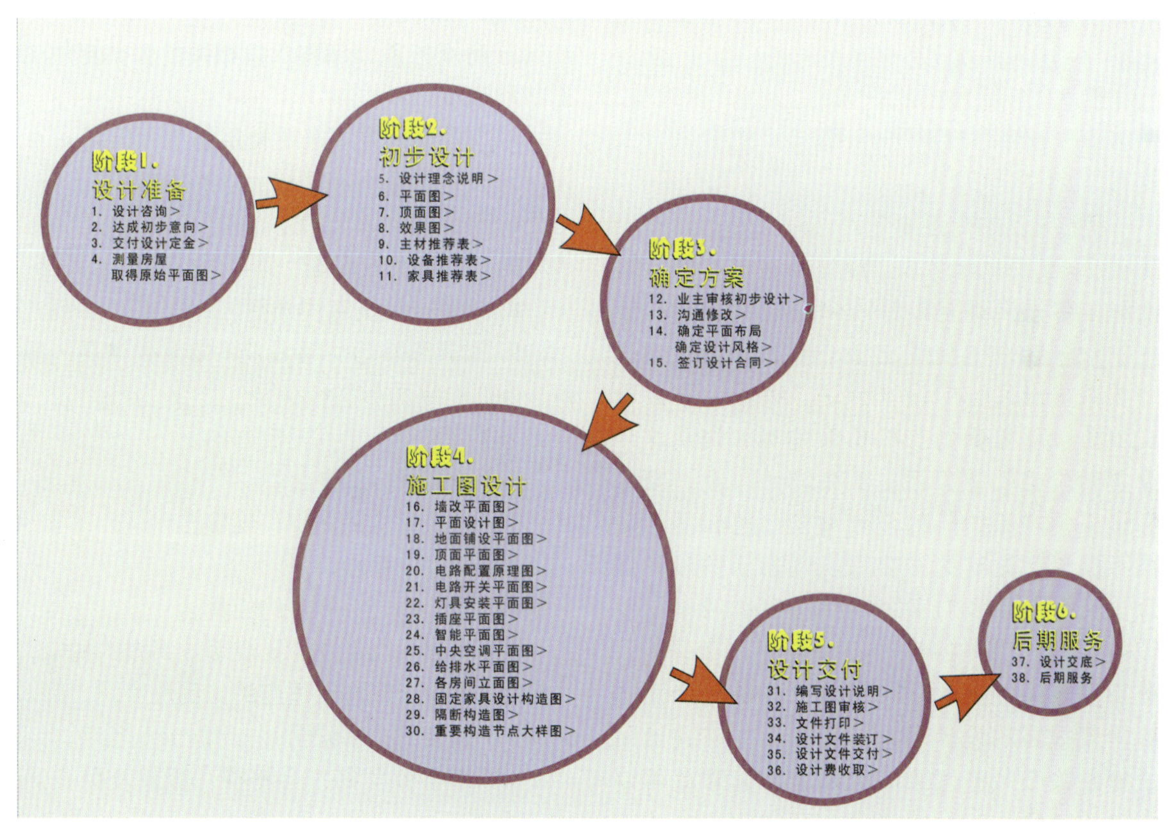


图1-3　家装设计流程图

**小贴士**

**消费心理学表明，客户在支付了少量费用之后，绝大多数还是希望设计能够进行下去。很少有客户会不在乎自己已经付出的费用。如果设计不满意，还可以不断修改，直至满意。收取设计定金实际上是为了保证家装公司和设计师的利益。**

(4) 测量房屋取得原始平面图　收取设计定金之后，设计师就要立刻安排对业主的房屋进行测量。业主会非常配合设计师的测量活动。

### 2. 初步设计

核心任务：根据客户的情况和要求，确定设计理念和设计，对客户家庭生活进行合理科学的功能安排——平面布局，也称平面设计；还要确定整个工程大致的造价。

基本要求：充分反映设计师的设计理念，符合业主的生活理想和生活状态，设计文件图面漂亮，有艺术魅力。

初步设计的内容如下：

(1) 确定设计理念　设计师在进行初步设计时，首先要确定设计理念。设计师要在业主的众多要求中提炼出核心要求，再根据这个要求提出适当的设计想法。如业主在设计交流阶段反复提到怎样价廉物美，说明这个业主对价格敏感。因此，在设计时设计师要尝试采用“简约”的设计理念，可以用“简约不简单”这样的文字来表达自己的设计理念，因为在众多的家装风格中简约风格是比较省钱的。简约的设计不是设计的简单化，更不是效果的简单化。所以，这是一个业主接受度很高的设计理念。又如业主在交流阶段特别关心装修污染的问题，设计师就可以尝试“绿色”的设计理念。在向业主介绍设计时最好对自己的设计理念进行重点说明。这个说明可以放在设计文件的封面或扉页上。说明要简明扼要、醒目突出，能够引起业主的注意。这也可以充分表明设计师对业主的重视，使业主倍感欣慰。

(2) 设计平面图　平面图是初步设计中的核心图样，也是客户最关心的图样。在这张图里表明设计师对业主家庭的空间格局的布置、房间的分配、生活设施的配置、家具的平面形态和布局、陈设的点缀等家装的关键信息。它可以体现业主家庭的生活状态、生活水平、生活重心。在平面图里可以充分体现设计师的设计功力。平面图在技术上要包含下列信息：

1) 经过设计改造的建筑平面的形状和尺寸。

2) 房屋的朝向方位，如果没有说明就是默认的上北下南。

3) 房间的入口和与入口相关的公共部位的形状和尺度。

4) 多层的房屋要表明楼层信息和标高。

5) 交通的组织和楼梯上下的位置。

6) 房间的分隔和尺寸。

7) 房间功能的分配。

8) 功能区域及空间分割。

9) 家具和其他生活设施（如卫生洁具、厨房设备）的平面形态和布局。

10) 门窗的大小和开启方向。

11) 地面标高的变化。

12) 地面材料的名称和规格。

13) 相关的色彩。

14) 强、弱电控制盒的位置。

15) 有效果图的还需要表明效果图的视角。

16) 与打印图面相适应的比例尺度。

17) 必要的文字说明。

18) 带有公司名、会签栏、版权及免责声明的图签。

注意：初步设计的平面图与施工平面图是

有区别的。初步设计的平面图主要是向业主说明设计师的总体意图。因此对施工人员说明的技术符号不必出现在上面。

平面图的表现在艺术上要注意线形的层次，房屋建筑的轮廓和内部家具陈设等要有明显的区别，线条上要注意粗细变化。

平面图一般用 AutoCAD 来绘制，也可采用手绘图。

(3) 制作效果图　许多业主希望设计师在设计方案时提供几张效果图，家装公司一般也会满足业主的要求，提供 1 ～ 3 张主要部位的效果图。

效果图一般比施工图更容易被业主理解。为了与业主顺利签单，设计师一般要花费较大的精力绘制效果图。一般应选择业主最关心的部位和设计亮点部位绘制效果图。效果图可以手绘或用计算机绘制。

手绘效果图一般采用马克笔或钢笔淡彩、彩色铅笔等快速表现工具来绘制。手绘效果图要重点营造虚实结合、收放自如、一气呵成的效果。

用计算机绘制效果图有专用的软件，如圆方；也有通用的软件，如 3Dmax 和 Photoshop。计算机效果图可以表现逼真的空间效果和材质，模拟家装完成以后的真实效果，很受业主的喜欢。

效果图的角度选取非常重要，一定要把设计的亮点表达出来。

(4) 提出主材推荐表　除了平面图和效果图以外，在初步设计文件中最好还要向业主提供一份材料清单，其中包含本套设计中使用的主要装饰装修材料，以便使业主对自己家装修的主要材料有个直观的认识。材料清单要表明材料的品牌、名称、规格、价位、主要性能（参见表 1–1）。这个清单被业主确认之后，就成为今后业主验收材料的一个依据。

**表 1–1 家装主要材料建议清单（部分）**

| 序号 | 材料 | 数量 | 市场价格 | 品牌及规格 | 备注 |
|---|---|---|---|---|---|
| 1 | 木材 | 约2m$^3$ | 约1700元/m$^3$ | 樟子松 | 东北产 |
| 2 | 地板 | 约80m$^2$ | 约300元/m$^2$ | 大自然 | 国产名牌 |
| 3 | 大芯板 | 约60张 | 约90元/张 | 莫干山 | 国产名牌 |
| 4 | 纸面石膏板 | 约38张 | 约30元/张 | 龙牌 | 国产名牌 |
| 5 | 装饰面板 | 约30张 | 约50～190元/张 | 莫干山 | 国产名牌 |
| 6 | 电线 | 另见清单 | | 东方 | 国产名牌 |
| 7 | 水管 | 另见清单 | | 皮而萨 | 国产名牌 |
| 8 | 五金 | 另见清单 | | 汇泰龙 | 国产名牌 |
| 9 | 洁具 | 另见清单 | | TOTO | 合资名牌 |
| 10 | 瓷砖 | 约35m$^2$ | 约300元/m$^2$ | 诺贝尔 | 国产名牌 |

(5) 提出设备推荐表　家装的很多部位都要牵涉到设备的安装，有些设备与界面和构造设计有尺寸的配合，这些设备的品种和型号必须在设计施工图之前确定。因此，应事先取得这些设备的颜色、尺寸、安装方法等信息，以便进行设计配合。

小贴士

**许多业主在设计阶段并不关心这个问题，设计师必须提醒业主，预先确定好与装修相关的设备，最好事先买好设备。否则就容易出现装修以后设备安装不上、设备拿不进门、设备安装效果差、使用不方便等问题。**

许多家用设备涉及到专业技术问题，除此之外还涉及到造型、色彩、风格等方面的问题。因此，设计师要指导业主选购家用设备。设计师可以根据业主对设备的要求，向业主提供一份设备建议清单（参见表 1–2），以便在设计时进行尺寸、色彩、质感、构造等方面的配合。

**(6) 提出家具推荐表** 因为家具是房间里的主角，所以家具的风格、色彩、尺寸最好事先确定。设计师应与业主充分沟通，帮助业主挑选到自己喜欢的合适的家具，取得家具的准确尺度，然后根据家具的数据确定设计的风格。表 1–3 为家具购买建议清单。

表 1–2 家装主要设备建议清单（部分）

| 序号 | 设备名称 | 品牌与规格 | 市场价格/元 | 使用场合 | 安装尺寸/mm及安装要求 |
|---|---|---|---|---|---|
| 1 | 电视机 | SONY/42in | 17000 | 起居室 | 离地高700(插座800) |
| 2 | 电视机 | TCL/32in | 9880 | 主卧室 | 离地高700(插座800) |
| 3 | 电视机 | TCL/32in | 9880 | 次卧室 | 离地高700(插座800) |
| 4 | 热水器 | 老板\13L天然气 | 2300 | 厨房 | 离地高1700(插座1700) |
| 5 | 抽油烟机 | 老板 | 2100 | 厨房 | 与厨具组合(插座厨具内) |
| 6 | 灶具 | 老板 | 1700 | 厨房 | 与厨具组合 |
| 7 | 消毒柜 | 老板 | 1600 | 厨房 | 与厨具组合 |
| 8 | 水斗 | 欧林 | 1380 | 厨房 | 与厨具组合 |
| 9 | 换气扇 | 奥普 | 560 | 厨房 | 吊顶安装,靠近内侧 |
| 10 | 冰箱 | LG/双开门 | 12000 | 厨房 | 四周留100(插座300) |
| 11 | 浴霸 | 奥普 | 700 | 卫生间 | 吊顶安装,浴缸中心 |
| 12 | 空调 | 美的/3匹 | 7000 | 起居室 | 落地(插座300) |
| 13 | 空调 | 美的/1.5匹 | 3000 | 主卧室 | 离地高2100(插座2200) |
| 14 | 空调 | 美的/1匹 | 2500 | 次卧室 | 离地高2100(插座2200) |
| 15 | 洗衣机 | 西门子/5kg | 7000 | 阳台 | 600×560×600 |

表 1–3 家具购买建议清单

| 序号 | 家具名称 | 数量 | 限制尺寸/mm | 材料风格和色彩说明 |
|---|---|---|---|---|
| 1 | 沙发 | 1组 | 3500×3000 | 真皮/欧式/栗壳色 |
| 2 | 单椅 | 2把 | 中型 | 三防布面/欧式/栗壳色 |
| 3 | 茶几 | 2个 | 1200×1200 | 木+玻璃/欧式/栗壳色 |
| 4 | 电视柜 | 1个 | 3500×600×300 | 木/欧式/栗壳色 |
| 5 | 主卧床 | 1张 | 2000×2200×500 | 织物/欧式/栗壳色 |
| 6 | 衣柜 | 1组 | 4500×2200×600 | 木/欧式/栗壳色 |
| 7 | 床前几 | 2组 | 600×500×500 | 欧式/栗壳色 |
| 8 | 次卧床 | 1张 | 2500×2000×500 | 织物/欧式/栗壳色 |
| 9 | 鞋柜 | 1个 | 1200×1100×300 | 木/欧式/栗壳色 |
| 10 | 写字台 | 1张 | 1700×800×780 | 木/欧式/栗壳色 |
| 11 | 餐桌 | 1张 | 1600×1000×780 | 木/欧式/栗壳色 |
| 12 | 餐椅 | 1组 | 中型 | 三防布面/欧式/栗壳色 |

在一切准备完成后，就可以通知业主前来公司审查初步设计了。

### 3. 确定方案

核心任务：根据业主的要求修改初步设计，确定设计方案，签订设计合同。

基本要求：与业主达成一致。

(1) 业主审核初步设计文件　业主在收到设计师的初步设计文件后都会对之进行评估，评后的重点是：设计理念和总体布局是否符合自己的意愿；房间安排和功能配置是否符合自己的使用要求；家具配置是否合理够用；设备配置是否得当；经济档次是否符合自己的心理价位等。要求高的业主还要评估设计风格是否可以接受，设计有没有创新，有没有设计亮点等。一般允许业主将初步设计文件带回家去（未付设计定金者除外），征求全家的意见。

(2) 沟通修改　业主经过仔细评估，对设计师的设计进行意见反馈。这时设计师需要仔细听取业主提出的意见，对功能的遗漏和没有必要的功能配置进行增减，对没有考虑到的关系进行调整。根据长期的设计实践，实际上在这一环节业主才会把自己的想法表达清楚。

**小贴士**

**业主的意见总体来说有三种：全盘接受、多数接受部分修改、全盘否定。**

**如果业主的意见是“全盘接受”，那么要恭喜设计师了，其设计完全符合业主的要求，不必进行修改就可以进入下一个环节。当然也不排除业主有可能迷信设计师，或者看不懂设计图样。**

**如果业主的意见是“全盘否定”，这种情况不多，若是出现了，就要分析原因，是设计师对业主的理解有误，还是业主没有理解设计师的设计意图，是设计师完全没有考虑到业主的要求，还是设计太超前或过于保守。对这种情况唯一的选择是完全推倒原设计，重新进行设计。但这个时候业主对设计师已经产生了信任危机，设计师的这单生意渺茫了。**

**多数的情况是“多数接受部分修改”，即业主对设计基本肯定，有部分不足要求进行改善。**

**设计沟通是设计师必须练就的基本功。为什么有的设计师总是能很快地与业主达成共识，而有的却多有坎坷，其中的奥秘就在于设计师沟通能力。**

## 沟通和交流技巧　介绍作品阶段的沟通和交流的技巧

**技巧1　共同理念勾起共鸣**

案例：在进行上海某高层住宅单面套型的设计时，设计师对业主说：你的“健康设计”这个要求是当今的热点，跟我的想法很合拍。由此看来，你的理念是比较符合潮流的。所以我根据这个理念做了许多尝试，如针对单向型套型天然的通风条件不佳的缺点，我在通风组织时作了这样的努力……

点评：设计师与业主在沟通中，既夸奖了业主，也肯定了自己，业主听了非常满意，自己的设计也得到了业主的认可。

**技巧2　关键亮点引起憧憬**

案例：在宁波香格里拉小区的某住宅装修设计时，设计师向业主推荐“全功能卧室”的理念，用带有诗情画意的语言进行解释，见图1-4。

点评：设计师的介绍引起了女主人对未来生活的憧憬，使她欣然接受了设计师的设计理念。

**技巧3　独到之处清晰解释**

案例：在宁波天一家园某住宅装修设计

图1-4　初步设计时对全功能卧室的说明

中，设计师对儿童房的设计有很多独到之处，所以对这个环节进行了重点解释，还特意画了一张效果图（图 1-5）。

点评：设计师的解释和效果图使客户对这个部分十分了解，也十分满意。

### 技巧4　疑难部位重点说明

案例：对客户重点关注的问题或嘱托，一定要有回应。某客户因为其住宅套型的进深长（图 1-6a），十分担忧客厅的光线。在设计方案中，设计师对这个问题给予了特别的关注，在解释方案时也对这个部位的构造进行了重点说明（图 1-6b）。

点评：设计师的重点说明既显示了设计师对客户的重视，也可以显示出设计师比一般客户高明之处。

### 技巧5　细心观察客户表情

客户在接到设计师的初步设计之后一般都有不同的表情和肢体语言：

有的欣喜，比我自己想的还要好！（兴奋、笑容满面）

有的满意，不出所料，基本满足了我们的需求。（满意地点头）

有的犹豫，好是好，就是造价太高了！（举棋不定）

有的质疑，大体还可以，局部还需要调整。（看完抬起头来，露出征询的眼神）

有的疑惑，这难道是我要的风格吗？（眉头皱了起来）

有的不满，我自己设计也能这样。（不屑一顾）

有的失望，离我的要求太远了。（看了一眼就放下了）

点评：对客户的这些表情或肢体语言，设计师要注意观察并敏捷应对。总体来说，完全满意和完全不满意的是少数，基本满意、需要修改的是多数。因此设计师尤其要注意中间的

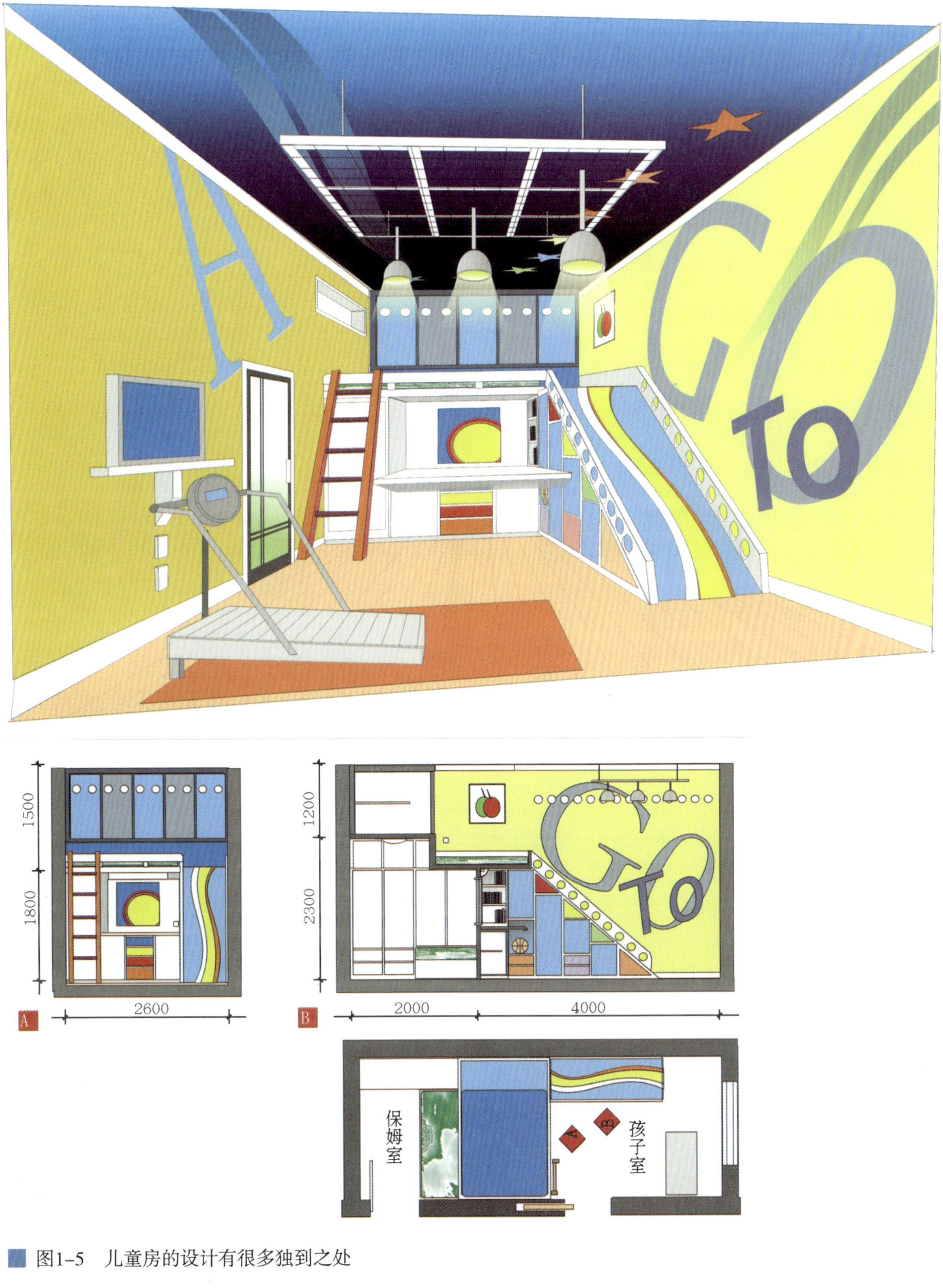

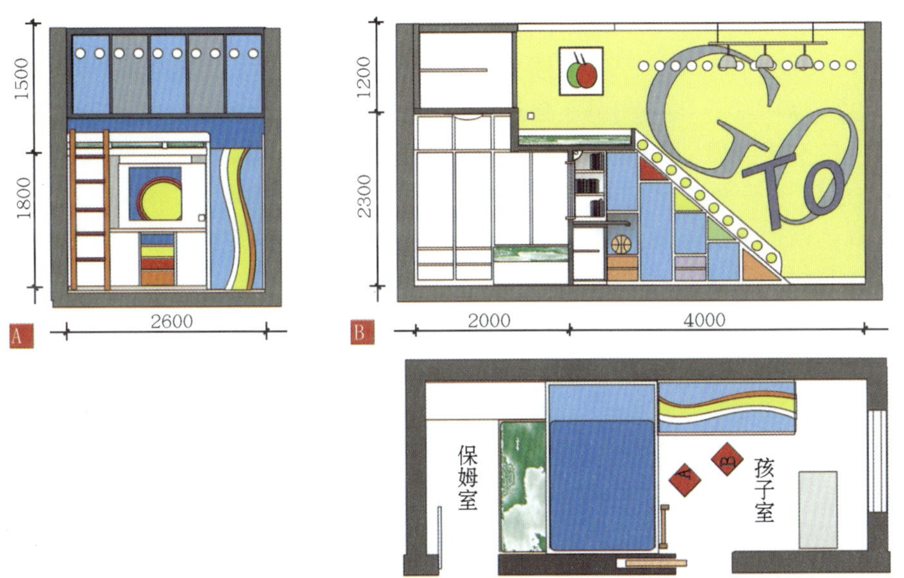


图1-5　儿童房的设计有很多独到之处

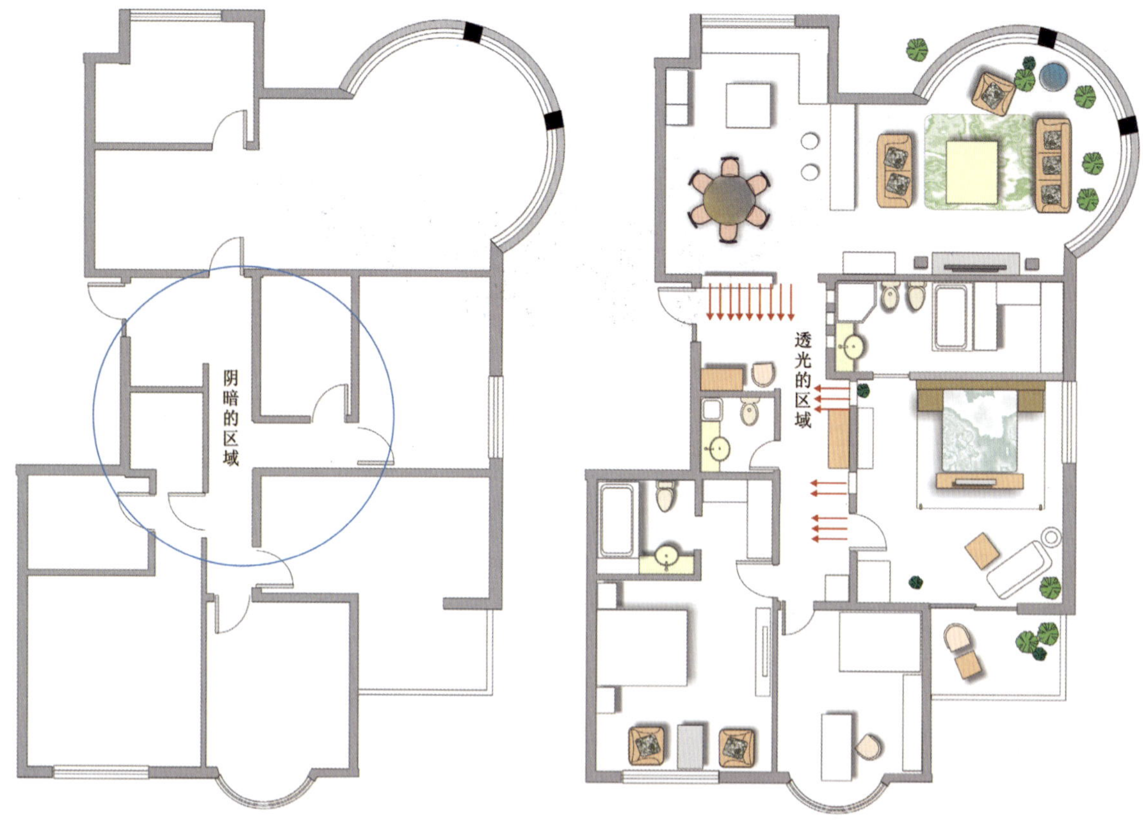


图1-6　解决套型的进深过长出现的采光问题

几种反应。

**技巧6　弄清反对意见原因**

从设计师与客户实际的交流来看，交流不充分的占多数。客户与设计师有距离是正常的。设计师对客户的错误判断也是常常发生的事。客户的有些意图设计师体会不了，因此业主对方案提出反对意见是预料之中的事情。设计师可以利用初步设计对业主加深了解。

如果设计师介绍的设计思路不对客户的胃口，就要想办法弄明白客户是真的不喜欢自己的设计方案呢，还是自己没有把自己的设计方案介绍明白？有时是因为客户一时想象不出设计师所描述的设计效果，沟通不完全。这时，设计师可以通过类似的案例，或通过手绘示意图把自己的设想介绍清楚。有时客户也会提出自己的思路和设想，设计师对此要耐心倾听，对合理的要立刻加以肯定，对不合理的则需要对客户的思路进行适当的诱导和矫正。

点评：如果客户真的不喜欢自己设计的风格，那只好改变思路，重新设计。

**技巧7　这样更完美了！**

对经过双方互动达成的最终成果，设计师一定要表达这样的意思："经过您的指点，设计方案更加完美了！""这样改动确实不错。""这真是一个好主意！"

点评：这样的语言表达会拉近设计师与客户的距离，使客户有被肯定、被尊重的感觉。

(3) 签订设计合同　初步设计完成后，业主对设计师的设计能力和设计价格已经没有疑问，因此很多公司选择在这个时候签订设计合同。也有的公司在初步设计前就签订设计合同。

小贴士

设计合同需要明确的事项有：

· 项目名称和地址。

· 项目面积（注明是建筑面积还是使用面积）。

· 工作内容（纯设计、设计兼施工指导、设计包施工、家具家饰购买指导等）。

· 设计程度（初步设计、水电设计、施工图设计、效果图设计等）。

· 设计周期。

· 设计深度及质量要求（平面图、立面图、关键构造节点图等）。

· 需提供的设计文件数量。

· 设计取费标准，付费时间与办法（一次性付款、分期付款）。

· 委托方应提供的配合。

· 违约责任。

· 争议处理办法。

设计合同对上述事项的约定要明确，不要使用含糊不清的文字，以免以后引起争议。

设计合同可以单独签订，也可以把它包含在家装合同中。典型的设计合同是设计师单独与业主签订的不包含施工内容的合同。

### 4. 施工图设计

核心任务：深化初步设计。

基本要求：把各个房间、各个部位的设计意图、构造、材料、色彩等交代清楚，以便按图编制预算书、采购装饰装修材料、编制施工组织方案、施工及验收。

(1) 施工图的总体要求

1) 设计规范。设计师的所有设计要求都必须符合国家的法律、法规、标准、条例及相关办法。在建设领域，国家发布了很多规范性的文件，有些还是强制性的，例如《建筑内部装修设计防火规范》(GB50222—2001)、《建筑装饰装修工程质量验收规范》(GB50210—2001)、《民用建筑工程室内环境污染控制规范》(GB50325—2001) 等。这些规范性文件不仅是设计师的设计依据，也是设计师需要坚决执行的。

2) 职责明确。国家授权家装设计师的职责范围是不涉及建筑承重结构的设计与施工的。如果在设计中要涉及这些问题，家装设计师要让有设计资格的专业部门和技术人员来设计千万不能擅自处理。对比较专业的机械、电、空调、消防等专项设计，家装设计师的职责是配合。

3) 表达清楚。目前我国尚无装饰装修工程制图国家标准。绘制建筑装饰装修图时，可参照《房屋建筑制图统一标准》(GB/T50001—2001)、《建筑制图标准》(GB/T50104-2001) 的规定执行。对上述标准中未规定的图例，则可参照国外室内制图的图例，结合公司的实际情况编制公司统一的图例。对各种常用的图框、图标、文字、图例、符号均应制作统一的样图，以提高施工图的质量。

4) 面面俱到。施工图要对每个房间每个部位的施工措施都表达清楚，使现场施工人员在设计师不在场的情况下也能顺利进行施工。

(2) 施工图绘制的具体要求

1) 恰当的绘图比例。设计师在确定的幅面里进行设计表达时要采用合适的比例。原则是既要尽可能地展现设计细节，又要使构图和谐美观。

2) 详细的构造表达。特殊的设计和设计细节需要画出详细的构造图。

3) 详细的尺寸标注。施工图必须按建筑制图标准标注详细的尺寸。

4) 详细明确的材料标注。所有施工图都需要标注材料，这些标注必须采用规范的名称而且应详细明确。

5) 说明制作工艺。施工图还需要说明制作工艺和施工技术要求。对常见的施工工艺可以简单地标注，对特殊的施工工艺则需要详细说明。

6) 标准的色彩标注。色彩一般采用“CMYK”法进行标注。应清楚地表明红、蓝、黄、黑各色的比例。

注意：涂料需要按涂料厂商提供的标注名称进行标注。

7) 统一的图框图标。施工图必须有图框，每个公司的图框应该统一。图框栏中包含的内容有公司名、广告语、图纸档案编号、技术会签栏、业主意见栏、版权说明、图名、图号。

(3) 施工图的内容

1) 封面。其内容包括公司名称及标志、项目名称、图纸名称、设计编号、编制日期等，也可在封面突出的位置点明设计理念和公司经营的广告语。

2) 图样目录。家装设计的图样很多，一般有几十张。编制目录有助于有关人员查找。目录应放在最前面，目录本身不要编入图样序号。图样目录要注意排序规范。一般自行设计的图纸在前，引用的标准图、重复图在后。自己设计的图纸前后也有逻辑关系。平面图在前，接着是立面图，后面是构造的节点大样图、家具图等。目录要写明序号、图样名称、工程号、图号、备注等，并加盖设计单位出图章。

3) 设计说明。设计说明一要说明工程概况，如项目名称、地点、建设单位、建筑面积、设计范围、设计理念、构思要点等；二要说明施工图的设计依据、引用的标准等；三要说明施工图的设计要求，如对工艺、材料、做法等一一说明。

4) 墙改平面图。设计师对原始的房屋平面不可避免地要做一些调整。有些非承重的墙体需要拆除或在其上开洞，有些地方需要新砌轻质墙。墙体拆除、新建、开洞都需要用明确的图标来表示出来。

5) 平面设计图。这已经不是初步设计的平面图，而是确定的平面布置方案。在这张平面图上可以删去初步设计阶段平面图上的一些说明，同时加上一些图样的索引信息。

6) 地面铺设平面图。对地面材料、规格及铺设办法进行说明。

7) 顶面平面图。它是对顶面处理的一个技术指引。吊顶部位的形状、尺寸、标高、材料、构造、表面处理的工艺、灯具安装及开孔的位置、空调出风口等设备的安装的形状及位置都要表达清楚。

8) 电路配置原理图。原则上应该由电气工程师来绘制，家装设计师配合。

9) 电路开关插座平面图。应将开关、插座的品牌、型号、位置、数量、安装高度表达清楚。

10) 智能设施平面图。应将智能设施及其插座的品牌、型号、位置、数量、安装高度表达清楚。

11) 中央空调平面图。由空调工程师绘制，家装设计师配合。

12) 给排水及燃气平面图。把进水管和排水管及开关、阀门、接头、地漏、水斗等设施的品牌、型号、位置、数量、安装位置、走向、高度表达清楚。同时还要选定热水器的品牌、型号，确定安装位置。电热水器及强排式燃气热水器要提供电源插座。太阳能热水器要提供控制开关进户线的通入管道。燃气平面图也可合并在这张图纸内。管道燃气的安装要执行燃气公司的标准，燃气管道不能改道，不能封闭，煤气表要注意预留电源和远程抄表的信息线通入的管道。

13）各房间立面图。立面图主要表现各个墙面、固定家具及隔断的界面效果，材料选用，设备、灯具安装位置、尺寸及表面处理工艺。立面图要注明房间及朝向。

14）隔断、固定家具设计构造图。隔断及固定家具的界面效果可在立面图里表达，但它们的内部结构和详细的装饰构造需要用设计构造图详细地表达。

15）重要构造节点大样图。收口线条的形状、尺寸，梁柱的构造等重要节点要放大比例，绘制构造节点大样图详细表现。这一步很关键，直接关系到工程设计效果的实现。

### (4) 施工图审核与设计交付

施工图完成之后要按照设计程序进行施工图的审核。

1）施工图审核的重要性。“按图预算”、“按图施工”、“按图验收”，这些在家装行业经常听到的行话说明了施工图在工程实施中的龙头地位和基础地位。施工图质量高，预算就准确，施工过程就顺利，施工组织就科学，工程验收就能顺利。相反，如果施工图错误百出，就会给后续工作造成很多麻烦，返工、误工就会接踵而来，经济损失也在所难免。所以，施工图完成后，需要有一个审核的程序。

2）施工图审核的内容。首先审查图纸是否齐全，图面要素是否齐全，图样排序与目录排序是否一致，图签是否完整等。然后审查各个部位的尺寸是否正确、标注是否规范，材料标注是否正确、规范，与其他工种是否存在设计冲突，是否符合国家强制性规范等。

3）施工图审核的重点。家装设计所涉及的工种很多，技术要求各有不同。不同的设计师在设计时都从自己的出发点进行设计，因此很容易造成设计冲突。这也是施工图审核的重点——排除设计冲突。家装设计师主要与下列工种的技术人员进行配合：结构、空调、水、电、燃气、采暖、消防、厨具、家用电器和家庭设备。

家装设计师首先要查阅土建施工图，了解建筑的结构形式、门窗的尺寸、结构梁柱的尺寸，确认方案设计的可行性和主体结构的安全性。如需要拆除承重结构墙体，需经过原土建设计单位或具有相同资质的土建设计单位验算处理后方能进行。框架结构的建筑，非承重墙虽然可以拆除，但需考虑改建后是否符合消防规范的要求。由于建筑承重结构属于不能进行改动的部分，因而室内设计与结构设计的主要关系是如何美化或弱化结构（梁、柱）对装饰装修的影响，使之与整个室内空间和谐、统一。

空调、给排水及消防管道的高度和位置是影响吊顶、墙面造型的重要因素。在施工图设计开始前，设计师就应仔细研究各种管道的布置和高度，与其余各工种协调，尽量满足家装工程的要求，对管线进行修改。在平面布置图、天花平面图及立面图初步完成后，及时向设备工种提供图样，尽量按照装饰装修需要进行设计。在确定了这些设备的设计方案后，家装设计师要给予最大限度的配合。

4）施工图审核的程序。施工图的审核需要一套严格的程序，才能保证审核不走过场，能够真正发现问题、改正错误。施工图审核的程序是：设计师自查→校核人核对→审核人审核→审定人审定。

每个程序各负其责，逐级审核，发现问题及时纠正。审核完成后逐级签字。自查与被查、会审相结合。对涉及到其他工种的图样需要会审、会签。真正做到在设计阶段发现问题，减少施工实施阶段的损失。

5) 文件打印和装订。在施工图审核完成之后，就可以打印设计文件了。

家装图一般以 A3 规格图纸，横向打印。设计文件打印以后，要按目录顺序装订。

设计文件一般情况下需要打印 1 个正本，3 ~ 5 个副本。

家装公司一般对文件的打印比较讲究，因为这事关公司的形象。业主也乐于见到包装讲究的设计文件。

#### 5. 设计交付

核心任务：设计方案的交接。

基本要求：过程清晰，手续齐全。

设计文件制作完成后就可以交付了。如果是纯设计，应将正本和副本全部交给委托人。按惯例，这个时候委托人应该付清全部的设计费。设计交付应该履行交接手续，设计人向委托人出具收款凭证，委托人则在设计文件交付单上签字。

虽然收到了设计费，但设计并没有真正完成。在接下来的设计实施过程中，设计师还要提供许多服务。

#### 6. 后期服务

核心任务：指导施工。

基本要求：把握关键环节，实现设计要求。

如果签订了施工合同或有后期服务的任务，就需要履行合同的约定，进行后期服务。

## 1.3 家装设计师

### 1.3.1 家装装设计师的工作方式

家装设计师的执业有很多工作方式，最常见的方式有以下三种：

#### 1. 纯设计

家装设计师单纯地接受业主的设计委托，不涉及项目的施工，只收设计费。

家装设计师经常遇到这样的工作委托，尤其是独立家装设计师、专营设计的家装设计师和知名的家装设计师。这种工作方式要求设计完美、周全，每个细节都要表达清楚。

纯设计项目交付时，设计师要向业主和其委托的施工负责人进行一次综合技术交底，把一切需要说明的问题交待清楚。事实上，由于家装工程程序复杂，细节繁多，一次交底不可能解决问题。被交底的对象也记不住家装设计师的所有技术交待。因此，在施工阶段，业主和施工人员还会经常向家装设计师咨询相关设计问题。

纯设计项目由于只收取设计费，所以设计师一般不会到施工现场查看设计的执行情况。也由于这个原因，家装设计师的设计意图常常被曲解，造成设计的走样。最后的施工效果往往不能达到家装设计师的要求。

#### 2. 设计并指导施工

这种工作方式把设计与施工连成一体，能够保障设计的顺利实施，达到设计师的理想效果。

这是家装设计师常常遇到并乐于接受的工作方式，但这种方式对家装设计师的精力牵制很大，家装设计师在施工阶段也要投入相当多的时间。因此，在收取设计费的同时，还要向业主收取一定的施工指导费。

#### 3. 家装设计师=项目经理

这种工作方式设计师不但要负责设计，还要保证设计的实现。

在家装公司，设计师的地位和作用十分突出，许多家装公司还采用“设计师负责制”。这样，家装设计师就成为项目经理，预算人员、材料采购人员、施工人员都服从家装设计师的领导。这样在工程实施时就不会有扯皮推诿的现象发生，设计效果也能得到完整体现。这种工作方式现在已被越来越多的家装公司所采用。独立的家装设计师也有采用这种方式开展工作的。这时家装设计师等于包工头。有的家装设计师还有自己的施工班子，有配合密切的各工种施工人员。当然，这样的工作模式家装设计师承担的责任多了，收益也就大大高于前两种工作方式。

### 1.3.2 家装设计师的工作内容

1) 回答客户咨询，达成设计意向，签订设计合同，收取定金。

2) 分析客户的各种需求，如功能、经济、美学方面的，制作客户基本情况分析表和需求表。

3) 进行初步设计，提出符合客户需求的设计理念，功能安排，风格构思，主材、家具、设备、造价等建议。制作平面图，主要部位效果图，材料推荐表，设备、家具推荐表，征求客户意见。

4) 与客户交流，就分歧达成共识；确定设计理念、功能安排、设计风格、主材、设备、家具及造价范围，并请客户签字确认。

5) 深入设计。制作装饰装修施工图、水电施工图、设计说明。专项设计与专门的技术人员配合。

6) 设计交付。制作设计文本，提交客户，收取设计费。

7) 后期服务。向客户和施工负责人进行设计技术交底，解答客户和施工人员的疑问。

8) 施工指导。分项技术交底，各工种放样确认，各工种框架确认，饰面收口确认，设备安装确认。

9) 参与验收。参与分项和综合验收。

10) 软装饰指导。进行家具、织物、植物、艺术品选购及摆放指导。

11) 项目交付。提交竣工图，收取后期服务费，成果摄影，工作总结。

12) 客户回访。定期回访客户，征求意见。

### 1.3.3 家装设计师的收益

#### 1. 工资制度

各个家装公司管理制度不同，但总的来说家装设计师获得薪酬的方式有下列三种：

(1) 工资制　根据家装设计师的工作水平、资历及公司经营状况、市场供求关系决定家装设计师的工资水平。

(2) 提成制　由公司和家装设计师双方根据公司和设计师的综合情况，确定一个提成的比例，然后根据工作业绩，进行考核兑现。

(3) 工资加提成　工资加提成是上两种薪酬方式的结合。家装设计师有若干固定工资，同时还根据工作业绩进行提成。

根据目前多数家装公司的运行来看，家装设计师的工资主要采用后两种方式。它们能比较好地激励家装设计师的工作热情和提高工作责任感。

#### 2. 设计费提取标准

家装设计师的收入主要靠设计费。国家对家装设计师的设计收费没有统一的规定，家装设计师的收费主要根据家装设计师的水平和名气随行就市。

家装设计费收取标准各地、各公司不同。如上海地区的家装设计费在 20 ~ 200 元 /$m^2$ 之间。刚刚工作的家装设计师收费在 20 元 /$m^2$ 左右。一般在比较知名的家装公司工作 3 ~ 5 年的家装设计师收费约为 50 ~ 100 元 /$m^2$。资深家装设计师收费一般为 80 ~ 150 元 /$m^2$。知名的家装设计师收费可达 150 ~ 200 元 /$m^2$，甚至更高。

广东地区家装设计收费在 100 ~ 250 元 /$m^2$。

北京地区家装设计收费在 20 ～ 100 元 /m²。

上海地区家装设计收费在 50 ～ 250 元 /m²。

宁波地区家装设计收费在 20 ～ 200 元 /m²。

许多家装公司收取设计费与签订施工合同挂钩。如果与公司签订施工合同，可以折让部分甚至全部设计费。如果不与公司签订施工合同，纯设计的收费不但没有优惠，而且还要提高一个档次。

### 3. 其他渠道的收益

家装设计师除了正常的设计费收入之外，还有其他渠道的收入。如推荐装饰装修材料、家居产品和家具。因为这给材料商和家具商带来了收入，因此，这些商人会给挂钩的家装设计师一定的“佣金”。

小贴士

**佣金不是“回扣”，它与“回扣”是有本质区别的。“佣金”是劳动所得，“回扣”是商业贿赂。“佣金”是明的，“回扣”是暗的。家装设计师获得“佣金”是正常的，因为它使买者获得了家装设计师的专业指导，使卖者获得了客户来源。而回扣是要靠欺骗获得的，需要设计师与商家唱双簧，一旦被业主知道，必然影响设计师的社会声誉。因此，家装设计师不能暗取“回扣”，而是要明拿“佣金”。**

## 1.3.4 家装设计师的地位和作用

**在家装行业里，家装设计师的地位和作用是十分突出的。**

### 1. 龙头地位

家装设计师在家装的运作中起着关键作用，在家装行业里处于龙头地位。因为，一项工程要有好的效果，首先必须有好的设计。家装设计师决定着家装工程的形式、布局、功能配置、尺度、艺术效果、施工技术和工艺、材料等。家装设计师水平高，家装的效果就好。

在家装工程中，家装设计师决定的设计事项，他人无权改变。即使一项设计在施工过程中被发现有某些缺陷，也需要家装设计师自己修改设计方案，然后再由施工人员施工。他人不能也无法为家装设计师承担设计责任。

结构设计师、建造师、材料制造商等专业人员都是设计的执行者。家装设计师有了新的创造、新的构想，这些相关人员要千方百计地去实现。没有的材料，要开发；没有的构造，要创造。所有的人都围绕着设计在运转。当然，其他专业人员、其他因素也会影响或启发家装设计师，他也可以从其他人员所创造的新技术、新事物中吸取设计灵感。但这种吸取只有在家装设计师的设计文件被采用了以后，它才会产生效力。

### 2. 关键作用

家装设计师在家装工程中有以下四方面的作用：

(1) 美化家居环境，提高使用效能　家装设计师最主要的工作就是美化家居环境，提高家居环境的文明程度。家装设计师在演绎美观的内部空间形式的同时，还要对业主的生活空间进行合理的功能配置，使家居环境具有良好的视觉效果和使用效果。

(2) 加快理念创新，推动技术进步　理念是家装设计师的灵魂。理念不同的家装设计师对同样的设计项目会有不同的设计思路。好的家装设计师能够不断地进行理念创新，不断地推出新的设计概念，不断地给世人以惊喜，不断地让人耳目一新。正是因为家装设计师的新理念和新构想，新技术、新工艺才不断涌现。可以毫不夸张地说，在家装设计领域里，最重要的竞争就是理念的竞争，它是推动这个行业进步的主要动力。

(3) 进行施工指导，确保工程质量　要使设计具有好的施工效果，离不开家装设计师的指导。因为，只有设计者才最理解自己的意图。

有的施工人员可能会看不明白家装设计师的设计表达，有的设计构想可能很难用图样来表达，有的设计图里可能存在没有表达清楚的细节，有的设计构造可能以前没有出现过，施工人员不知道如何进行施工，有的设计图样出现了错误和纰漏……上述种种情况在施工环节都会经常遇到，在这种情况下，都要由设计人员对施工人员进行具体指导。

(4) 优化工程设计，降低整体造价　要降低一个工程的造价，首先应该在设计环节做好工作。因为，同样一个项目、同样一个设计，可以造价很高，也可以造价很低。我们不能一概地说，造价高的设计品位就高；造价低的设计品位就低。

小贴士

**一个高档的家装并不是在所有的部位都采用高档的材料。所有部位都用高档材料的设计肯定不是一个好的设计。一个设计优劣与否，关键看它是不是优化了设计，是不是用了恰当的装饰材料和恰当的施工工艺。可以说，一个高品位的设计就是一个恰当的设计。**

从上述四个方面看，每个环节都对家装的质量有直接的影响，可见家装设计师的作用是多么的关键。

### 1.3.5 家装设计师如何实现设计理念

**家装设计师最大的心愿莫过于实现自己的设计理念。没有一个家装设计师不想充分发挥自己的想象力和创造力，没有一个家装设计师会说他没有设计理念。但是理想与现实毕竟不是一回事，有许多主客观的因素，有许多“门槛”阻拦着设计师。**

1. 与业主的想法是否吻合

家装设计师与业主的关系是委托与被委托的关系。家装设计师在工作中要尽量满足业主的要求。要做到这一点，设计师必须与业主有很好的沟通。

很多情况是设计师知道业主需要什么，他拿出了比业主的需求更好的设计方案，而业主却想象不出设计的精彩，对设计师的设计用心不理解、不欣赏。这时，设计师最痛苦，“怀才不遇”的感觉就会油然而生。有的设计师会在心里骂业主是“老土”；有的设计师的不满可能就直接表现出来了。但这却是残酷的现实。因为，业主不认可，再好的设计也等于零，图纸上的线条和色彩也就失去了意义。

2. 与施工技术是否适应

有好的设计构想却无法施工，这样的设计无法实现，只能放弃。因为家装设计在经过业主认可之后要马上实施，没有时间和经费去研发新的施工技术。因此，一般都应采取成熟的施工技术。

3. 是否有理想的装饰装修材料

有时家装设计师找不到理想的装饰装修材料来达到设想的设计效果。解决的途径只有两条：一是扩大查找的范围，本地没有或许外地就有，本国没有或许国外就有；二是与材料商合作，制造出新的材料，否则设计效果就无法实现。

4. 与经济基础是否吻合

有时设计虽好，但造价太高，业主也不能接受，这样的设计也不现实。所以设计师在进行设计时，必须控制造价。如果事先知道造价标准，设计师还要“大胆”突破，那么，就自己承担后果吧。

### 5. 与复杂的社会因素是否抵触

家装设计的对象是各种各样人的生活空间，这些空间都具有一定的精神和文化意义，这就必然与社会、政治、法律、民族、宗教、文化、时尚、风俗、习惯等复杂的社会因素有千丝万缕的联系。如果家装设计师要与之抵触，就会招来许多争议。所以在设计时就要考虑这些因素。

**小贴士**

**以上各道“门槛”最重要的是第一道。因为与业主的想法不一致，就迈不过第一道“门槛”，也就没有机会迈以后的门槛了。所以，要实现自己的设计理念，首先必须与业主有很好的沟通。**

## 1.3.6 家装设计师的能力和素质

**家装设计师作为一个人数众多又备受关注的职业，必然要求其具有相应的能力和素质。**

### 1. 家装设计师的能力

为了胜任自己的专业工作，家装设计师应该具备一定的知识结构。一个优秀的家装设计师应该拥有较全面的专业知识和完备的专业知识结构，即不仅要有出色的设计能力，而且在沟通交际、工程实施及质量把握、造价控制、甚至在经营策划等方面也应有相当的知识。因为在实际工作中，项目和客户都是不容家装设计师自己选择的。只有家装设计师有较充分的知识储备，才能适应各种项目和各种设计，并使业主满意。

**小贴士**

**一个出色的家装设计师应该具有以下六个方面的知识、素养和能力：**

**· 基本素质与能力　具有德、智、体、美等基本素质，具备较高的人文、艺术素养、较强的计算机操作能力和良好的职业道德。**

**· 工程制图能力　具备阅读和绘制装饰工程图和专业施工图的能力。**

**· 美术造型和审美能力　有扎实的造型和色彩基本功，有良好的审美能力。**

**· 家装设计能力　掌握家装设计的基本原理，具有家装设计能力。**

**· 经营管理能力　能够掌控家装项目的全过程，把握项目运作中的关键环节，能够进行工程项目的管理，在设计中正确运用材料，在工程现场解决施工技术问题。**

**· 创新能力　思维活跃，有创新能力。**

### 2. 家装设计师的修养

家装设计师除了应具有完备的知识结构和具体的技能以外，还应该有良好的个人修养和职业修养。

(1) 良好的个人修养　良好的个人修养是家装设计师获得声誉的重要保证。只有专业知识，没有相关的知识修养不可能成为一个优秀的家装设计师。个人修养是区别匠人还是艺术家的标志。家装设计师需要具备多方面的个人修养。

1) 历史文化的修养。家装设计具有较强的文化性，设计师如果没有较深厚的历史文化修养，在设计构思过程中就会缺少许多精彩的想象和创意，因而使自己的设计缺少文化的力量。现在的不少业主本身在这方面就具有较高的素养，这就更需要家装设计师用相当的历史文化修养对设计作品进行精彩的文化演绎。一个有成就的家装设计师对历史文化的理解一定具有自己独到的见解，并能把文脉很好地融入自己的作品中，使自己的设计作品成为经典。

2) 民俗文化的修养。家装设计具有较强的民俗性，每一个地区都有自己的特色和特有的民俗文化。在设计中展现特色的、精彩的民俗文化是成功的设计师的一个标志。这样的作品也特别能够引起人们内心的共鸣。越是民族的，就越是世界的；越是民族的，就越是特色的。设计师要特别善于在民俗文化的海洋中采风，把其中一些特别有特色的东西发掘、提炼出来，作为设计元素和符号运用在自己的作品中，使自己的作品具有鲜明的特色。

3) 时尚文化的修养。家装设计具有较强的时尚性，在很多情况下设计思想是时尚文化的折射。流行是家装设计的一个必然属性，也是社会的一个重要特征。设计师能不能紧随时代的脚步、紧扣流行的节拍是设计能否取得成功的一个关键。社会的发展一刻也不会停止，人们思想观念的变化永远不会停息。追求新的东西是人的本能。只是流行的节拍越来越快，需要设计师时刻注意它们的变化。

4) 艺术品鉴赏的修养。艺术品鉴赏与家装这个行业的关系越来越密切了。在一个家装项目接近完成的时候，都要进行陈设的布置。以前家装设计师大都不承担这个环节的任务，一般都由业主自己完成。但现在业主的要求越来越高了，为了保证一个项目的完美，要求家装设计师对陈设也进行整体的规划设计。这就要求家装设计师具有相当的艺术品鉴赏的知识和水平。因为陈设品大多数是艺术品，艺术品的价值高低的鉴赏，它的文化历史内涵与它所需要装点的空间的特殊要求的处理，都需要设计师具备这方面的相关知识和修养。

(2) 良好的职业修养　不管人们从事什么行业，都应该有这个行业的职业修养。职业修养有时候可以等同于职业道德，但它比职业道德更广泛、更需要养成。

1) 诚信。诚信是家装设计师重要的职业修养，它在现在这个大力呼唤诚信的社会显得尤为重要。家装设计师在长期的实践中要坚持诚信这一良好个人品质的养成。

家装设计师缺乏诚信的表现有：抄袭别人的设计，把别人的成果说成是自己的；推卸设计责任；大量地克隆自己的设计；故意误导客户，为了自己的利益而损害客户的利益；不设身处地为客户考虑等。这样的行为在不少家装设计师中间或多或少地存在着。如在自己业务繁忙的情况下，为了不失去眼前的业务，而在设计中大量克隆自己以前的设计，大量运用图库中的素材而不进行艰苦的创意；有时为了提高设计费，大大提高项目的造价，等等。这样做其实是十分短视的行为，设计师一旦失去了诚信就很难再挽回来。

家装设计师应该有一诺千金的品质，如设计一定要在与客户谈好的时间里完成；施工过程中产生了问题，一定去现场及时解决等。

2) 责任感。家装设计师必须为自己的设计负责。设计作品直接的物质成本是很低的，但设计导致的工程成本远远大于设计的物质成本。一条线画出去，可能意味着成千上万的制造成本，有时甚至关系着人的生命安全。家装设计师对于结构、消防、设备、环保等事关生命安全的设计问题一定要慎之又慎。严格按照设计规范和设计标准办事，千万不要不懂装懂。自己不懂的要提出来，让行家来处理，不要为了暂时的面子而埋下设计的安全隐患。对自己的设计一定要深思熟虑，对自己吃不准的造型要从各个角度画一画效果图或做一个简单的模型，也可以请同行加以品评、论证。

3) 执著。家装设计师要有自己的设计理念，敢于追求、敢于坚持、敢于负责。在客户面前解说自己的设计作品时一定要理直气壮，把自己的设计理念和追求表达出来。遇到不同意见，要善于倾听，平心静气地判断别人的意见究竟是正确还是错误。对于客户的意见不管是外行的，还是平庸的，都不要嘲笑他们，应该争取有礼貌地说服他们。对于客户提出的有价值的意见，一定要当场吸收。有时也要考虑到客户为了自己的面子而发表的意见，要善于给对方下台的台阶。对自己认定是对的、好的设计就应该想方设法加以坚持，但也不要就此排斥有价值的不同意见。

4) 不断学习。现在的社会提倡终身学习，知识更新的速度之快使人们随时面临知识老化、陈旧的困扰。所以，家装设计师在处理自己繁忙的设计业务的同时，要随时留意各方面的新动向，只有不断地学习，才能跟上时代的步伐。

### 1.3.7 家装设计师的职业前景

**家装设计师这个职业毫无疑问有很好的职业前景，这是由这个职业的性质决定的。家装设计师这个职业是“金色的灰领”，是一个被很多从事其他职业的人所羡慕的职业。**

首先这个职业事关许多业主的人生大事，因为解决好住的问题是业主及其家庭一辈子的事情；其次这个职业的文化艺术和科学技术含量也比较高，是一个艺术型、智力型的职业，这种职业的属性被当今社会所推崇；第三，这个职业本身需要不断地创新，没有机械化的重复劳动，每天与艺术、新技术打交道，所以这个职业本身充满了挑战和趣味；第四，在真心诚意地为业主花钱打造自己的生活空间的同时，也帮助设计师实现了自己的设计作品，这是一件双赢的工作；第五，这个职业不是吃青春饭的，而是一个需要一辈子提高的职业，设计师随着年龄的增加，自己的设计资历、经验、成果也不断增加，是个越老越吃香的职业；第六，这个职业的收入水平也是相当可观的。因此无论从那个方面看这都是一个很好的职业。

**小贴士**

**家装设计师一定要有职业理想，要不断地追求，不断地提高自己的水平，积累自己的声誉。**

#### 1. 家装设计师的设计水平

家装设计师在持续不断的工作中设计水平也在不断提高，成果越来越多，资历越来越深，名气也越来越大。公众对设计师水平的判断不是来自设计师自己的标榜，而是来自很多综合的判断。

(1) 社会公众判断　主要从名气、职称、学历、口碑、费用、媒体介绍等角度对设计师进行评价。

(2) 家装公司判断　家装公司更多的是从设计师为公司接单的数量、获奖数量、获利水平等现实要素对设计师的水平进行评价。

(3) 业内专家判断　主要从作品的文化内涵、创意水平、获奖等级等对设计师的水平进行判断。

(4) 权威机构判断　主要从学历、业绩、年资对设计师的设计水平作出考核和评定。

根据上述因素权衡就可以对设计师的水平得出一个综合判断。

#### 2. 家装设计师的职业规划

设计师的成长大都经过这样的阶段：学生

→见习员工→见习设计师→实习设计师→设计员→助理设计师→设计师→高级设计师→资深设计师→著名设计师。

从职位上，家装设计师的成长道路：跟班设计师→设计师助理→项目设计师→主任设计师→设计总监。

职称，一种国家认可的职业技术资格。目前，国家还没有正式出台家装设计师的职称考核和评定办法，职称的名称也没有确定。在现实中家装设计人员的职称按“工艺美术师”的职称系列进行资格考核和评定。显然这已经不能满足时代的需要。针对这一情况，建筑行业内部正在探索符合行业发展需要的职称评定办法，中国建筑装饰协会发布了“中国建筑装饰协会全国室内建筑师技术岗位能力评审认证办法”，中国建筑学会室内设计分会组成的室内建筑师资格评审工作领导小组发布了“全国室内建筑师资格评审暂行办法”。社会上家装设计师有很多是根据这两个渠道获得室内建筑师的“职称”。

这两个“办法”目前还是由民间的机构发布的，并没有得到劳动部、人事部以及建设部的批准，但在行业内部这样的“职称”还是得到了一定的认可。有关设计师的资格及晋升条件可以查看中国建筑装饰协会和中国建筑学会室内设计分会的相关文件。

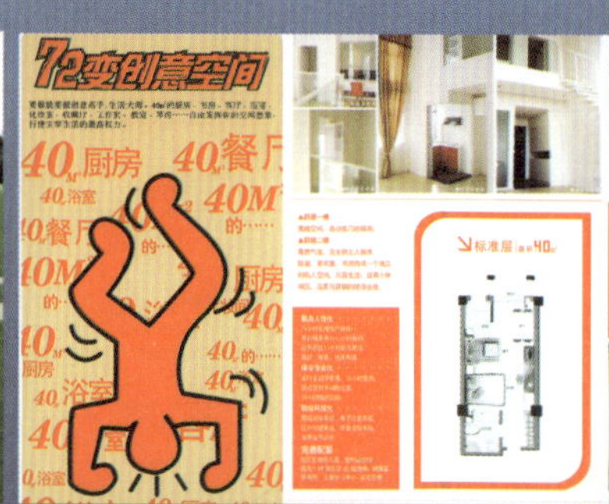

家装设计师究竟为谁工作？答案有三：1. 为自己工作。对！当然应该为自己的前程和理想打拼！2. 为自己的公司工作。也对！公司付给设计师工资，设计师就应该为它创造价值！3. 为业主工作。更对！业主是设计师和公司的业务来源，当然也是利润来源。三个答案分别揭示了家装设计师工作的目标逻辑、道义逻辑和生存逻辑。但如果联系起来看，只有解决了生存的问题，才有可能解决比生存更高层次的问题。因此，只有为业主服务好了，才有实现其他目标的可能。如何吸引业主、留住业主？关键是了解业主！

# 2. 察言观色 了解家装业主

对设计师而言，业主几乎都是陌生的。不可能有那么多的熟人成为自己的客户。而设计师接触业主的时间是有限的，交往的深度也受到限制。有些设计师想了解的重要信息恰恰涉及业主的隐私。因此，业主真正的想法和喜好是一道难以破解的复杂而神秘的题目。如果能正确地解开这道题目，就能将业主的家装业务揽到自己的手中。

## 2.1 获取足够的业主信息 >>>

**获取足够的业主信息是家装设计的前提。家装设计不同于一般的艺术创作，它是接受业主委托，并且以业主的家庭生活为基础进行的设计创作。它的最主要的目的是使业主一家在自己的生活空间如意地、舒适地、高质量地生活。因此，了解业主家庭的需求成为设计师要做的第一件重要的事情。只有当设计师充分了解了业主的物质和精神的需求，才能有的放矢地提出合理的设计主张。**

获取足够的业主信息，要注意“足够”两字。这两个字包含的意义有：

### 1. 要获取业主全家的信息

签家装设计委托合同的业主一般只有一个，但他代表的是他的家庭。他家的生活是全家人的生活。所以，在跟业主接触的时候，不要只关注业主代表一个人的要求，而是应该关注他们全体家庭成员的要求。设计师要巧妙设计不同的问题从各个侧面了解业主家庭各个方面的生活习惯和兴趣爱好。

### 2. 要获取有用的信息

有用的业主信息指与其家装设计有关的信息。与设计有关的信息主要是业主的家庭成员情况，包括年龄、性别、婚姻状况、职业、经济收入水平、兴趣爱好、个人生活习惯、宗教信仰等。这些信息在很大程度上涉及个人隐私，有的还比较敏感。所以设计师了解这些信息时要注意分寸，既要尊重客户隐私，又要得到关键信息。譬如，在问业主的职业时，不必问具体的工作单位；了解业主的年龄只要观察就可，要问也只要问一个区间，如“孩子在上高中？”在了解业主的收入水平时也只能旁敲侧击，不能直接问业主家庭的年收入，只要能够判断业主的收入水平在哪个层次就可以了。在涉及业主敏感的私人信息时，设计师一定要恪守职业道德，为业主保守秘密。

**小贴士**

**请业主填写《设计信息调查表》（参见本章附录）是一个了解业主信息比较实用的办法，通过这个环节，可以了解到业主大部分有用的信息。**

业主的关键信息包括以下几项：

#### 1. 业主的想法

业主对自己房子的装修一定经过长期的酝酿和思考，有很多想法和愿望。但业主的表达能力是不一样的，有的善于表达，能把自己的想法表达清楚；有的不善于表达，表达的想法可能很笼统，很不具体，也很不专业。但不管怎样，这些想法很重要，它包含了业主潜意识里对家装的理想。

#### 2. 业主的职业

从事不同职业的人群，对生活环境要求不同，如业主是演员，一般都希望自己的家充满浓浓的艺术氛围；业主是教师，一般会希望营造一个较好的文化氛围。

#### 3. 业主的家庭成员

一般家庭都会有两名以上的家庭成员，家装设计时必须把所有的家庭成员的情况都考虑进去。如果家里有未成年的儿童，在一些装修项目的设计时就得考虑安全方面的因素。如现在一些住宅阳台栏杆很矮，有可能出现安全隐患，设计时就需要对这些设施进行改造。

很多有宠物的业主，往往会把它们视为家庭的特殊成员。在家装设计时，要把它们的因素也考虑进去，为它们营造一个“温馨的小窝”。

### 4. 业主的个人爱好和特殊嗜好

业主平常的一些爱好，如对色彩的喜好，特别喜欢或特别讨厌哪一类的色彩，是否会对特定的图案有特殊的反应等。

有些业主有一些与众不同的爱好，如喜欢收藏一些特殊的物品，有些还喜欢把其中的一些精品展示出来。

### 5. 业主的生活习惯

这里指业主日常的一些生活习惯。如注重健身的人会在家里放置一台跑步机；又如超级“网虫”，给他进行家装设计要特别注重智能布线，如要配置家庭路由器，每个房间都要有网线等。

### 6. 特殊家具、陈设

业主是否需要在家中放置特殊家具、陈设等。如业主有三角钢琴之类的大件，那么在开始设计时，就需要把它的安放位置考虑进去。除此之外，现有的家具、陈设如果以后还要用的话，也要考虑放在什么位置，是否需要改造等问题。

### 7. 避讳事宜

每一个地方的人都有可能有一些习俗上的避讳。如在广东，很多人讳忌在门口放置镜子之类的装饰，也有一些地方的人对诸如蝴蝶之类的图案有讳忌等。

### 8. 宗教信仰及其他

有一些业主会有特定的宗教信仰；一些地方有供奉先人的习惯……对这些情况要特别给予关注，因为这涉及业主的精神生活，要百分之百地听从业主的意见。

> **小贴士**
>
> **在了解了这些信息后，一般设计师都会对业主的家装设计形成了初步的大概的想法。一些较优秀的设计师可以马上将设计方案用草图勾勒出来。在经过业主认可后，即可进行下一步的设计。**

## 2.2 正确判断业主的类型

采用什么装修风格、定位在哪个装修档次是设计师首先要确定的问题，这往往也是最难确定的两个问题。要确定这两个问题就要对业主的类型进行判断。

判断业主的类型除了通过提问或阅读业主调查表以外，更主要的是要通过业主的外表、居住小区、车子等各种外在要素的观察分析，得出一个大致的结论。

### 2.2.1 观察业主外表——“人可以貌相”

俗话说：“人不可貌相”，此话是人际交往中对“以貌取人”的人所发出的忠告。但在家装设计时，设计师观察客户、判断客户大可“以貌取人”。因为，家装设计的核心内容是家居的功能和形式设计。客户是什么品位，钟情什么形式，喜欢什么风格……这些都可以从客户的外貌和衣着打扮等蛛丝马迹中观察分析出来。

如“长衫先生”，奉行国学，身着传统中式服装。其家居设计的形式就应该采用中式风格。至于是明式风格还是清式风格，是宫廷

图2-1 中式风格的书房设计

图2-2 时尚的书房设计

风格还是民居风格，这可通过其他途径，细细猜度。但可以肯定，绝对不能用时尚的现代风格！又如陈道明和胡兵两个人都是演艺明星，他们的外型风格是完全不同的，其家居风格也肯定不同。陈道明是演艺界的才子，文化底蕴比较深，其家居设计一定要有通古达今的深厚的文化氛围(图 2-1)，而胡兵则完全是个时尚人物，其家居设计一定要多多运用时尚元素(图 2-2)。

**小贴士**

**外表与设计风格的关系**

**衣着讲究的人，只要条件许可，其家居也一定讲究。**

**衣着牛仔风格的人，其家居设计可以尝试粗野风格。**

**衣着休闲的人，其家居设计可以尝试乡村风格。**

**衣着前卫的人，其家居设计可以尝试新潮前卫风格。**

**衣着简约得体的人，其家居设计可以尝试现代风格。**

**衣着雍容华贵的人，其家居设计可以尝试欧式贵族风格。**

**衣着小资情调的人，其家居设计可以尝试浪漫的时尚风格。**

### 2.2.2 观察业主房子所处的小区——“什么人住什么房”

伦敦大学教授理查德 · 韦伯在《你的客户住在哪里》一文中说：“城市居住区的功能就像品牌一样，能将地位和身份赋予它的居民。”不同的居住区有不同的居住人群。这是因为不同居住区的区位、地段、交通条件、物业形态、开发商的品牌等要素会决定这个居住区的价格水平和居住人群。如高档别墅区里的别墅，一般不可能成为普通的工薪阶层的居所；市中心的高档公寓的居住者一般都是城市中年轻的高收入者；市中心的房龄较长的小区，业主中低收入者和老人较多；经济适用房或“三限”楼盘只有符合条件的低收入者才能居住……因此，从业主居住的区域基本可以判断他们的收入水平和社会阶层。当然，例外也许会发生，但概率不是很大。

在观察业主住什么房子的时候还要留心下面两个信息：

1. 什么时候买的房子

如业主是否在房价暴涨之前买的房子（如某地段的房子 2007 年的房价是 10000 元 /m²，而在 2002 年购买时其房价只有 4000 元 /m²，甚至更低），那么尽管他现在的房子价值大大升高了，但可能也并没有实力做豪华的装修。

2. 是否按揭购房

因为负债购房，业主还贷的压力很大，一般不会进行太高档的装修。如果贷款压力已经不大了，则还是有可能进行比较好的装修。

### 2.2.3 观察业主的车子——“什么人开什么车”

有些业主有自己的汽车。汽车是高价生活用品，人们在选择汽车时比较慎重。一般最终选定的汽车是全家人的共同选择。因此从业主的汽车可以看出业主家庭的收入水平，同时也可以从一个侧面看出业主家庭的生活态度、审美爱好和生活品位。

以长安福特的两款主力车型“福克斯(Focus)”（图 2–3）和“蒙迪欧(Mondeo)”（图 2–4）为例，福克斯车型动感、时尚，以“家用休闲”的设计理念为主打，选择的人群主要是中青年才俊，年龄在 28 ~ 35 岁之间的居多；而蒙迪欧的车型大气、稳重，以“商务享受”的设计理念为主打，选择的人群以讲究实效、追求效率、不讲排场的“低调”中年成功人士为主，年龄在 40 ~ 50 岁之间。

因此，如果业主驾驶的是蒙迪欧，那么他们的家居设计应在舒适性和经典性上大做文章。很快过时的、过于流行的元素不必考虑，经典实惠的装饰风格可以作为设计的基调。

又如在 20 万元左右的中级车型有很多。其中广本公司 2006 年推出的“思域(Civic)”和 2003 年推出的“雅阁(Accord)”就很有代表性（图 2–5、图 2–6）。

思域是一款很时尚的车型，购买者以中青年女性为主，特别是那些讲究情调和品味的高级白领精英。她们的家装设计要特别强调新锐、时尚、高调，设计应以新现代主义的风格为基调。

雅阁高档的配置和豪华大气的外观、内饰

图2–3　福克斯（Focus）

图2–4　蒙迪欧（Mondeo）

图2-5 思域（Civic）

图2-6 雅阁（Accord）

非常符合亚洲人特别是中国人的审美习惯，是讲究面子、讲究效率、讲究享受的“三讲”人士的最爱。对这样的车主，其家装要在时尚和经典、形式与实用上寻求平衡，新古典主义家装风格是可以考虑的设计基调。

表 2-1 对汽车品牌与家装风格的关系进行了总结，供参考。

**表 2-1 汽车品牌与家装风格**

| 汽车品牌 | 特征 | 车主描述 | 家装风格建议 |
|---|---|---|---|
| 奇瑞QQ族 | 纵横都市的幸福迷你族 | 车主年龄不大，收入不多，脑子不错，野心不小。心思开放，追求潮流，天性乐观，对爱车呵护备至、花样翻新，什么车贴啦、玩具啦、抱枕啦……整个一流动活宝车！ | 可以尝试浪漫的卡通风格 |
| 威驰、花冠族 | 精英文化熏陶的时尚小资 | 车主多数是白领小资，以女性居多。他们大多是出生于20世纪70年代以后，喜欢时尚、Workhard、Playhard的生活方式，拥趸者众。他们会刻意雕琢自己的生活，且比较倾向于西化的生活：精致简洁、注重感性消费，经济独立、品位不俗 | 可以尝试精致的现代风格 |
| 桑塔纳族 | 最具生活感的代表 | 它集结了全中国数目最庞大的实用主义者，层次复杂，生活方式多样。桑塔纳族的消费观念稳重、务实，多数属于城市工薪阶层，购车的出发点是满足家庭成员的日常使用 | 可以尝试价廉物美、实用朴实的风格 |
| 凯越族 | 充满朝气的成功渴望者 | 他们是中青年高收入阶层，生活负担不大，平时花费在工作上的时间和精力较多，喜欢适度放松自己的神经。他们往往会有明确的价值观，内心明确知道什么是有价值的事。他们决不会因为自己的个人喜好影响公司发展。他们勤奋工作，创意思考，稳重诚实，充满朝气 | 可以尝试优雅的风格，重点部位采用著名品牌的产品 |
| POLO族 | 新新人类的时尚先锋 | 大多数城市中富有的青年阶层很多都是POLO的车主。他们没兴趣和缺乏想象力或天资迟钝的人一起工作，这会让他们觉得无聊，没有成长的机会。POLO族充分享受生活、体验人生的美妙 | 要充分发挥想象力，尝试前卫风格，可选择知名的北欧品牌家具 |
| 宝来(BORA)族 | 承接传统的性情自由人 | 开宝来的男人，都喜欢速度和力度，所以购车者明显北方多于南方。他们大多30岁以上，事业有成，根基稳定，具备可贵的独立意识和自由精神，一般经济优裕，注重享受但懂得理性消费，敢于飚车但绝不招惹交警 | 可以尝试硬朗的现代风格，重点部位采用著名品牌的产品 |

（续）

| 汽车品牌 | 特征 | 车主描述 | 家装风格建议 |
| --- | --- | --- | --- |
| 本田C-RV族 | 热衷交际的都市“暴走族” | 车主是热爱运动、需要交际的实力人群。他们渴望自我，对某一事情充满了狂热性和不妥协精神。他们讲究实惠，注重享受，喜欢交际。生活中不能少了休假、旅游、呼朋唤友和驾车出游，共享大自然里的清风、阳光、空气和美妙大餐，然后神清气爽踏上归途 | 可以尝试明显的自然风格和材料，阳光与植物可以成为主角，交友区是重点 |
| 帕萨特族 | 会“做人”的事业家庭兼顾者 | 车主是部门中层或拥有自己的中小型企业，他们是事业精英，但更兼顾家庭，他们的财富品质中最基本的一条是“做人”，如好交朋友、有强烈的责任感、诚信可靠等。帕萨特族大气敏捷的思维中又含有叛逆精神：在他们看来，几十万年薪却不如经营自己的公司快乐 | 可以尝试精致硬朗现代的风格，采用高价格的知名的材料和设备 |
| 君威族 | 美国风格的商业中坚 | 他们是懂得内敛的公务员和坚持独特品味的中高级商务人士。在上海，带着一点御用的味道，年龄一般35岁以上，老成稳重，低调慎行，有时候不免深居简出，也许少了很多个性和乐趣 | 可以尝试精致高贵的风格，形式稳重不求夸张，采用高价材料和品牌设备 |
| 切诺基族 | 自由万岁的改装有理派 | 以男性为主，摄影师、记者、野外运动爱好者，在这些能量旺盛的生命中，少不了挑战和冒险。他们走南闯北，永远热衷追求远方的地平线和未知的成就感，开着兄弟般的切诺基，欣然去往别人去不了的地方，独享美妙风景 | 可以尝试雄性十足的粗野奔放的自然风格 |
| 奥迪族 | 敦厚淡定的实力派 | 车主多为政府高官和主流商务人士，生活方式经典而文雅。他们的行踪基本在媒体追踪之外，做派严谨，深思熟虑，举手投足间却很可能带来证券或股市圈的震荡，这样的高风险行业没有足够的作为是断然无法胜任的。定力是被奥迪赋予的一个新品质 | 可以尝试优雅和经典的风格，可以选用欧式风格的昂贵的家具和设备 |
| VOLVO族 | 慧眼识驹的事业型蓝筹股 | 车主的年龄在30～50岁之间，成功人士，社会名流，大多有良好的教育背景和海外留学经历。他们的职业分布在律师、广告、IT业等，他们的事业正处于高速上升期，具有很高的工作热情和很强的购买力，且大多理性，能引领潮流，是中高端商家密切关注的人群，他们的喜好和认同，往往会成为时尚的风向标 | 可以尝试经典精致的风格，材料和家具要显示其品位和实力，但也不盲目追求奢华和昂贵 |
| 宝马族 | 最被误解的“闯祸太保” | 技术太差，公德太差，反应太快，素质太低，撞了人的想跑，当明星的开车不守规矩，当代表的动手打人……宝马背后的“少数派”使宝马“连降三级”，被贬为“暴发户”。事实上，宝马阶层中有相当部分是朝阳行业里的领军人物，身价不菲，学识渊博，自我认知成熟。这些人看中的就是宝马的人本精神，喜欢挑战奢侈界限，追求完美 | 可以尝试贵族风格，采用高价的材料和配套设施 |
| 奔驰族 | 务实尊贵的主流精英 | 买辆奔驰，应该算是自动被划入中国社会精英阶层的通行证了。中国人认同的终极意义的安身立业、治国平天下的座驾，就应该是这样中规中矩，豪华大气。有趣的是，和宝马这款亲享驾驶乐趣的车相比，奔驰需要专配司机，奔驰的主人一般风格务实、家庭观念很重，近5成是企业老总和政府机关领导人，涵盖社会的主流群体和中坚阶层 | 可以尝试豪华大气的华贵风格。材料一定要奢华，工艺一定讲究，格局一定要中规中矩 |
| Mini Cooper族 | 特立独行的极品布波 | Mini族都很有钱，和一般的中端车拉开了明显档次，是一群“有钱开小车”的情调主义者，这种气质张扬拒绝平庸的后现代“甲壳虫”，也是事业进入收获期的布波族们完美生活的重要组成部分。MiniCooper的最好朋友是丁克或是单身，因为Mini族中的女性多是享受独立生活、不愿轻易做母亲的新新女性 | 可以尝试个性鲜明的风格，品位至上，尽量采用高档著名的材料和设备 |
| 其他车族 | | 如：林肯族多数是温和成熟的明星，保时捷则是不安分的“花花公子”，法拉利是引发尖叫的率性玩家的宠爱，劳斯莱斯是谜团重重的另类显贵，宾利是拒绝分享的神秘买家……这些车族人数少，但品位高 | 家居设计无论如何也要体现高贵的视觉特征 |

### 2.2.4 制作“业主情况分析表”

对业主的情况有了确切的了解之后，设计师可以制做一个归纳的表格，这样可以简洁明了地反映业主对家居设计的要求，对设计具有指导意义。表 2–2 为某事业单位职工 + 公务员组合家庭业主情况分析表。

**表 2–2 某事业单位职工 + 公务员组合家庭业主情况分析表**

| 分析要素 | 业主要求 |
|---|---|
| 家庭类型 | 三口之家，收入固定、丰沛 |
| 成员情况 | 中年，男主人大学教师，女主人公务员，儿子为重点初中学生 |
| 社交情况 | 经常有客人来访(学生多) |
| 主要使用者情况 | 男主人工作弹性强，在家时间比较多，外面有兼职，需要工作室 |
| 必须的功能配置 | 家庭影院，6 座以上的座位，有第二个谈心区，电脑上网区 |
| 附加的功能配置 | 起居室要有健身设施和空间 |
| 对文化的要求 | 夫妻文化程度高，品味比较高雅，喜爱传统文化 |
| 特殊爱好 | 有收藏爱好 |
| 心理价位 | 总造价10 万元左右，每平方造价大约700 元 |
| 喜欢的风格 | 自然休闲＋现代简约 |
| 客厅的功能意向 | 家庭影院，谈心，招待客人，舒服地休息，能进行卡拉OK，休闲阅读，喝茶，侍花弄草，展示藏品，展示藏书 |
| 主卧的功能意向 | 看电视，在床上做事(写作等)，床上娱乐，落地窗前休闲，走入式衣帽间 |
| 书房的功能意向 | 可供3 人使用的大面积书桌，大容量的藏书空间，先进的电脑及外设，好友交谈的位置 |
| 主卫的功能意向 | 长时间木桶泡浴，看电视，看书 |
| 厨房的功能意向 | 有美食爱好，对菜肴有研究，希望有岛式操作台 |
| 家具制作、选购意向 | 主要选购成品 |

## 2.3 摸清业主家装目的与心理 >>>

**业主的家装目的与家装心理与其家装设计有直接的关系，设计师在设计沟通的时候必须与业主充分沟通，摸清他们的家装目的与家装心理，使设计增强针对性。**

### 2.3.1 业主的家装目的

业主的家装目的主要有 4 种，不同的家装目的应采用不同的设计策略，参见表 2–3。

**表 2–3 家装目的与设计策略**

| 家装目的 | 设计策略 | 分　析 |
|---|---|---|
| 用于自住 | 讲究，实用，货真价实 | 以自住为目的的房屋装修，一般业主内心的想法都是：“这辈子就是它了”，所以得用心布置，仔细打造 |
| 用于出租 | 干净，耐用，实惠，感觉高档，费用低 | 装修好的房子租价高，且出租容易；没装修或装修较差的房子，租价低，并且出租困难。出租房的装修因为租者是不确定的，因此功能配置要大众化，不必追求个性化。但材料选择一定要讲究耐用、耐磨，设施要全，不必追求品牌；视觉要清爽，要给租房客户有再创造的余地 |
| 用于出卖 | 通过家装升值，视觉效果要好，材料不必讲究 | 购房者买房时都会关注房子的感觉，几乎100%的客户都会亲眼看一下房子的状况。但买房者看房时通常只注意大的格局和环境，较少注意到小的细节。业主对要出卖的房子进行装修的目的主要是为了卖个好价钱，因此一定要将房子的外观搞得很好 |
| 作为样板房 | 宽敞、气派、高档、前卫、迷人 | 样板房设计的顾主是房地产公司，具体地说是房地产的营销和策划部门，这些部门的工作人员一般而言是很内行的。没有独到的设计理念和效果的设计方案是很难通过的。所以在样板房的设计上，一定要概念鲜明，效果第一。视觉冲击力和感染力要强，展示性要强，材料也要用得好，特别要用一些百姓不怎么认识的新颖的材料，功能可以略微忽略一些。因为消费者观赏样板房主要是感受装修的氛围，不怎么会想到生活的细节 |

### 2.3.2 业主的家装心理

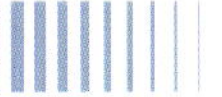

表 2-4 列出了业主家装时的几种典型心理及相应的设计策略。

## 2.4 家庭的类型与居住形态

### 2.4.1 家庭的类型

(1) 按家庭的模式划分　核心家庭、主干

表 2-4 业主家装时的几种典型心理及设计策略

| 典型心理 | 心理活动 | 分　析 | 设计策略 |
| --- | --- | --- | --- |
| 享受心理 | 买到中意的房子，家装当然要最高档次的 | 这是成功人士的典型心理。装修的费用已经不是问题，效果和档次才是最重要的。家装公司要选有实力的，设计师一定要选知名的 | 功能齐全，材料高档，工艺复杂。一定要体现舒适性和气派 |
| 攀比心理 | 人家家装那么好，我们也不能掉价 | 这是亚成功人士的典型心理。已经有了相当的经济实力，但比之成功人士还有距离。成功人士的压力还存在。别人家的好效果是自己挥之不去的疼 | 家装档次一定不能低于别人，甚至还要更好 |
| 成就和圆梦心理 | 终于有了自己的房子，有了自己的家，心中的梦想就要一一实现了，一种大功告成的成就感油然而生 | 普通家庭最大的愿望是什么？最大的烦恼是什么？两个完全不同的问题，最后的答案却是一样的。拥有一套心仪的住房是每一个家庭最大的梦想。许多业主在买房前对自己未来的房子有许多憧憬和梦想，他们在脑子里几百遍几千遍地勾画自己未来的家。这是很多家装业主都有的心理，女同胞特别是未婚女同胞更甚 | 要特别注意在设计中提升生活的品质和品位。要注意运用浪漫的流行元素，最好适度夸张一些，形成明显的亮点去打动业主 |
| 量力而行心理 | 买房子已经花去了我的全部积蓄，家装过得去就行 | 虽然不是“负翁”，但银行存款已经归零。装修还得进行。这样的业主会非常在意装修的造价，投入非常理性。也会采用“分步到位”的对策，先把必要的部分做好，把基本装修做好，其他的慢慢来，一步一步实现 | 设计时要注意量力而行，并不是先装修得差一点，以后再全部重来，而是先把隐蔽工程和基本装修搞好，其他的逐步完善 |
| 一步到位心理 | 既然装修了，就要好好装，把自己的理想、愿望及所有想要的都做好，一步到位 | 宁愿借钱，宁愿贷款，也要一次性地把装修搞好，免得以后再麻烦。如果以后再大动干戈，不是浪费吗？这也是许多装修人的想法 | 功能配置要齐全，舒适性和面子工程一定要做好 |
| 实用心理 | 有钱也不乱花，家装一定要实用、要实惠 | 这是家常男女的典型想法 | 实用是最优先的考虑，特别要注意材料、设备的性价比。设计一定要实惠 |
| 经济压力心理 | 我是负翁，经济压力太大，装修只好精打细算 | 高房价炸干了钱囊，甚至还背负几十万元的债务，房子虽然有了，但无穷无尽的账单也随之而来。这就是当今普遍存在的城市“房奴”一族。尽管如此，家装是必须的。所以只好精打细算，能砍的砍，能压的压，能优惠的优惠，能团购的团购 | 基本的配置必须考虑，但要特别注意材料、设备的性价比，尽可能降低造价，控制装修总价，缓解资金压力 |
| 洁僻心理 | 卫生在生活中很重要，家装房子卫生最重要 | 装修房子干干净净最重要，不仅看上去要干净，而且今后收拾起来也要方便 | 不要使用一切容易积灰尘的材料和构造 |
| 过渡心理 | 现在的房子是个过渡，装修不必太过操心 | 对过小的房子和不太中意的房子，业主在家装时容易产生过渡心理 | 设计不用太讲究，过得去就可以了。特别在材料方面，昂贵的材料就不考虑了 |
| 升级心理 | 房子又升级了，家装当然也要升级 | 对新买房子的业主、第N次买房的业主、买到比较中意房子的业主一般都有强烈的升级心理，比上一次的家装要上一个大台阶，各方面要来个飞跃 | 有条件的话最好参观一下客户原来的物业，这样才可以对症设计 |

家庭、扩大家庭、不完全家庭。

(2) 按家庭成员完整情况划分　完全型家庭和残缺型家庭。

(3) 按家庭成员规模划分　小型家庭、中型家庭、大型家庭。

(4) 按婚姻状况划分　正常家庭、独身家庭、单亲家庭。

按照社会的发展形态，目前我国城市的家庭在向小型化发展，而且这个趋势在加剧，参见表 2–5。

表 2–5 某城市家庭类型情况统计

| 家庭类型 | | 数量 | 所占百分比 |
|---|---|---|---|
| 核心家庭(父亲、母亲与孩子组成) | | 496 294家 | 51.78% |
| 有老人的家庭(65岁以上) | | 49 563家 | 5.17% |
| 三代同堂的家庭 | | 54 141家 | 5.64% |
| 独身家庭 | 一般独身家庭 | 398 525家 | 31.15% |
| | 65岁以上老人独身家庭 | 59 890家 | 6.25% |

家装设计时首先要看代际和家庭的性质。同代人居住与隔代人居住在设计上有不同的讲究。其次要看家庭的组合属性及特点，例如“以房养家”的“家中家”家庭在生活模式及空间组合方面有特殊的特点。用于商务居住的家庭与独身家庭其家装的理念也是完全不同的。因此要分析业主的各种居住形态及特点，在设计时列出相应的对策。

## 2. 4. 2 家庭的居住形态与家装策略

### 1. 一代居住

同代的人一起居住的家庭。最典型的有新婚两人世界、空巢家庭、丁克家庭。同代人居住最大的特点是观念比较一致，容易达成共识。生活模式和功能都相对简单。

(1) 新婚家庭　婚房装修是家装市场中一个很重要的部分。结婚是家装的一个很重要的理由。这是人生的一个特殊而重要的过渡时期。两人世界是甜蜜的，也是短暂的。一般说来，一个新的生命马上就会来到。因此不必过于为新婚考虑，只要按三口之家的模式设计即可。但现在希望比较长久地享受两人世界的人在增多，对这样的家庭可以适当做一些特殊处理。

小贴士

**新婚家庭的家装策略：**

**· 功能配置要齐全。**

**· 要强调浪漫和爱的感觉。**

**· 要讲究生活的品位和档次。**

**· 要有喜庆的氛围。**

**· 要给未来的孩子预留空间。**

(2)“空巢”家庭　“空巢”家庭是对只剩老人的家庭的形象比喻。据专家预测，50 年后，我国老人家庭的“空巢”率将达到 90%。因“空巢”而引发的老年人身心健康问题也将更为突出。在发达国家，“空巢”家庭出现较早，现在十分普遍，老年人与子女同住的只占 10%～30%。美国第二次世界大战前，52%的老年人与子女同住，到了 20 世纪 80 年代，与子女同住的只有百分之十几；在比利时、丹麦、法国和英国，20 世纪 80 年代初，全部家庭户中 65 岁以上独居者占 11%；瑞典独居老年人达到 40%，即每 10 个老年人中就有 4 人独居。在现代化建设过程中，工作变动日益频繁，人口流动和迁移加速，促使家庭结构由大家庭向小家庭转变。物质生活水平提高后，人们追求精神生活，老少两代人都要求有独立的活动空间和越来越多的自由，传统的大家庭居住方式已经不适应人们的需求，小家庭被普遍接受。近来，“空巢”有低龄化和变异的趋势，如三四十岁的这一大批青壮年（或曰社会中坚），从农村到城市、从落后地区到发达地区打工，夫妻双方中有一个有时甚至是两个人都不在家，形成一种特殊的“空巢”家庭。

小贴士

“空巢”家庭的家装策略：

· 预留“鸟儿”归巢的空间。

· 应重点考虑安全因素。

· 老年型“空巢”家庭必须设置无障碍设施。

· 适当缩小空间单位、消除空旷感觉，提升人气。

· 强调阳光因素。

· 丰富空间，增加视觉情感要素。

图 2–8、图 2–9 为“空巢”家庭装修示例。

(3) 丁克家庭　丁克是英语 Double incomes no kids 的缩写，直译过来就是有双份的收入而没有孩子的家庭。

图2-7　新婚家庭卧室装修示例

图2-8　“空巢”家庭装修示例——充实的起居空间

图2-9　“空巢”家庭装修示例——充满艺术氛围的卧室

小贴士

丁克家庭的家装策略：

· 可以有些前卫的设计，如做一个透明的卫生间（图2-10）。

· 在私密性方面要求可降低。

· 爱意空间可以适度强调。

· 没有子女房，需要考虑宠物居住的空间。

### 2. 两代居住和多代居住

(1) 核心2+1家庭　由夫妇和未婚子女组成的家庭，是典型的三口之家，也是社会学意义上的“核心家庭”。

小贴士

核心2+1家庭的家装策略：

家装的主流方法对这样的家庭都是适用的。

图2-10　丁克家庭装修示例——卧室前透明的卫生间

(2) 隔代2+1家庭　由两位老人和一个小孩组成的家庭。这种家庭现在比较多见。如有的中青年夫妇由于出国留学、出外打工或工作繁忙、经常要到外地出差等原因，只好将自己的子女托付给自己的父母抚养，由此形成了隔代2+1家庭。

小贴士

隔代2+1家庭家装策略：

一般这样的家庭在进行装修时，会把子女的需要作为一个重点，要为他们预留空间。房间要特别注意隔音的处理。因为老人一般是早起早睡的，而子女往往是晚起晚睡的，所以如果隔音条件不好就容易互相影响；空间也要划分开来，而且两者的居住空间距离最好远一点。

(3)1+2+2家庭　指三代同堂的家庭，是社会学上所称的“主干家庭”，其特点是有两个生活核心。这种家庭过去比较多，随着经济的发展，住房水平的提高，其数量在急剧减少。但因为我国人口多，这种家庭的绝对数量还是比较多的。

小贴士

1+2+2家庭家装的策略：

1+2+2家庭装修设计时除了要设计一个大的公共空间外，还要为两代人考虑相对独立的活动空间。

### 3. 特殊家庭

(1) 独身家庭　目前，我国独身家庭的数量越来越多。人口普查的数据表明，中国的单身人群正在扩大，2005年单身人口南京就达到40万人，北京和上海都已突破100万人。单身公寓就是专门为这批人打造的。

小贴士

**单身公寓的装修策略：**

- 设施齐全，即麻雀虽小，但五脏齐全。
- 家具低矮小巧，适合小空间。
- 家具多功能化，多方向化。
- 空间利用最大化。
- 灰空间多。

图 2-11 为某房产公司推出的单身公寓的宣传单。

(2) 离异家庭　离异家庭很容易发展成为再婚家庭。再婚家庭的一个现实问题是出现 2+2 的格局，即再婚双方都有一个子女，组成两个成人加两个子女的家庭。

小贴士

**离异家庭的家装策略：**

对这样的家庭，装修设计一定要考虑空间和设施的公平性。否则很容易出现矛盾。另外，新组合的家庭如果重新购置房屋，装修设计时只要满足各自的需要即可；如果对某一方原有的房屋进行装修，则对原家居空间要进行适当的改造，以平衡各方面的需要。

▲跃层一楼
宽敞空间，各功能巧妙隔离；
▲跃层二楼
尊贵气度，完全供主人独享。卧室、更衣室、书房自成一个独立的私人空间，从容生活；设有小休闲区，品茗与弈棋的绝佳去处。

服务人性化
24小时受理住户保修；
来访服务中心12小时值班；
公共部位12小时动态保洁；
家政、教育、社区共建
保安专业化
实行全封闭管理，24小时值班；
定点定时不间断巡逻；
24小时值班监控；
物业科技化
可视对讲系统、电子巡更系统、
红外对射系统、摄像监控系统、
背景音乐系统
完善配套
社区配备幼儿园、室外运动场
高尚VIP俱乐部设：健身房、棋牌室、练琴房、儿童学习中心、阅览室等

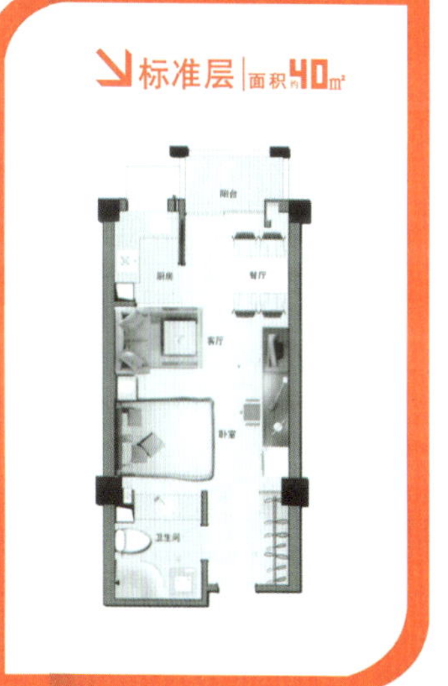


图2-11　某房地产公司推出的单身公寓的宣传单

(3) 同居家庭　随着改革开放和经济的发展，传统的观念开始出现根本性的变化，传统家庭也在向求新、求乐的方向发生改变。同居成为一种生活方式的选项。即使终身不婚，也可以寻找到性的伴侣共同生活。

小贴士

**同居家庭的家装策略：**

· **减少固定家具，增加活动家具。**

· **重装饰、轻装修。**

· **采用低价材料，讲求视觉效果。**

(4) 房中房家庭　这也是近年来出现的一种居住模式。有的业主由于房子比较大，居住的人比较少，为增加家庭收入而出租部分房间。有的困难家庭还靠这种方式来维持生活。一般的模式是主人住 1 ~ 2 个房间，空余的房间租给外人，卫生间、厨房及客厅大家公用的。

小贴士

**房中房家庭的家装策略：**

· **进行有效分区。**

· **一定要注重私密性。**

· **安全设施要特别考虑。**

(5) 出租屋　出租屋居住的对象五花八门。但装修水平和价格高低是人员层次有效的"过滤器"。装修好价格高的，会吸引一些商务居住者。但总的来说房客很不稳定；居住有季节性；房客比较计较，设施坏了需要房东来修，设施也比较容易损毁。

小贴士

**出租屋的装修策略：**

· **便于维修。水、电做成明管比较合适。**

· **材料要坚固耐磨而且还要便于清洗消毒。**

· **家具要结实。**

· **给房客有一定的改动余地。**

· **设施要全，形象要好。**

## 2.5 判断业主的属性 >>>

### 2.5.1 年龄属性

#### 1. 老年

老年人心理惯性强，注重实用，追求方便。特别在涉及健康和安全的设施方面舍得投入。部分老年人在子女成人、负担减轻之后会有强烈的消费补偿心理，试图补偿过去由于各种原因未能实现的消费愿望。老年人希望自己的居住环境能够体面、优雅、实惠。

#### 2. 中年

中年人是家装业主的主体。一般当人们有能力买好房子的时候已经人到中年或者接近中年了。

中年人已经有了相当的生活阅历，有了成熟的消费观念、稳定的世界观、明确的审美趋向。他们没有青年人的消费冲动，年轻的青涩和稚嫩已在生活的磨砺中逐渐退去。同时，也没有老年人的墨守成规。他们懂得如何享受生活，能够把形式和内容很好地统一起来。他们一般深思熟虑，不仅对自己的房子有深入的认识，而且对自己的要求也已心知肚明。需要的是找一个特别合适的设计师，运用其丰富的专业知识和从业经验，把这些完美地表达出来。

#### 3. 青年

青年人已越来越多地成为家装的业主。某网站调查表明，商品住宅购房对象正趋于年轻化，20 ~ 30 岁群体是商品房的购房主力。刚刚就业的年轻学子、事业初成的单身白领、沉浸在幸福中的准新郎新娘都成了家装的新业主。他们思维敏捷、活泼、富有朝气，对新生事物充满好奇和渴望，对时尚特别敏感，想象力丰富，乐于尝试新的风格，追求个性。青年业主一般喜欢标新立异，自我意识很强，对形式比较注重，对功能和生活细节有时因为生活经验不足容易忽略。这就需要设计师来弥补他们这方面的不足。

值得指出的是他们中的大部分是靠父母的资助才获得这样的消费能力，所以在很多情况下他们的家装设计还要征求其父母的意见，甚至有些还是父母在后面“垂帘听政”。

#### 4. 未成年

未成年人在家装的消费方面一般只起到一个参考作用，他们不太可能成为家装的业主，但如何使他们满意会成为业主考虑的重点问题之一。子女房的设计一般会作为一个专门的问题，征求孩子的意见。孩子的意见有时也会左右大人的意见。

### 2.5.2 社会属性

#### 1. 职业

工人、农民、军人、商人、公务员、教师、医生、专业人士……不同的职业人群对家庭的功能安排和家具配置、陈设装点的要求有很大的区别。有两种倾向：一种是与职业趋同，如教师，就要考虑在家里设置一个比较好用的书房；另外一种是与职业互补，如银行职员希望家里尽量休闲、轻松、舒适一些。

#### 2. 职位和名望

一般来说职位高名望就大，职位低名望相应就低，当然也有例外，有些专业人员和文艺界人士的名望与他们的水平和受欢迎的程度有关。高职位高名望的人士一般见多识广，对家装有特殊的要求。有些要求就连有经验的家装设计师也不是很清楚。遇到这样的情况，设计师要对他们多请教，多交流，引导他们参与到家装设计中来，否则很难设计出他们满意的作品。

#### 3. 宗教

无神论、佛教、道教、基督教、伊斯兰教……不同宗教对视觉风格的要求完全不同，设计师在设计前一定要对其避讳的事项了解清楚。

#### 4. 民族和种族

汉族、少数民族及亚洲人、欧洲人、美洲人……不同民族、种族的人，因文化的差异，有明显不同的视觉表达。设计师应对其避讳的事项了解清楚。

#### 5. 区域

发达地区、中等发达地区、不发达地区因经济原因，家装的档次和水平有较大的差异。

### 2.5.3 文化属性

#### 1. 文化修养高

文化知识丰富，文化修养非一般人所能企及，而且在某一个方面有杰出成就的业主对家装的文化品位要求较高，讲究品位、格调、个性和风格。陈设在其家装中的地位要特别突出。在空间和设施上，舍得并且乐于在文化精神方面的投入。设计师对他们的设计服务要特别注重与他们在文化表现形式方面的交流，要把握他们的审美趣味和特殊爱好见（图 2–12）。

#### 2. 文化修养一般

这类业主对文化品位的要求不是特别注重，但他们容易受潮流和时尚的影响。如果潮流中有比较浓的文化味，他们也会十分愿意在这方面投入。在审美和文化方面他们一般比较容易听从设计师的安排和建议，会放手让设计师设计。当然，设计师对他们在审美和文化上的好恶也要进行适当的测试和了解。

图2-12 文化氛围的家装案例——气氛高雅的起居室

图2-13 商界巨贾家庭的家装案例——豪华装饰效果

3. 文化修养低

这类业主讲究实惠，设计师设计的重点应放在处理他们的生活功能方面的要求，在文化方面只要一般就可以了。当然，如果花费不大，他们也会接受某些精神方面的家装投入。

### 2.5.4 经济属性

1. 商界巨贾

家装对这类业主来说是一件小事。他们也可能会委托下手来处理家装的事务。他们在家装时基本不考虑经济问题，只考虑效果和档次。设计时可以采用顶级品牌的材料和设备，施工工艺也要十分讲究(图 2-13)。

2. 老板和富裕的高级工薪阶层

这类业主对经济不是十分敏感，只要效果好，多花一点钱没关系。知名品牌的材料和设备是他们的选项(图 2-14)。

图2-14 富裕家庭的家装案例——显而易见的排场

3. 一般工薪阶层、小老板

这类业主对经济敏感，讲究性价比，适当的地方可以使用一些高档材料和高档设施（图2–15）。

4. 低收入者

这类业主对经济十分敏感，有严格的预算。大众品牌的材料和设备是他们的选项（图2–16）。

## 2.5.5 其他属性

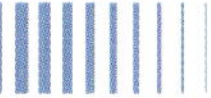

1. 性格属性

(1) 好客好动　这类人在乎朋友的看法，对客厅的装饰装修重视，愿意为朋友聚会、聊天、娱乐准备空间。

(2) 安静闭守　这类人重视自己的需要，只要自己满意就可以了。自我空间需要考虑得特别周到。

2. 装修态度属性

(1) 主张明确　对主张明确的业主，设计师只要弄清其主张并满足其要求就可以了。

(2) 人云亦云　这类业主没有明确主张，其想法易受他人的影响。因此，设计师一定要把设计方案讲透。

(3) 张冠李戴　奉行拿来主义，没有整体的概念，看到别处好看的都想搬到家里来。对这类人“协调”、“不协调”这两句话要常常挂在设计师的嘴边。

(4) 实事求是　业主处事比较客观，错就是错，对就是对，出现了问题比较好解决。

(5) 不懂装懂　实际是不懂的，但是为了面子，有时也是为了防骗，要装内行。对这样的人既要顾及他们的面子，但又要按规律办事。

(6) 半懂不懂　这种业主懂一些装修知识，但又不全懂。给他们讲道理，他们比你明白，甚至反过来还能给你讲道理。如果他们确实有道理，设计师一定要吸收他们的意见；如果他们讲得不对，设计师也不要驳他们的面子，因为他是业主。这时你可以说：“你别急，看看效果吧”、“不信试试看吧”。因为，事实胜于雄辩，用事实说话，用效果说话。说到底他们也是认效果、认事实的。

图2–15　普通家庭家装案例——平实舒适的效果

图2–16　低收入者家装案例——简单实用的家居设施

# 2.6 如何与业主交流沟通 >>>

## 2.6.1 沟通的方法

### 1. 观察

动作往往会泄漏心思，所以在沟通过程中对业主的肢体语言要细心观察和揣摩，这样才能准确地把握客户的需求。

要留意客户在翻看自己的作品时流露出来的表情；在给客户介绍参考方案时客户的反应等。有时，客户看到自己喜欢的方案时会喜形于色，看到自己不喜欢的东西时会皱起眉头。这些都是有用的客户信息，更是设计时需要考虑的内容。

### 2. 语言交流

这是与业主沟通的最主要的方式。语言交流要讲究技巧。提问要巧妙——有些问题可以直接提问，如家里有几口人，喜欢什么风格；有些问题要曲折提问，如不能直接问业主的年薪是多少，家里有多少存款等。回答问题要快速准确——设计师在与客户沟通过程中，要根据客户的情绪变化，调整自己的思路。

### 3. 图纸语言交流

形象毕竟是设计的主要属性，有时用语言描述形象毕竟比较抽象，这时就要拿出设计师的手绘功底，用形象的图纸语言与业主进行交流沟通。

## 2.6.2 与业主初次见面的沟通和交流

### 1. 用礼貌、得体的外表和行为树立良好的形象

设计师的职业形象应该是得体、礼貌，有适当的文化底韵。什么叫得体？得体就是符合场合和环境要求。在公司里接待客户，发型和着装要端庄一些、协调一些。但也不能太古板，衣服款式和配色一定要协调，要有设计师的感觉，个性适度，根据自己的目标群显示个性。

眼神要关注客户，讲话时注意力要集中。与客户交谈时若有电话进来，一定要说：“对不起，我接个电话可以吗？”或“不好意思，接个电话。”让客户觉得很受设计师的重视。

要有绅士风度，为客户拉椅子，为客户倒杯水，双手递或接名片，为客户开门，让客户先走……彬彬有礼，就会给客户留下好的印象。

### 2. 用赞美拉近与业主的距离

人一般都喜欢听赞美之辞，赞美很容易拉近设计师与业主的距离。对家装业主的赞美要有针对性。

一般可从事业成功、商业头脑、眼光、气质风度、衣着品位、知识见解等方面进行。如对有些衣着得体、谈吐非凡的客户，可以从“您的气质这么高雅，家居可要好好设计，家居配饰一定要有品位！”这样的语题切入，后面的话题自然就可以进行下去了。

赞美的时候语态一定要诚恳，眼睛要一直注视对方，让人感觉到，你对他的赞美是有感而发。

### 3. 打消客户的紧张和防卫心理

有的客户走进家装公司，很反感马上就有人凑上去提供所谓的服务。他想考察一下公司。这时一定要满足他的要求，说：“你可以先看看我们的公司，左边是样板房，右边是材料展示，这边是设计部，楼上是工程部，如果要看我们的样板工程我可以给您预约。”客户参观时千万不要紧跟在他后面，你可以说，“您尽管自己看，有需要的时候您可以来找我。我在设计部等您”。这样客户的心就会松弛下来。等他再次出现在你的面前时，他已经没有防卫心理了。

### 4. 注意客户的第一个问题

一个客户第一次上门，一定带了很多的问题，这说明他内心有相应的担心和需求。此时一定要注意他的第一个问题。因为这个问题往往是他最关注的。

例如，一个客户上来就问“你们公司的设计费是多少？”这句话里包含的信息有：①他可能比较重视设计，但怕负担过高的设计费；②如果设计费合适，可能单独对设计进行委托；③别的公司有免费设计，你们公司有没有。总的说来客户比较在乎价格。

对于这个问题不要直接回答设计费是多少，因为这样马上就进入了价格谈判。你可以回答：“你如果委托我们施工，我们可以返还一定比例的设计费”；“设计是决定效果的关键，与整个工程相比设计费其实算不得什么”；“我们公司设计实力是很强的，已经得了很多奖项，如果单独委托我们设计，费用是比较高的。”

这里面每一个回答都带有一个比较和隐含意义。第一个回答隐含着“可能我们的设计费比较高，但委托我们施工，设计费就可以部分返还，甚至全返”。这样客户就觉得设计费不高了。第二个回答隐含着“与整个工程相比，设计费可能只有百分之几。只要我们在工程里给您优惠，这点设计费完全可以忽略”。第三个回答隐含着“优质高价，一分钱一分货”。

又如，一个客户上来就问“你们公司的工程质量怎样保证？”这句话里包含的信息有：①客户关心施工质量；②客户关心公司的质量管理的机制和水平。此时你可以把公司管理工程的有关规定给客户作一介绍，如配备专职监理、每个环节结束都要进行分项验收，最终验收邀请独立的法定检验机构等。同时介绍施工队伍的实力，还可以要求客户参观已经竣工的工程。

再如，一个客户上来就问“你们公司的材料是不是采用环保材料，工程结束后是不是做空气检测？”这样的客户比较重视绿色装修和身体健康。那么你就要把公司对绿色装修方面的一些做法进行介绍。

根据客户的第一个问题，选择重点进行介绍以展示公司的实力。这样比较容易吸引客户进入到下一个环节，以便最终达成家装协议。

### 5. 进行充分的准备工作

对于一些小公司，由于没有非常有名望的设计师，为了吸引客户，必须准备一些比较成功的案例或者是自己的得意作品，将它们做成作品集，向客户演示，向客户证明自己的设计实力，以赢得客户的信任。对自己的作品集，一定要精心准备，精心包装。对自己的每一个工程，一定要认真总结，请专业摄影师拍出好的作品照片。已经做完的作品是很有说服力的。随着资历的加深，要不断更新充实作品集。作品集一定要归类，有高造价的，也有低造价的；有简约风格的，也有奢华风格的。根据不同的客户，拿出不同的作品集。

设计师除了制作作品集之外，还要制作充分反映自己设计理念的作品库，选择不同的风格类型，作为检测客户喜好的一个媒体，十分好用。

### 沟通和交流技巧　在咖啡厅洽谈业务设计师如何点咖啡？

如果客户邀请你去咖啡厅洽谈业务，在咖啡厅设计师该如何点咖啡？不同的设计师应该点不同的咖啡。有资历的设计师可以点“蓝山”，因为蓝山是上等的咖啡，在“上岛咖啡”，“蓝山”的价格是每壶 70 元左右，一壶咖啡可以倒 2 杯。极品“蓝山”的价格在 100 多元。

之所以点一壶“蓝山”，有 4 个理由：

1)“蓝山”是名贵的咖啡——显示设计师也是有一定名望的。

2)“蓝山”的价格比一般的咖啡高，比极品“蓝山”低。——点低价的咖啡有失身份，点极品“蓝山”可能引起客户的反感。

3)一壶咖啡可以两个人一起喝——拉近客户与设计师的距离。

4)可以从咖啡名字的来源聊起——表明设计师有足够的文化底蕴。

一杯真正的“蓝山”咖啡，优质的原料、精确的烹煮技巧，加上简洁、优雅的外表共同组成的感觉正好能够体现高级家装设计师足够的文化底蕴、丰富的人生阅历、高雅的生活品位。

## 2.6.3 设计过程中的沟通和交流

### 1. 语言：亲和力中带点专业性

设计师在与客户沟通过程中应该采用专业到位的语言。

设计是相当专业的，设计师的语言也应专业一点。如说色彩，通常客户会说“这个颜色配的不好看”，设计师应该说“这个色彩配置不协调”；客户会说“这个颜色太浅了”，设计师应该说“这个色彩明度太高了”，这样客户会觉得他的确是在跟一个专业人员谈话。

### 2. 注意与拍板者沟通

家装是业主家庭的大事。业主洽谈此事往往会全家出动。有时表面上是男主人在谈，可是其实是女主人在拿主意；有时是女主人在操办，可是重要的事需要男主人拍板；有的父亲装修房子，可是风格还要孩子说了算。

总之，讲话多的，不一定拍得了板。因此，设计师一定要分清楚谁可以拍板，要根据拍板者的思路来进行设计。否则，你做的设计可能成为义务劳动。要注意也不能得罪拍不了板的那一位，不能让他（她）成为成交的阻力，应该让其成为助力。否则，可能会因为业主家里意见不统一，而使设计师进退两难。

### 3. 重视业主意见

业主提的意见有时并不专业，但他的意见一定是有缘由的。设计师一定要弄明白业主为什么要提这个意见，缘由究竟是什么？站在业主的立场上，这个意见是不是有道理？设计师要分析判断后再做决定。不要轻易否定，也不要轻易肯定。总之要认真倾听，对客户表现出充分的重视，这样即便你否定了客户的意见，客户也会理解。千万不能说这样的话：“这是你自己想要的，效果不好我们不管”。

## 2.6.4 成交阶段的沟通和交流

不要以为设计确定之后，设计师的工作就结束了。家装公司里的设计师接着还要为公司达成家装施工协议。其实这是个更大的挑战！设计确定后并不能顺理成章地签下施工合同。当然，后面主要就是谈价格、工期、服务、保修方面的问题了。这个阶段的沟通和交流要注意以下几点。

### 1. 及时解答，快速反应

在施工过程中，业主还会提出各种问题。有的业主看图样时其实是似懂非懂的，到了现场实际施工了，又会产生另外的想法，甚至完全推翻设计方案。另外，在施工过程中会有很多工种的配合，在这个过程中，各个工种的人员会站在自己的立场上对设计提出一些异议和修改，这些意见会通过业主提到设计师的面前。对这些提问和意见，设计师要及时解答，快速反应。该解释的解释，该修改的修改。总之，这个时候也要象在接单时一样在意自己的客户。否则他们就会抱怨设计师时过境迁态度就不一样了。这种意见对设计师来说会有负面的影响。

### 2. 保持风度，耐心解释

在装修工程的中间阶段，工地呈现的面貌是很杂乱和不雅观的。业主看到这样的情形心情一般都会很差。在这个阶段他们往往会怀疑设计师的水平，质疑设计效果。有时脸色会很难看，语言也会很刺耳。这时，设计师要保持风度，耐心解释。千万不要急躁，不要撂挑子，不要争执。要耐心描述工程完工后的效果，给客户以希望和憧憬。

## 本章附录

设计信息调查表

承诺：本表的填写目的是为了使我们的设计更有针对性。

我们将为客户保密，保证不用于其他用途。

### 1. 客户基本信息

| 业主姓名 | 职业 | | 地址 |
|---|---|---|---|
| 电话号码 | | 兴趣爱好 | 年龄段 □ 25–35 □ 35–45 □ 45–55 □ 55 以上 |
| 配偶信息 | 职业 | 兴趣爱好 | 年龄段 □ 25–35 □ 35–45 □ 45–55 □ 55 以上 |
| 子女信息 □ 子 □ 女 | 职业 | 兴趣爱好 | 年龄段 □ 1–6 □ 6–13 □ 14–18 □ 18 以上 |
| 其他同住人： | 职业 | 兴趣爱好 | 年龄段 □ 25–35 □ 35–45 □ 45–55 □ 55 以上 |

### 2. 设计户型

建筑面积：$m^2$ 使用面积： $m^2$ 结构类型：□ 砖混结构 □ 框架结构 □ 半框架

套型：____室 ____ 厅 ____ 卫 ____ 厨 系 □ 多层住宅 □ 高层公寓 □ 复式 □ 别墅

具体构成：

■ 起居室

□ 真皮沙发

□ 木质沙发

□ 布艺沙发

□ 木质茶几

□ 玻璃茶几

□ 视听柜

□ 家庭影院

□ 立柜空调

□ 落地灯

□ 饮水器

□ 装饰画

□ 冰柜

■ 主卧室

□ 1800mm 双人床

□ 1500mm 双人床

□ 床头柜

□ 梳妆柜

□ 空调

□ 电视柜

□ 小冰箱

■ 书房

□ 书柜

□ 写字台

□ 沙发

□ 椅子

□ 健身器

□ 空调

□ 电脑

■ 子女房

□ 单人床

□ 窗头柜

□ 书柜

□ 电脑
□ 衣柜
□ 小沙发
□ 空调
■ 客房
□ 单人床
□ 双人床
□ 床头柜
□ 电视柜
□ 衣被柜
■ 厨房
□ 成品厨柜
□ 进口脱排
□ 国产脱排
□ 中式脱排
□ 西式脱排
□ 侧吸脱排
□ 底吸脱排
□ 消毒柜
□ 微波炉
□ 电饭堡
□ 单开门冰箱
□ 双开门冰箱
□ 多开门冰箱
□ 米箱
□ 落地四头炉具
■ 餐厅
□ 餐桌椅
□ 装饰酒（碗）柜
□ 冰箱
■ 卫生间
□ 连体洁具
□ 浴缸
□ 独立浴缸
□ 淋浴房
□ 妇洗器
□ 玻璃移门
□ 电热水器
□ 家庭供水中心
□ 太阳能热水器
□ 速热水器
□ 煤气热水器
□ 滚筒洗衣机
□ 上开门洗衣机
■ 阳台
□ 洗衣机
□ 水斗
□ 洗衣板
□ 健身器
■ 门厅
□ 鞋杂柜
□ 装饰镜造型
□ 隔断
■ 储藏室
□ 走入式储藏室
□ 整体储藏室
■ 健身房
■ 内客厅
■ 棋牌室

---

### 3. 拟定的装修档次

□ 普通（500 元 /$m^2$ 左右）
□ 中档（700 元 /$m^2$ 左右）
□ 中高档（1000 元 /$m^2$ 左右）
□ 高档（1200 元 /$m^2$ 左右）
□ 豪华（1200 元 /$m^2$ 以上）

---

### 4. 对设计风格的要求

□ 海派风格（港台流行风格）
□ 中式风格（采用红木家具）
□ 欧式风格
□ 日本风格
□ 乡村自然风格
□ 怀旧风格
□ 贵族风格

---

### 5. 拟采用的主要装饰材料

地面

厅： □ 地砖 □ 花岗岩 □ 大理石 □ 地板 □ 免漆地板 □ 复合地板 □ 地毯

卫： □ 地砖 □ 花岗岩 □ 大理石

□ 其余房间： □ 地板 □ 免漆地板 □ 复合地板 □ 地毯 □ 塑料地毯 □ 油漆

顶面

厅： □ 是 □ 否吊顶 主卧室： □ 是 □ 否吊顶

子女房： □ 是 □ 否吊顶 书房： □ 是 □ 否吊顶

客房： □ 是 □ 否吊顶墙面：

厅： 是否采用 □ 墙裙 □ 壁纸 □ 涂料 □ 根据设计师意见

主卧室： 是否采用 □ 墙裙 □ 壁纸 □ 涂料 □ 根据设计师意见

子女房： 是否采用 □ 墙裙 □ 壁纸 □ 涂料 □ 根据设计师意见

书房： 是否采用 □ 墙裙 □ 壁纸 □ 涂料 □ 根据设计师意见

客房： 是否采用 □ 墙裙 □ 壁纸 □ 涂料 □ 根据设计师意见

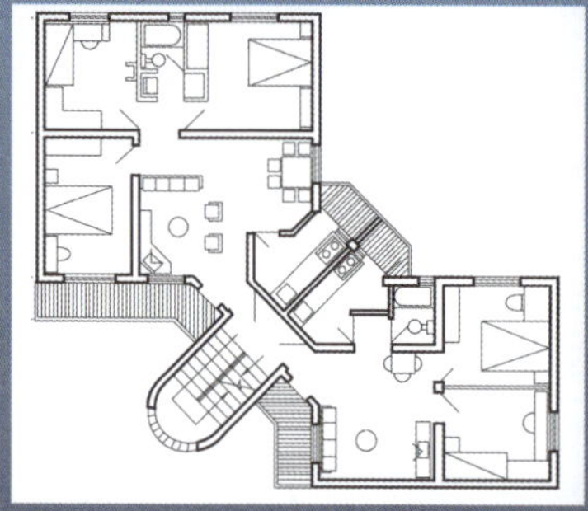

业主的房屋是业主的居住空间，也是设计师的设计空间。设计师必须透彻地观察并记录这个空间所处的环境、客观条件。分析户型的优劣，并提出有针对性、扬长避短的设计措施，使自己的设计达到最佳的状态。

# 3. 火眼金睛 看清业主房屋

## 3.1 居住空间的类型及特点 >>>

### 3.1.1 别墅

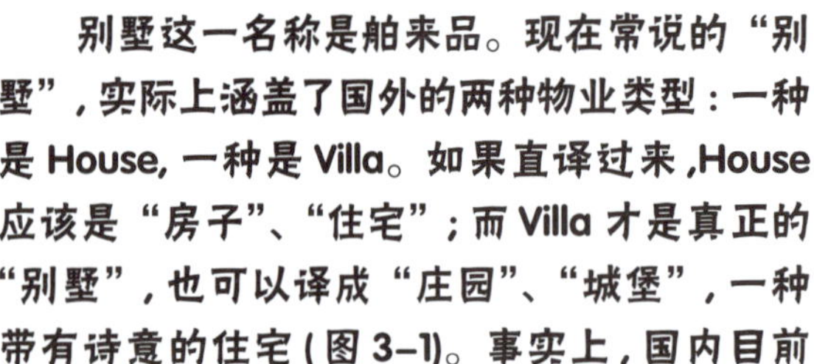

**别墅这一名称是舶来品。现在常说的“别墅”，实际上涵盖了国外的两种物业类型：一种是 House, 一种是 Villa。如果直译过来 ,House 应该是“房子”、“住宅”；而 Villa 才是真正的“别墅”，也可以译成“庄园”、“城堡”，一种带有诗意的住宅（图 3–1）。事实上，国内目前房地产市场所销售的大部分“别墅”，并不是 Villa, 而是 House。**

#### 1. 别墅的特点

1) 外观造型雅致美观，独幢独户，庭院视野宽阔，花园树茂草盛，有较大绿地。有的依山傍水，景观宜人，使住户能享受大自然之美，有心旷神怡之感。

2) 内部设计得体，厅大房多，装修精致高雅，厨卫设备齐全，通风采光良好。

3) 有附属的汽车间、门房间、花棚等。

4) 社区型的别墅大都是整体开发建造的，整个别墅区有数十幢独立别墅，区内公共设施完备，有中心花园、水池绿地，还设有健身房、文化娱乐场所以及购物场所等。

#### 2. 别墅的类型

(1) 乡野别墅　散落在乡间的别墅，在国外常见，但国内少见。乡野别墅一般面积很大，户型变化多，环境优美。图 3–2 所示为典型的乡野别墅。

图3–1　美庐别墅

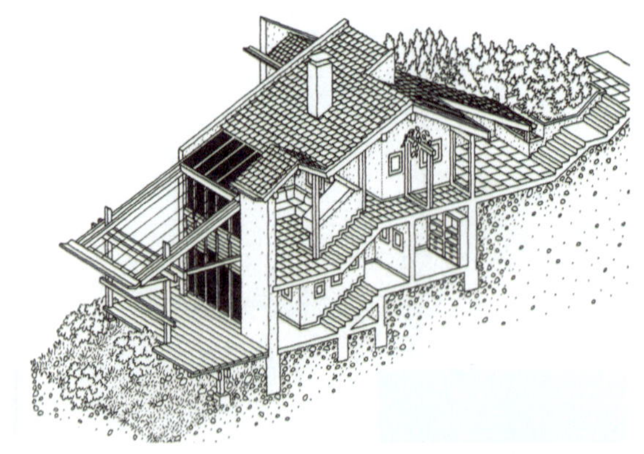

图3–2　乡野别墅

(2) 独栋别墅　独门独院，单体独立，周围有绿化的别墅。独栋别墅是私密性很强的独立式住宅，表现为上下左右前后都属于独立空间，一般房屋周围都有面积不等的绿地、院落(图 3–3)。

(3) 别墅区别墅　集中在别墅区里的别墅，有物业管理。开发商一般提供不多的几种户型类型，面积在 200 ~ 400m² 左右，独门独户，有独立的花园(图 3–4)。

(4) 连排别墅　连排别墅又称 Townhouse，十九世纪四五十年代发源于英国新城镇时期，现在在欧美非常普及。欧洲原始意义上的 Townhouse 是指在城区联排而建的市民城区住宅。这种住宅均是沿街的，由于沿街面的限制，所以都在基地上表现为大进深小面宽，层数一般在 3 ~ 5 层，而立面式样则体现为新旧混杂，各式各样。连排别墅现在很多国家和地区已非常普及，由于离城很近、方便上班、价格合理、环境优美，成为城市发展过程中不可逾越的阶段——住宅郊区化的一种代表形态。

连排别墅有双拼、叠拼等，面积在 150 ~ 300m² 左右。连排别墅一般有单开间、双开间，也有三开间及以上的。其特点有：①比较注重项目选址，尽量依山傍水，交通比较方便。②价位较低，为中产阶级中上层人

图3–3　独栋别墅——庐山周公馆

图3-4　某地新近开发的别墅区模型

士及新贵阶层度身定造。③户型设计丰富而前卫，有特色。图 3-5 所示为某联排别墅户型图。

(5) 空中别墅　空中别墅发源于美国，称为 Penthouse，即“空中阁楼”，原指位于城市中心地带，高层顶端的豪宅，现一般指建在高层楼顶端具有别墅形态的跃层住宅。空中别墅以“第一居所”和“稀缺性的城市黄金地段”为特征，是一种把繁华都市生活推向极致的建筑类型。其特点是：①空中别墅的建筑形式弥补了高层建筑的诸多弊端，与普通别墅相比，具有地理位置好、视野开阔、通透等优势，给人高高在上、饱览都市风景的感觉。②高层高，空中别墅的层高都在 3m 以上，这意味着通风

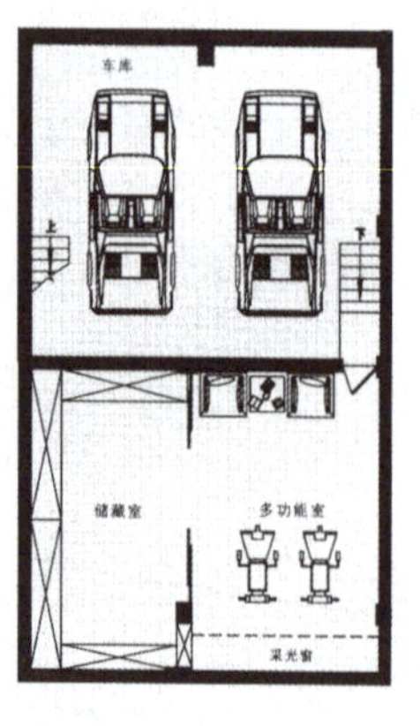

车库平面图

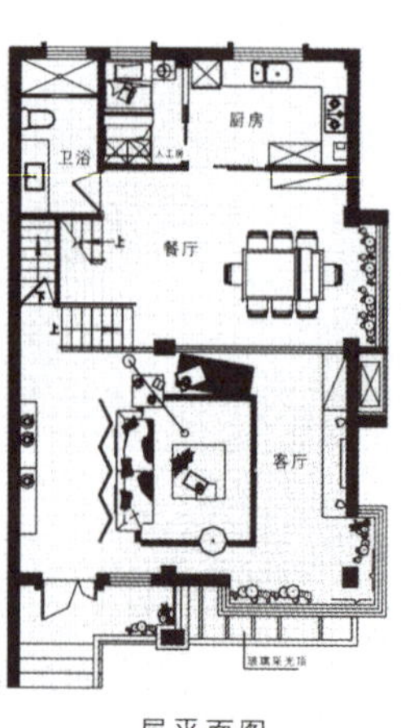


一层平面图

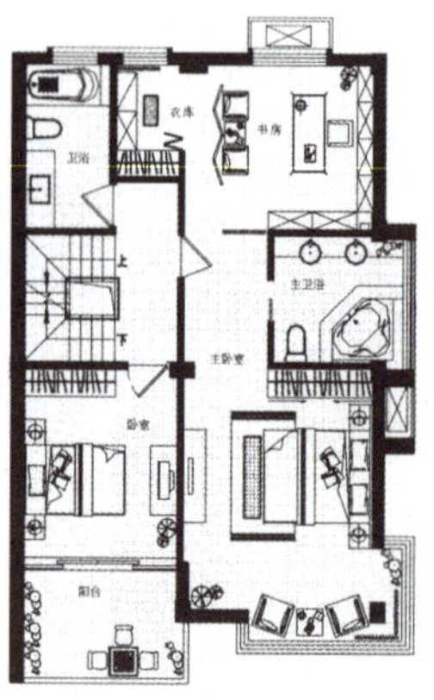

二层平面图

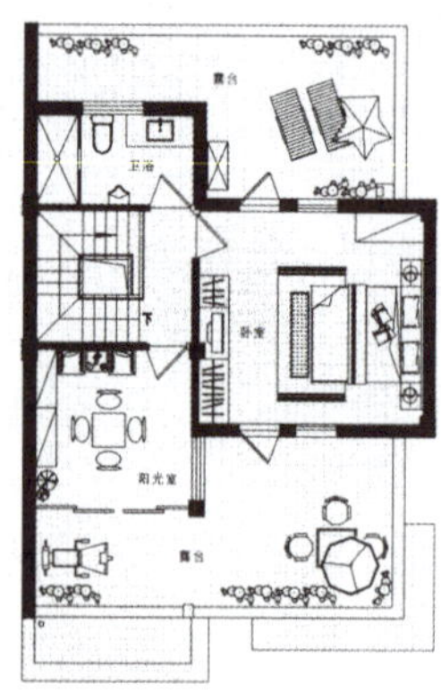

三层平面图

图3-5　某连排别墅户型图（建筑面积约236$m^2$）

更顺畅，采光度更好。图 3-6 所示是美国某空中别墅。

## 3.1.2 成套住宅

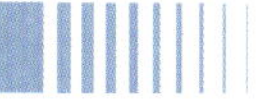

**成套住宅顾名思义是带一整套居家基本功能的房子。**

哪些是居家的基本功能呢？吃饭——餐厅＋厨房；睡觉——卧室；交往——客厅；洗澡＋大小便——卫生间。即不论大小、品质好坏，只要带厨房、卫生间和若干个房间的房子就是成套住宅。

按《住宅设计规范》(GB50096—1999) 的划分，1 ～ 3 层为低层住宅；4 ～ 6 层为多层住宅；7 ～ 9 层为中高层住宅；10 层及以上为高层住宅。但目前社会中对住宅往往约定俗成地划分为高层住宅、小高层住宅、多层住宅、低层住宅，其划分标准与以上设计规范也有些不尽一致的地方。

(1) 高层住宅　一般指 12 层以上的住宅。它是作为解决城市用地紧张的一种高密度居住手段，在反映城市建设经济原则的同时，也满足了居民在城市中心区“职住相近”的居住便利性和城市生活丰富性的需求。高层住宅的主要优点是：①土地利用效率高，有较大的室外公共空间和设施，眺望性好。②许多高层住宅还建在城区，生活便利性良好。③从建筑质量上看，由于高层住宅是钢筋混凝现浇结构，不仅抗震性能好，而且折旧年限长。

高层住宅虽节约用地，能容纳更多住户，但也有许多弊端。如均好性差，标准层的公共交通和设备及管井占用面积较大，每户分摊公用面积较多，每户的有效使用面积相对较少。高层住宅的售价往往高于多层住宅。还有，人们远离了大地，生活在“空中鸽笼”中，儿童和老人感到活动不方便，而且易使

图3-6　美国某空中别墅

人产生孤独感；容易导致居住小环境的恶化，如高层住宅北面的大片阴影区、高层住宅的楼群风等。建设费用高、建设周期长。高层住宅一般采用框架剪力墙结构，因而户型设计较难，装修限制多。图 3–7 所示为某高层住宅效果图。

(2) 小高层住宅　一般指层数为 7 ～ 11 层的住宅，其平面布局类似于多层住宅，有载人电梯但无消防电梯。小高层住宅虽然是高层住宅，但层数较低，具有多层住宅的某些特点，虽设有电梯，但防火要求并不如高层建筑那么高。小高层住宅还具有如下优点：①节约用地，尺度适宜。小高层住宅同多层住宅相比，具有明显的节约用地的效果，建筑尺度也比较合适。以一幢 11 层的小高层住宅为例，其高度约为 31m，容易形成居住建筑的特点和氛围。以观赏角度看，比较接近自然，不太压抑。②户型优越。以单元式为例，小高层住宅同多层住宅相比，其平面布局基本相同，只是多加一部电梯，因此，具有良好的通风、采光、观景效果和良好的户内布局。③由于每户分摊的公用面积并不大，易为购房者所接受。④提高了生活质量。仍以单元式为例，小高层住宅的电梯，将给老、弱、病、残、孕居民上下楼以及居民搬运重物等带来极大方便，提高了生活质量。⑤由于小高层住宅层数较低，结构体系较简单，抗风、抗震要求比一般的高层建筑低，对于开发商来说，投资较少，工期较短，资金和人员均容易周转，而回报并不低，因此深受欢迎。图 3–8 所示为某带入户花园的小高层住宅户型图。

(3) 多层住宅　一般指层数为 4 ～ 6 层的住宅，借助公共楼梯解决垂直交通，是一种最具代表性的城市集合住宅。多层住宅用地较低层住宅节省，性价比高，公共空间与氛围较好，公摊面积少，物业费较低，出房率高，使用费用低，无使用电梯的风险，符合中国居民群住的生活习惯。而且房屋升值潜力大，生活各方面都很便利，是我国广泛建造的一种住宅类型。一般来说，这种住宅，存在共用部分不

图3–7　某高层住宅效果图

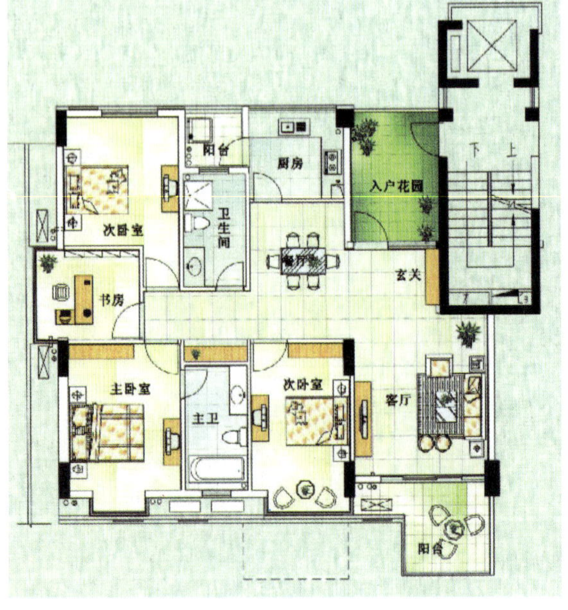


图3–8　某带入户花园的小高层住宅户型图

足、外观单调、需要爬楼梯而舒适性较差的缺点。图 3–9 所示为典型的多层住宅户型图。

(4) 低层住宅　一般指层数为 1 ~ 3 层的住宅，一般为砖混结构。这种住宅现在正在逐步消失，原因是目前紧张的土地供给使造这样的住宅很不经济。房地产商一般会把它建成连排别墅。这样卖价会比普通的低层住宅高出许多倍。

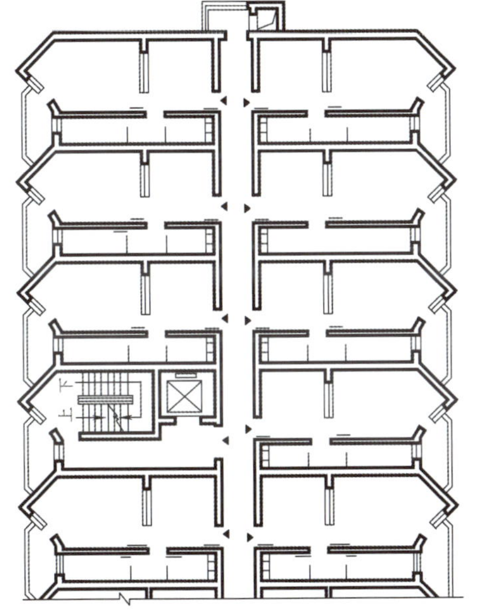

图3–9　典型的多层住宅户型图

图3–10　典型的公寓楼层平面图

## 3.1.3 公寓

**公寓是有管理的住宅楼。**

《现代汉语辞典》里公寓有两种含义：一是旧时租期较长，房租论月计算的旅馆，住宿的人多半是谋事和求学的；二是能容纳许多人家居住的房屋，多为楼房，房间成套，设备较好。配置比较完备。从这个解释来看，公寓一部分类似于旅馆，一部分类似于住宅。图 3–10 所示为典型的公寓楼层平面图。

公寓有以下几种类型：

(1) 单身公寓　建筑面积 30 ~ 60m$^2$ 左右的带卫生间和厨房的套房，主流的建筑面积在 40m$^2$ 左右。实际的使用面积在 30m$^2$ 左右，厨房和卫生间面积都很小，一般为走廊式，南北分开，精装修。主要面向单身生活的人群，对新婚的人群也有一定的吸引力。图 3–11 所示为单身公寓一角。

(2) 学生公寓　学生公寓是供学生共同居住的房间，一般为 4 ~ 8 人一个房间。进入 21 世纪以后新建的学校一般都是 4 人间带卫生间的模式，也有 2 ~ 3 个套房带一个卫生间的模

图3–11　单身公寓一角

式，见图 3–12。

(3) 职工公寓　根据企业的大小和经济条件的好坏及企业理念的不同，职工公寓有很大的差别。比较差的就像鸽子笼一样只能满足最基本的睡觉的功能；中等的就像一般的学生公寓，多人共居，除了床还配备一些桌椅和箱架，有公用的卫生间和盥洗室；较好的是带卫生间的公寓，2 ~ 4 人一间；更好的就类似于精装修的单身公寓。

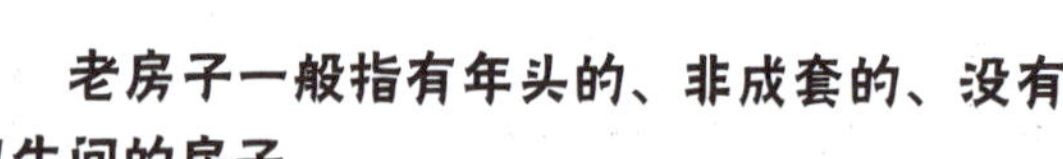

### 3.1.4 老房子

**老房子一般指有年头的、非成套的、没有卫生间的房子。**

老房子有以下两种类型：

(1) 民房　低标准年代建造的房子。有些是解放前的大户人家的院落分割给了很多户群众，这些房子经过时间的洗礼多数变得拥挤、破烂，成为城市房屋改造的对象。少数具有文物保护价值的民房被保留下来，经过清户修整，成为具有历史文化意义的景观，有的被整体利用为展示、休闲、博物等用途的房子。图 3–13 所示为经过改造的旧民房。

(2) 四合院　四合院指有天井的四面围合的住宅。以北京的四合院最典型也最有名气，见图 3–14。

### 3.1.5 二手房

**二手房指别人交换出来的房子。**

#### 1. 二手房的类型

(1) 旧房子　房龄较长的房子。

(2) 次新房　没有居住史的房子，原购房者主要以投资为目的，或因各种原因不能自己居住。

(3) 存量房　存量房指房地产商建造完了以

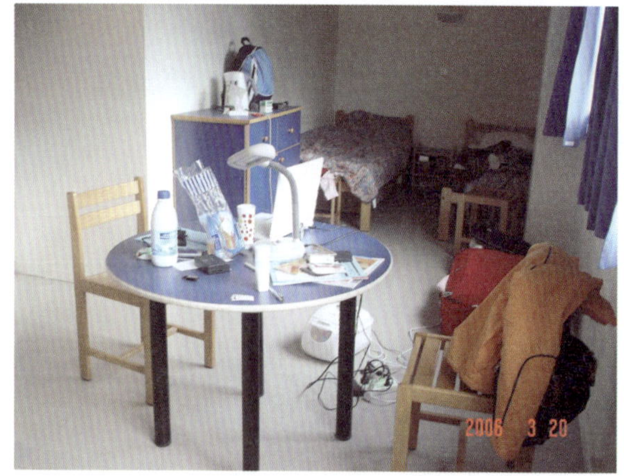

图3–12　中国留学生居住的法国的学生公寓

图3–13　经过改造的旧民房

图3–14　北京的四合院

后多年没有卖出去，后通过中介卖出的房子。

各种类型的房子都有二手房。

**2. 二手房的特点**

次新房和新交付的房子没有多大的区别，这里主要就房龄较长的二手房作简单分析。

**(1) 地段好** 一般都坐落在市中心和繁华地段。

**(2) 户型旧** 过去开发的房子沿用的是低标准，人们的生活水平及要求也比较低，只要有成套房就很满足了。所以设计人员也没有优化户型的意识，设计出来的房子户型自然就比较差，格局也不是很好。许多卫生间是暗的，厅很小，有的是弄堂型的。个别的还有一门两户，里户入门要经过外户，很不方便。

**(3) 房龄长** 早的二手房是在 20 世纪 80 年代初期开发的，晚的是在 20 世纪 90 年代初期开发的。这些房子的建造质量一般也比较差。

**(4) 面积小** 一般建造年代较早的二手房各个户间面积都小，卫生间只有 $2m^2$ 左右，厨房 3 ~ $4m^2$，厅只有一个，一般 6 ~ $8m^2$，卧室一般 10 ~ $14m^2$。

**(5) 标准低** 除了房间小以外，配套设施也很差，房子的间距很小，没有绿化小品、公共空间及“会所”等。

**(6) 价格低** 二手房除了地段好，其他就没有什么优点了，所以比之新开发的商品房价格自然要低一些。

## 3.2 住宅的空间展开形式 >>>

### 3.2.1 平层住宅

住宅的空间展开是在同一个标高的平面内展开的，是最常见的住宅展开形式，如图 3–15 所示。

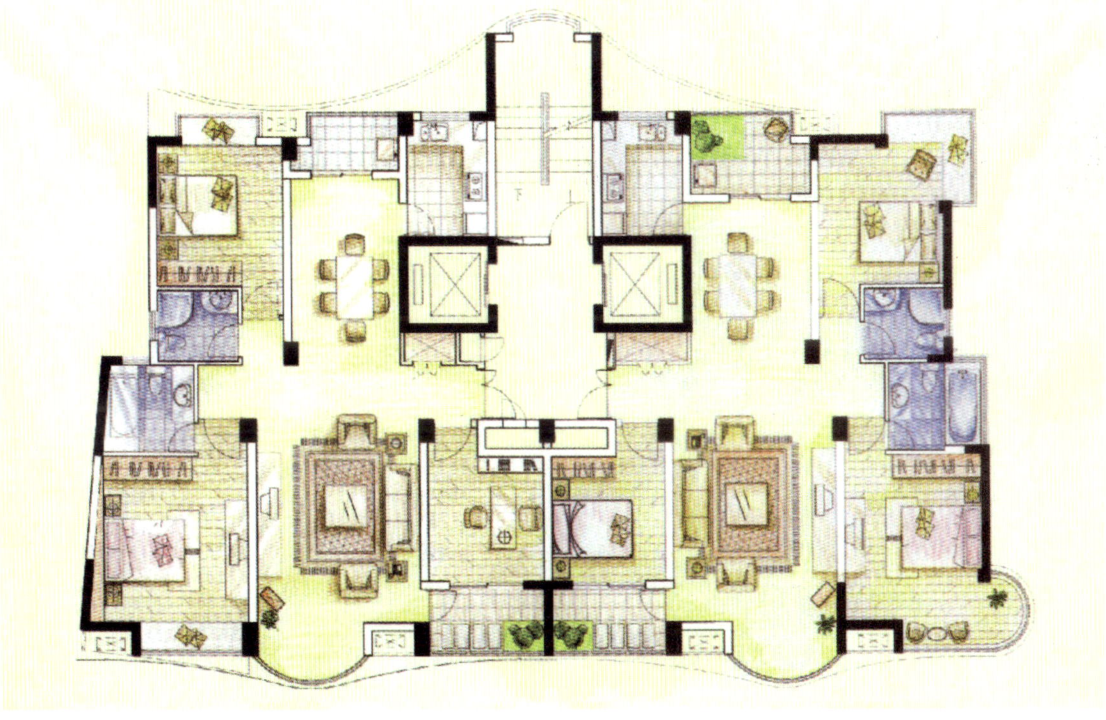

图3–15　平层展开的某高层住宅户型图

### 3.2.2 复式住宅

在层高较高的一层楼中增建一个夹层，从而形成上下两层的居住空间。其中客厅的层高往往是两层层高之和，比较气派。图 3–16 所示为典型的复式住宅内景。

### 3.2.3 错层住宅

错层住宅指有上、下两层楼面，卧室、起居室、客厅、卫生间、厨房及其他辅助用房分列在不同楼层，采用户内独用的小楼梯连接的住宅，如图 3–17 所示。

### 3.2.4 多层通贯住宅

就是 1 通 2、2 通 3、1 通 4 或 2 通 2、2 通 3、2 通 4 等，前面的数字是房子标准层的开间数，后面的数字是楼层的数量。别墅多数就是多层通贯住宅，连排别墅也是这种类型。这种空间展开形式一户人家有多层生活空间，生活的丰富性大大增加了，但开间少面积小的户型面宽小，垂直交通也占去了不少面积，有时反而会带来生活的不便。而且每层都要设置卫生间，空间利用率相对就低了。所以 200m²

图3–16　典型的复式住宅内景

图3–17　典型的错层住宅室内空间立面图

以下的面积采用这样的形式并不合适。

**小贴士**

家装设计师应该知道的一些名词

· 建筑容积率　项目规划建设用地范围内全部建筑面积与规划建设用地的面积之比。

· 绿化率　规划建设用地范围内的绿地面积与规划建设用地的面积之比。

· 出房率　房屋的使用面积占建筑面积的百分比。

· 建筑密度　项目用地范围内所有建筑的基底面积之和与规划建设用地的面积之比。

· 塔楼　即塔式高层住宅，是以共用楼梯、电梯为核心布置多套住房的高层住宅。一般是四五户以上共同围绕一组公共竖向交通形成楼房平面，平面的长度和宽度大致相同。塔楼一般为12～35层的高层建筑，也有超过35层的超高层建筑；一般是1梯4户到1梯12户。多户型的塔楼有近1/3以上的住宅朝向不好。图3-18所示为典型的塔楼平面图。

· 板楼　板楼有两种类型。一种是长走廊式的，即《住宅设计规范》上所称的通廊式高层住宅，是各住户靠长走廊连在一起，由共用楼梯和电梯通过内外廊进入各套住房的高层住宅。它克服了塔楼光照和通风差的缺点。但由于通廊的特点，人们到达里侧单元要经过另外一些单元的房间，因此私密性会差一些。第二种是单元式拼接，由若干个单元拼接在一起形成，每个单元都有楼梯，中高层每个单元配备电梯（图3-19）。板楼的长度明显大于宽度。

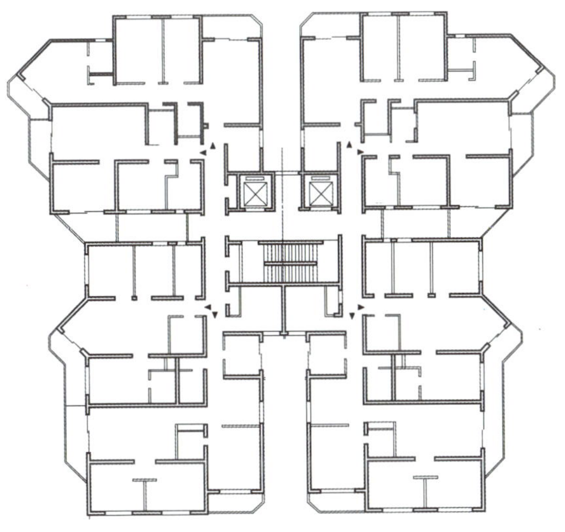

图3-18　典型的塔楼平面图

图3-19　典型的板楼平面图

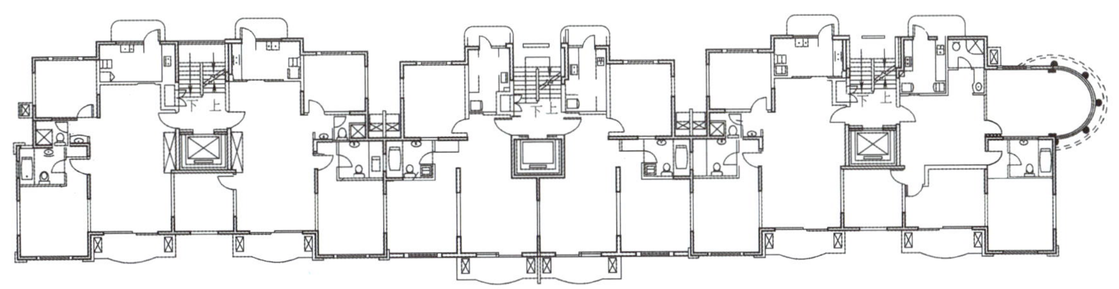

## 3.3 房屋的结构类型对装修的影响 >>>

### 3.3.1 砌体结构（混合结构体系）

#### 1. 纵墙承重的砌体结构

楼板或梁支承在纵墙上，横墙只起分隔、联系作用（图 3–20）。

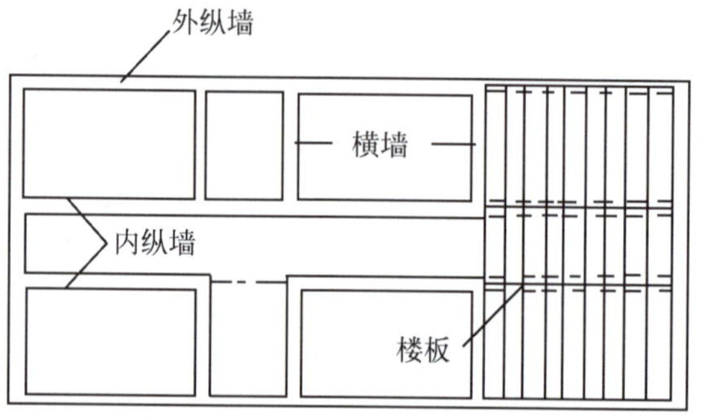


图3–20　纵墙承重

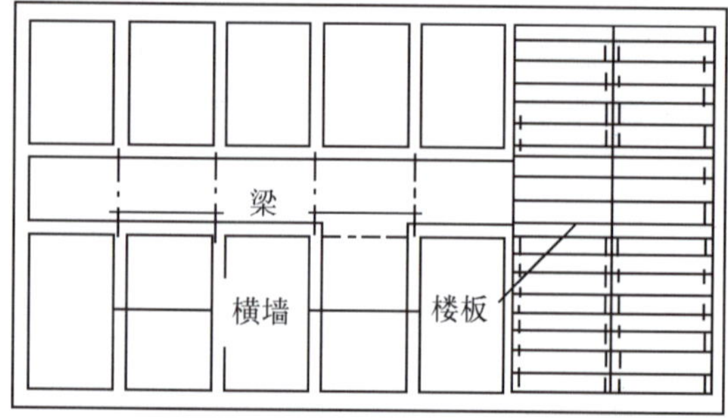


图3–21　横墙承重

荷载传递：板——>梁（屋架）——>纵墙——>基础——>地基。

优点：平面布置灵活。

缺点：刚度差。

> **小贴士**
>
> **纵墙上不能随意开门、窗洞口，采光和通风受到影响。**

#### 2. 横墙承重的砌体结构

楼板支承在横墙上，纵墙只是起围护分隔及将横墙连成整体的作用（图 3–21）。

荷载传递：板——>梁——>横墙——>基础——>地基。

优点：横向刚度大，整体性好，对在纵墙上开门、窗洞口限制小，在设计上比较自由。

缺点：横墙间距小（一般 3 ~ 4.5m），平面布置不灵活。

#### 3. 纵横墙承重的砌体结构

根据房间开间和进深，一部分用横墙承重，一部分用纵墙承重（图 3–22）。

优点：组合灵活，空间刚度较好。

缺点：受力比较复杂，限制比较大。

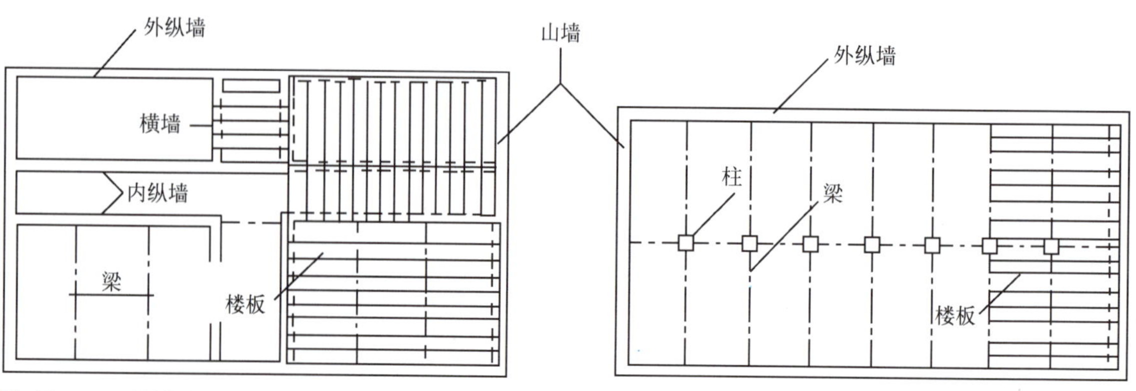


图3–22　纵横墙承重

### 4. 内框架承重的砌体结构

由外部的墙体和内部的框架共同组成承重体系（图 3–23）。

优点：内部空间大，布置自由。

缺点：结构的空间刚度差，不利于承受水平方向的荷载。

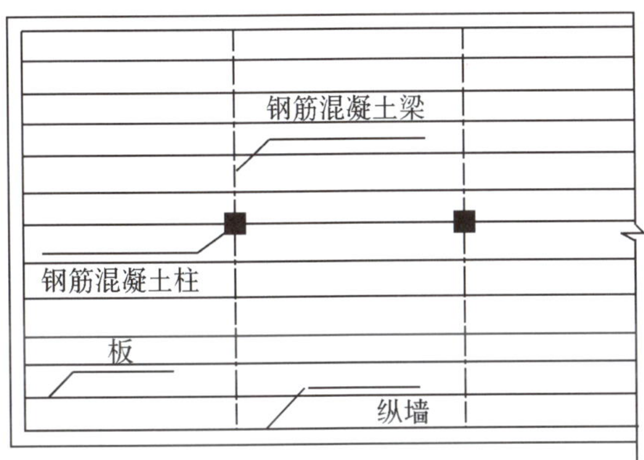


图3–23　内框架承重

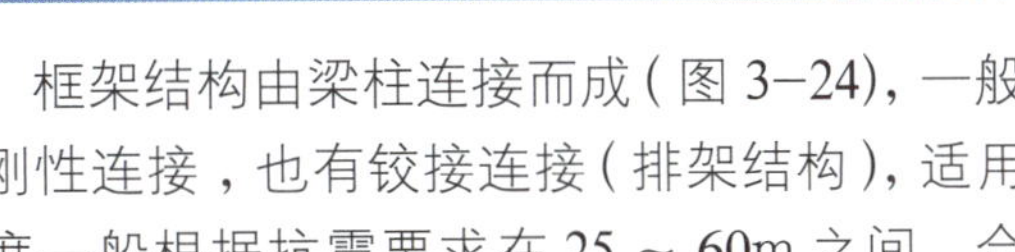

**小贴士**

**砌体结构房屋装修时，拆除墙体，增加墙体及柱子，开门、窗洞口、电线及管线槽均会导致局部墙体强度减弱。因此进行上述施工时要避开承重墙。**

## 3.3.2 框架结构

框架结构由梁柱连接而成（图 3–24），一般为刚性连接，也有铰接连接（排架结构），适用高度一般根据抗震要求在 25 ~ 60m 之间。合理的建筑高度为 6 ~ 15 层，10 层左右最经济。现在低层住宅也大量采用框架结构，能给使用者更大的灵活空间。

框架结构的房子对装修最为有利，但要注意的是不能在梁和柱上打洞，也不能在梁柱上进行破坏性施工。

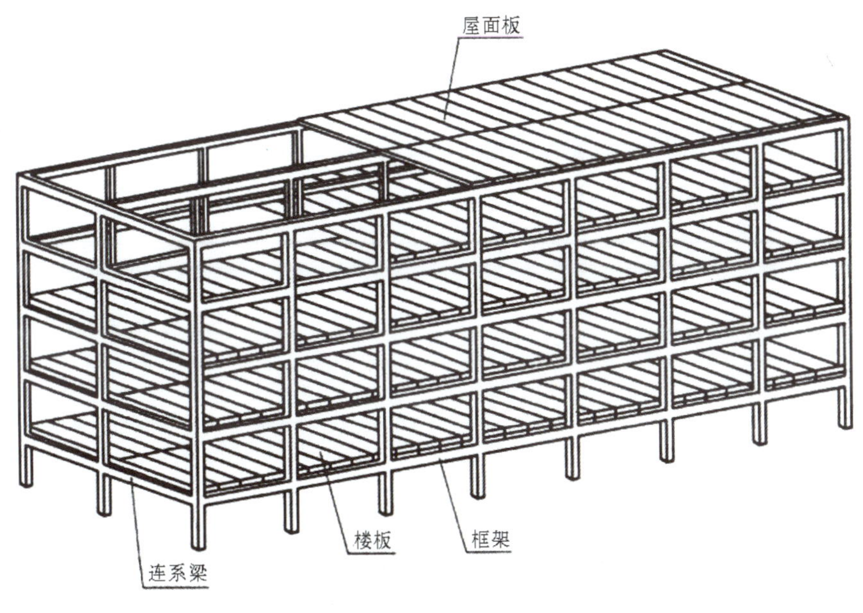


图3–24　框架结构

### 3.3.3 剪力墙结构

由剪力墙组成的承受竖向和水平作用的结构（图 3–25），适用于 25 ~ 40 层的住宅。

受力特点：由钢筋混凝土墙承受全部水平和竖向荷载，剪力墙沿建筑横向、纵向正交布置，或沿多轴线斜交布置，并使两个方向刚度接近。

缺点：结构墙体多，不容易布置面积较大的房间。

优点：结构刚度大、空间整体性好、用钢量也较小，具有良好的抗震性能，不凸现梁柱，整齐美观。

**小贴士**

**剪力墙结构装修时应注意剪力墙部分的开洞要错开，错洞的形式有：**

**· 一般错洞。洞口错开距离一般不宜小于 2m。**

**· 叠合错洞。一般不允许，必要时要加暗框式配筋。**

**· 底层局部错洞。标准部位的竖向钢筋应延伸至底层，并在一二层形成上下连续的暗柱，二层洞口下设暗梁，并加强配筋。**

**· 其他限制。宽墙肢，一般截面高度大于 8m 时可开门窗洞或结构洞。洞口位置距墙边要保持一定的距离，不得靠边，门窗洞口应避免设置在小墙肢上。**

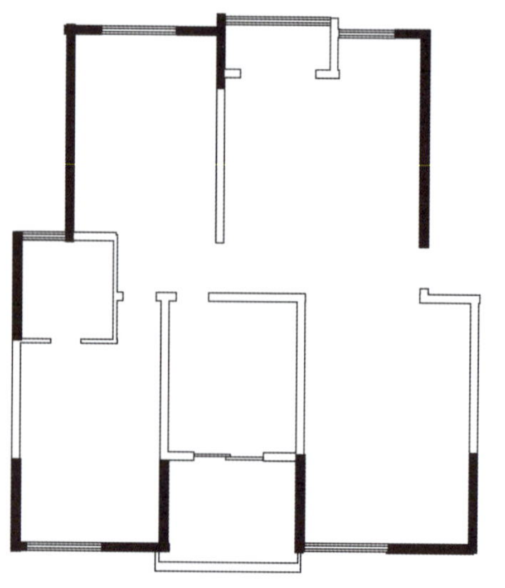

图3–25　剪力墙结构（黑色部分为现浇的混凝土剪力墙）

## 3.4 房屋的精确测量

房屋的精确测量是由设计师到客户拟装修的房屋进行现场勘测，并进行综合考察，以便更加科学、合理地进行设计。

### 3.4.1 房屋精确测量的意义

设计师在收到客户的平面图之后，应亲自到现场度量及观察现场环境，通过实地测量，可了解房屋的户型和特点，研究客户的要求是否可行；在现场获取设计灵感，以便设计时有的放矢；摸清房屋现况，分析其对报价的影响。

实地测量后，设计师才能初步提出自己的设计思想并选出一些材料样品介绍给客户，如果客户表示同意，设计师就可以进一步提供详细的工程图和逐项分列的报价单。这时用户要向装修公司提供准备采用的家具、设备资料，以便配合设计。

### 3.4.2 房屋精确测量的要求

要测量出房屋各部分的详细尺寸，画出房屋的原始平面图，在图中标示出墙体的厚度和房间各个部位的详细尺寸。

**小贴士**

不能用业主提供的图样做设计底图！

业主提供的平面图有的是从房产证上复印的测量面积的图样，有的是房产公司提供的户型图，这样的平面图对设计师只能起到参考作用。从房产证上复印来的图样（图3-26）只有测量面积，没有墙体厚度，信息很不完整。开发商提供的户型图(图3-27)往往是从建筑师的方案图中复制而来的，图中标注的尺寸是设计施工的理论尺寸，但在施工过程中会产生若干误差。这些误差主要表现在房屋水平或垂直面的倾斜，门窗位置的偏差，柱子的宽窄和倾斜变化。对小面积的房屋、层高低的房屋要特别注意它们的倾斜和偏差。

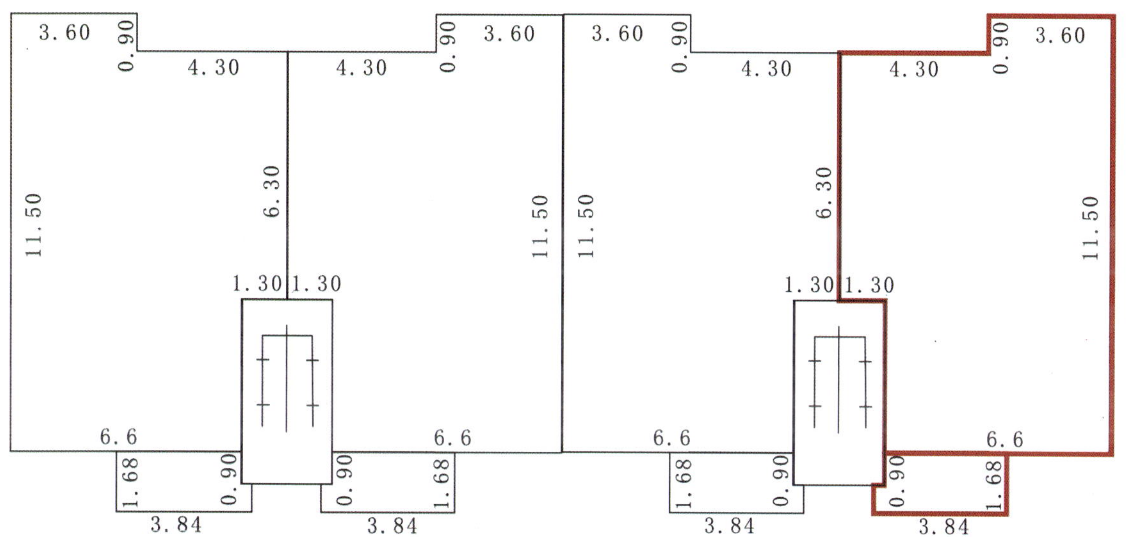


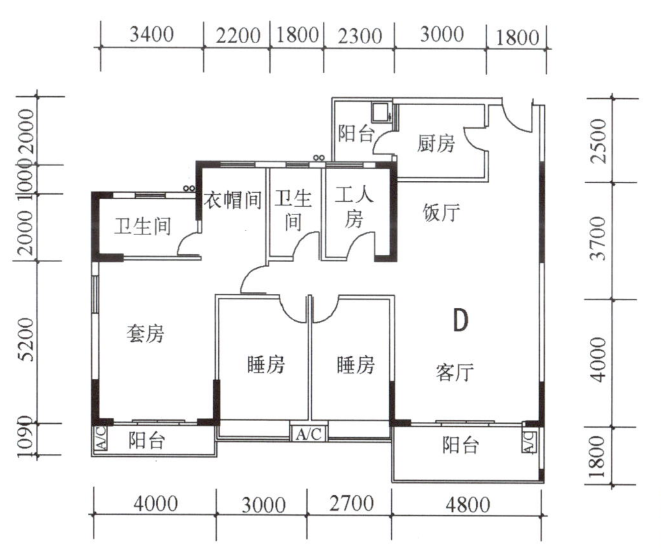


图3-26　房产证上复印的测量面积的图样

图3-27　开发商提供的户型图

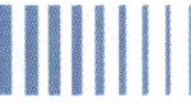

## 3.4.3 房屋精确测量的方法和步骤

### 1. 观察毛坯房并进行空间分析

对需要装修的毛坯房要仔细观察，看清房子的优点和缺点，并在设计时扬长避短。在看房时作一些记录，制作一张毛坯空间分析表，可以使设计时思路更清晰。表3–1为某住宅毛坯空间分析表。

**表3–1 毛坯空间分析表**

| 要素 | 有利因素 | 不利因素 | 改进措施 |
| --- | --- | --- | --- |
| 朝向 | 朝南 | 2间朝西 | 注意遮阳处理 |
| 通风 | | 关门后没有通风 | 配备人工通风设备 |
| 交通 | | 局部比较狭窄 | 此处不能设计家具 |
| 流线 | 开间大 | | 可以组织双流线 |
| 景观 | 窗前景观好 | 有人锻炼，有噪声 | 注意隔声处理 |
| 进深 | | 进深大，中部光线不好 | 可以隔出一个衣帽间 |
| 层高 | | 局部有梁，影响层高 | 注意高低错落形成对比，形成特色 |
| 柱子 | | 进门有柱子 | 利用柱子做一个玄关界面，隐去柱子 |
| 形状 | | 有不规则形状 | 组织一个功能区 |
| 大小 | | 主卧室比较小 | 衣柜移出，在走入式衣帽间解决 |
| 厨卫 | | 厨房门对着大门 | 厨房门改向 |
| 入口 | | 没有独立玄关 | 在起居室里分隔出玄关 |

### 2. 房屋精确测量的主要内容

(1) 定量测量　主要测量室内的长、宽，计算出每个用途不同的房间的面积。

(2) 定位测量　主要标明门、窗、暖气的位置（窗户要标明数量）。

(3) 高度测量　主要测量各房间的高度。

(4) 梁柱测量　测量梁柱的高度和宽度。

(5) 平整度测量　测量房屋的平整度和高差。

(6) 细节测量　测量各种下水位置、强电、弱电、自来水、燃气进户的位置和相关尺寸。

### 3. 测量步骤

(1) 画户型图　这是标注房屋尺寸的底图。因为需要标注的尺寸很多，太小了不容易标注清楚，因此，这张图要大一点，最好用A3图纸绘制。

(2) 画出每个房间的立面图　最好逐间画出每个房间的立面图，以便标注各个细节及尺寸。

(3) 标注各部位详细尺寸和设施位置　在户型图的基础上分别标出上述“测量内容”中的6组数据。一般先取得房间长、宽、高的整体数据，然后再按从左到右、从上到下、先大后小的原则测量出房屋的各类具体数据。

### 4. 房屋测量时还需要勘验的其他信息

进行房屋精确测量时，除了取得房屋的尺寸以外，还要仔细勘验房屋的下列状况，以便在设计和装修报价时能够有的放矢。

(1) 验墙壁　查验墙壁是否有裂纹，有没有渗水现象。

(2) 验水电　查验水电表的容量的大小及地面管道（上下水及燃气、暖气管）的状况。洁具上下水有无滴漏，下水是否通畅，现有洗脸池、坐便器、浴池、洗菜池、灶台等位置是否合理。

(3) 验防水　特指的是厨房卫生间的防水。有些交付的房子，已经事先声明没有做防水，这就需要在装修时补做。如果在交付时已经做了防水，则应对防水效果进行验收。验收防水的办法是：用水泥砂浆在厨房卫生间门口做一个门槛，接着堵住排污、排水口，向厨房卫生间放水，水深为 2cm，在 24h 后约好楼下的业主查看其厨房、卫生间的天花板是否有渗漏，主要查验管道穿楼板处。

(4) 验管道　这里所指的管道，指的是排水、排污管道。验收时，将水倒进排水口，看看水是不是顺利地流走。还要检查排污管是否有蓄水防臭弯头。

(5) 验地平　测量离门口最远的室内地面与门口内地面的水平高差。一般来说，如果高差在 2cm 左右是正常的，如果超过 3cm，设计时就要仔细考虑。

(6) 验门窗　验收的关键点是验收窗和阳台门的密封性。窗的密封性验收只有在大雨天才能测出好坏，一般的天气可以通过查看密封胶条是否完整、牢固这一点来推断。阳台门一般要看阳台内外地面的水平高度差。阳台地面应低于室内地面，否则很难避免出现在大雨天雨水渗入室内的问题。

## 3.4.4 房屋现状对家装设计及施工报价的影响

房屋的状况对装修的报价会产生直接的影响。例如地平高差大的，在地面施工中需要找平，否则地板就铺不平。墙面的平整度要从以下方面来度量：两面墙之间的夹角与地面或顶面所形成的立体角都应为直角；单面墙要平整、无起伏和弯曲。平整度差的墙需要重新做角。厨卫部分地面防水状况差的需要重新做防水。这些工作都需要在设计方案中体现出来，同时，必然会产生相应的费用。

## 3.4.5 房屋精确测量的注意事项

阳台、地漏、柱角、水电设施、信息设施、过梁等看起来不重要的部位都是测量时容易疏忽的地方，而这些部位对设计的影响还是比较大的。例如，没有注意到过梁，在设计顶棚时按整体考虑，导致实际施工时设计无法实施，只好重新设计。忘了柱角，在界面设计时也会出现多余的构造，影响设计效果。水电设施的位置没有测量清楚，放置卫生器具时就会出现误差。在线路密集的部位设计了过多的构造，在施工过程中就会造成线路的故障。

**小贴士**

**测量房屋比较多的失误在于测量信息的遗漏。因此测量时一定要细心·负责，测量完成后注意核对一遍，发现疏漏以后，就要及时补测，以便获得正确的测量数据。**

图 3–28 所示为房屋测量平面图示例。

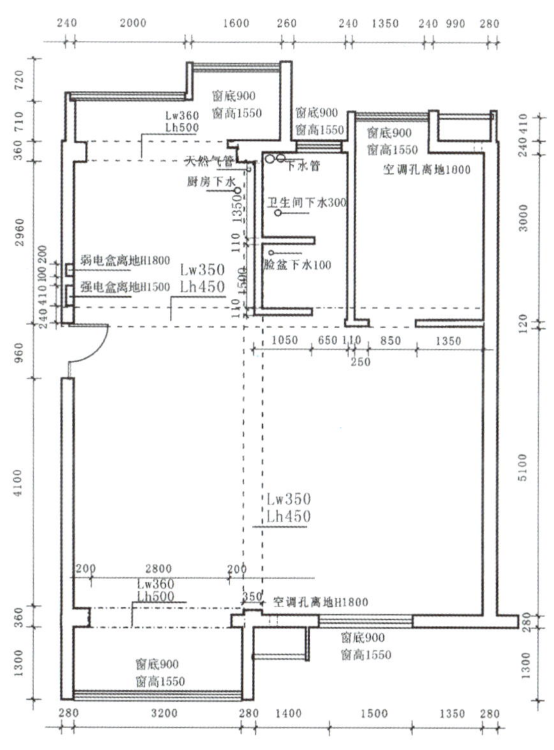


图3–28　房屋测量平面图示例

# 3.5 户型分析 >>>

## 3.5.1 户型分析的概念、目的及要素

### 1. 户型分析的概念

户型分析就是对业主房屋户型结构的优劣作出客观的分析。

### 2. 户型分析的目的

户型分析的目的是为了在今后的家装设计中能够根据户型的优劣条件，扬长避短。对有利的环境要素加以利用，对恶劣的环境要素予以回避；发挥户型的优点，避免户型的缺点。高手还能把缺点变成优点。

房屋的自身要素主要包括：户型、房间组合、房间面积、房间形状、朝向、通风、采光、动线、开间、使用效果、利用率等。

房屋的环境要素主要包括：景观、绿化、间距、噪声、自然环境、健身条件、配套、交通、车位等。

家装设计师主要考察房屋的自身要素，但也要兼顾环境要素。

## 3.5.2 户型分析的主要依据

判断户型好坏的依据有房屋的自身要素和所处的环境要素，房型分析主要是对以上两方面进行分析。

户型分析的主要依据如下：

### 1. 朝向

南阳北阴，南面是好方位，能够接受阳光的照耀。阳光不但带来光明，也带来生机和健康。楼盘密度高，楼距近，光照就差。现在高层住宅越来越多，有些楼盘位于一二层的房子即使在南面也很少有阳光，这时朝向的意义就变得不是特别重要了。但不管怎么样，总是南面的位置好，见表3–2。

表 3–2 朝向位置好坏权衡表

| 朝向 | 评价 | 理由 |
|---|---|---|
| 东南 | ☆☆☆☆☆☆ | 能最大限度地接受到阳光 |
| 南 | ☆☆☆☆☆ | 一天的主要时段能接受到阳光，冬暖夏凉 |
| 西南 | ☆☆☆☆ | 一天的主要时段能接受到阳光，承受西晒 |
| 西 | ☆☆ | 承受西晒 |
| 西北 | ☆ | 承受西晒和北风侵袭 |
| 北 | ☆☆ | 没有阳光，但光线稳定，要受到北风的侵袭 |
| 东北 | ☆☆☆ | 能够接受朝阳，但也要受到北网的侵袭 |
| 东 | ☆☆☆☆ | 能够接受朝阳 |

注：“☆”的数量越多，表示位置较好。

### 2. 通风

通风是衡量房子好坏的重要指标。判断通风好坏主要看是否能形成对流、对流方向、对流高低、窗口数量等因素。高层住宅通风对流强劲，需要将风速减弱、柔化，所以应对风进行适当的隔断。空气热高冷低，因此窗口的高低对调节温度有一定的作用。表3–3列出了不同门窗位置的通风效果。

表 3–3 通风效果评价表

| 风向 | | 评价及理由 |
|---|---|---|
| N W E S | 东西贯通 | ☆☆☆<br>夏热冬凉<br>通风尚佳 |
| N W E S | 东南贯通 | ☆☆☆<br>优化通风 |
| N W E S | 南北贯通 | ☆☆☆☆☆☆<br>冬暖夏凉 |
| N W E S | 三向通风 | ☆☆☆☆☆<br>优化通风 |

（续）

| 风向 | | 评价及理由 |
| --- | --- | --- |
| | 三向贯通 | ☆☆☆☆☆☆<br>冬暖夏凉<br>自由调节 |
| | 西南贯通 | ☆☆<br>次优化通风 |
| | 四向贯通 | ☆☆☆☆☆☆☆<br>冬暖夏凉<br>自由调节<br>最佳通风 |
| | 西北贯通 | ☆☆<br>不得已<br>单向通风 |
| | 东面单向 | ☆☆<br>通风较差 |
| | 北面单向 | ☆<br>通风极差 |
| | 南面单向 | ☆☆<br>通风较差 |
| | 西面单向 | ☆<br>通风极差 |
| | 南北迂回 | ☆☆☆☆<br>风速柔和 |

（续）

| 风向 | | 评价及理由 |
| --- | --- | --- |
| | 复合迂回 | ☆☆☆☆<br>风速更柔和 |
| | 由下而上 | ☆☆☆☆☆<br>有调节的通风<br>凉进暖出 |
| | 由上而下 | ☆☆☆☆☆<br>有调节的通风<br>暖进凉出 |

注：“☆”的数量越多，表示通风效果越好。

### 3. 交通流线

好户型动线不但简短而且流畅。动线简短就意味着到达快捷方便，动线流畅就意味着行动自由，没有障碍，这是评价户型好坏的一个重要指标。图 3–29、图 3–30 所示为不同交通流线的户型。

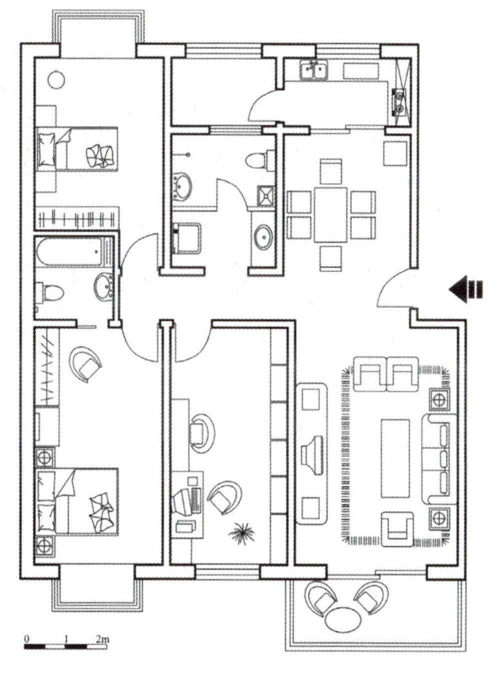


图3–29　动线流畅且又简单的户型

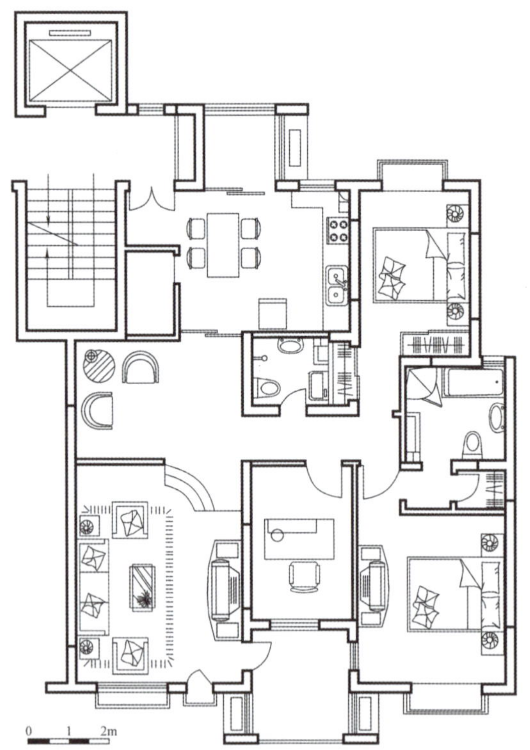

### 4. 景观

景观条件如水景、山景、街景等是房子好坏的重要指标。好的景观可遇不可求。因此，有好的景观的房子，价格要比其他房子高(图3–31、图3–32)。所谓景观住宅、水景、山景、街景因素都是房产商炒作的重要依据。

### 5. 层高

一般住宅的层高标准为2.8m左右，净高2.65m左右。现在的住房面积大了，特别是单房面积超过30m$^2$时，这个层高就显得十分压抑。所以现在的住宅设计在层高上采用错层设计、挑空设计、复式设计、局部加大层高，较好地解决了大房间低层高的问题。见图3–33、图3–34。

图3–30 动线滞阻且又复杂的户型

图3–31 山景住宅

图3–32 水景住宅

图3–33 复式挑空客厅旁的过道

### 6. 梁柱

对家装来说，梁柱数量越少越好，尺度越小越好。但没有梁柱是不可能的。尤其现在的房子面积大，随之而来梁柱多，尺度大。这对设计很不利。尤其是关键部位，如大厅中间有不规则的加强梁，会令师计师花很多精力在上面，所以梁柱也成了一个衡量户型优劣的指标。

### 7. 形状

房间的形状、比例好坏也是衡量户型好坏的标准之一。有些不规则形状的房间很难处理，会造成面积的浪费（图 3–35）。在高房价的今天，浪费宝贵的面积是十分可惜的。

### 8. 开间

房间的大小，尤其是开间的大小，对设计的局限很大。起居室和主卧室最好有较大的开间。对小康型的住宅来讲，起居室开间小于 3.9m，就会显得比较窄，现在的业主都喜欢在起居室放一个大尺度的电视，选择大尺度的沙发，这样有效的观看距离就会显得不足。主卧室开间小于 3.6m 的也会显得局促。图 3–36、图 3–37 所示的大开间的起居室和卧室布置起来比较方便。

### 9. 进深

房间进深过大会造成中间部位采光不足，如在中部分隔，势必造成前后通风不畅（图 3–38)。因此，房间的进深应合理（图 3–39)。

### 10. 相邻

房间的相邻关系也是一个衡量因素，厨房



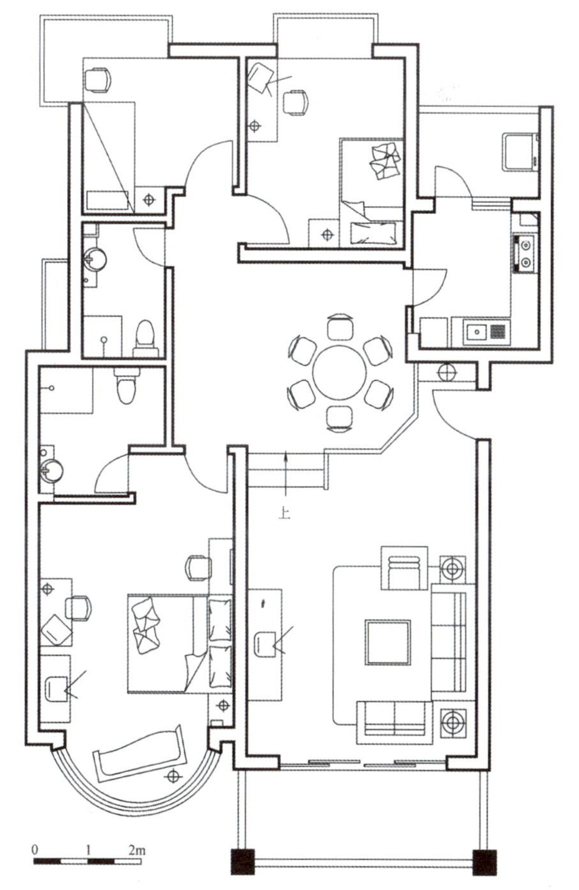


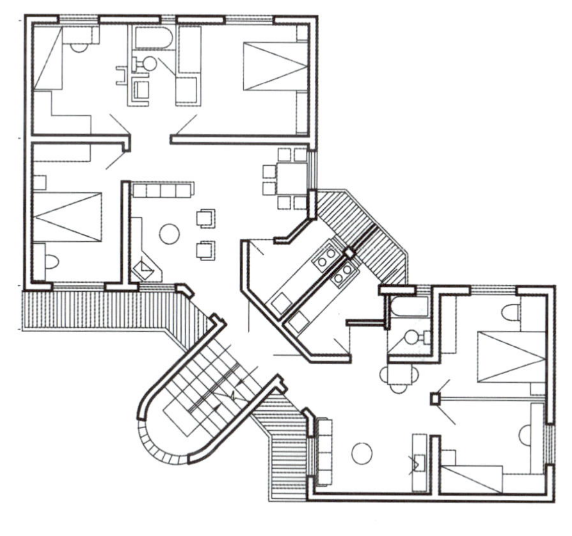

图3–34 错层户型

图3–35 不规则的房型

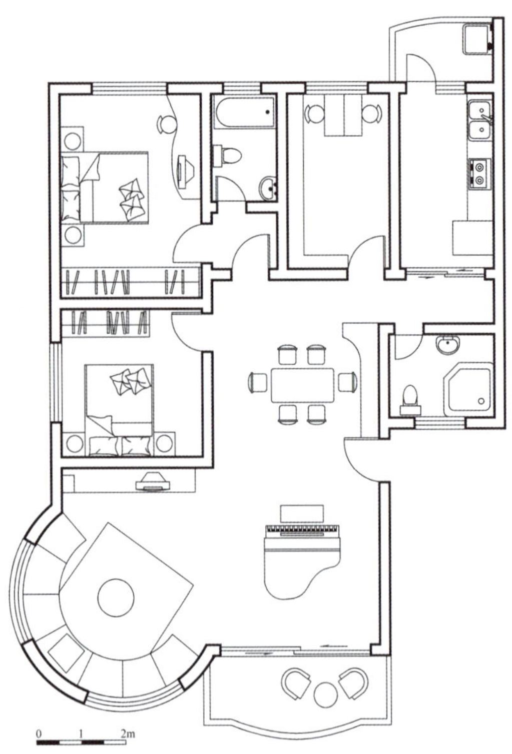


图3-36 大开间的起居室

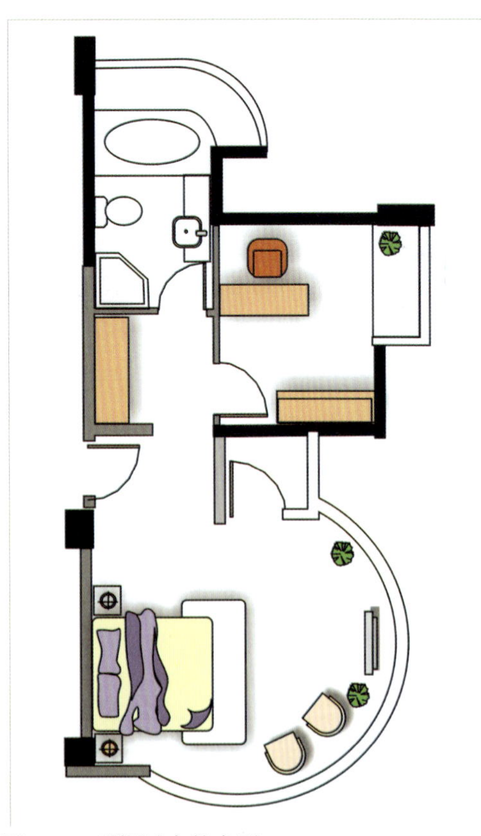

图3-38 进深过大的户型

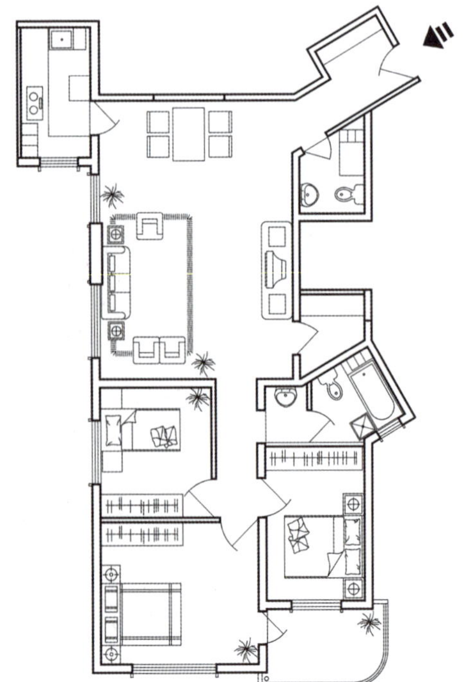

图3-37 大开间的卧室

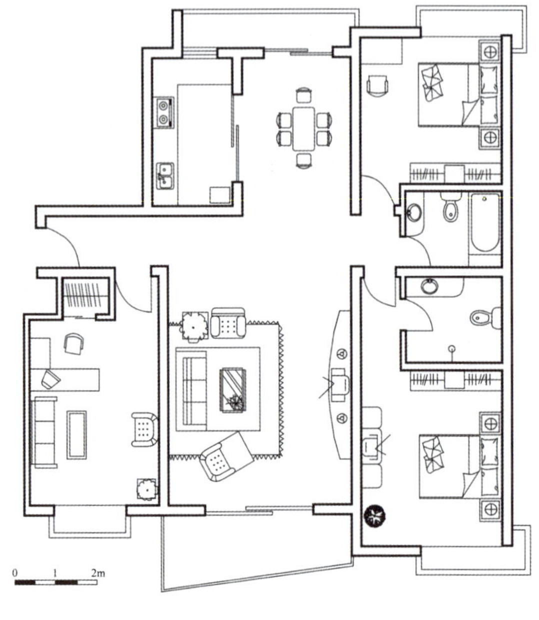


图3-39 合理进深的户型

与主卧相邻、卫生间的马桶与卧室的床背相邻、起居室的电器设备与卧室的床背相邻都不是好户型（图 3–40）。卫生间正对厨房也是忌讳的。

### 11. 厨卫大小

厨房、卫生间的大小及是否有直接的采光、通风是衡量户型好坏的一个重要指标。图 3–41、图 3–42 是大厨房、大卫生间的效果。

### 12. 入口

入口是不是宽敞也是户型好坏的一个衡量指标。好的住宅其入口一般都要留有设置玄关的空间，如果没有这样的空间就不是理想的户型。图 3–43 所示是面积只有 88m$^2$ 但留有设置玄关空间的户型，图 3–44 所示为面积为 117m$^2$ 但没留设置玄关空间的户型。

### 13. 噪声

噪声会严重影响人的情绪。有些临街的住宅受道路噪声影响很大。卧室就不适宜布置在临街的一面。

### 14. 大环境

从外部环境讲需要权衡的要素有：距市中心远近、交通方便、上班远近、自然环境、生活配套设施、基础设施、物业管理、楼盘大小、楼层高低、电梯、楼盘价格、周围建筑、风水、安全、均好性、开发商品牌等。这些不是家装设计师考虑的问题，所以此处就不详细讨论了。

## 3.5.3 综合权衡

以上这些因素综合起来就可以判断户型是好还是坏。但十全十美的户型十分少见，权重

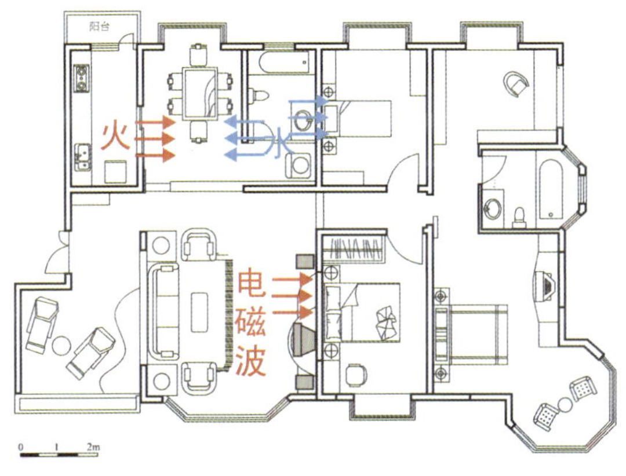

图3–40　相邻不利的户型

图3–41　大厨房效果

图3–42　大卫生间效果

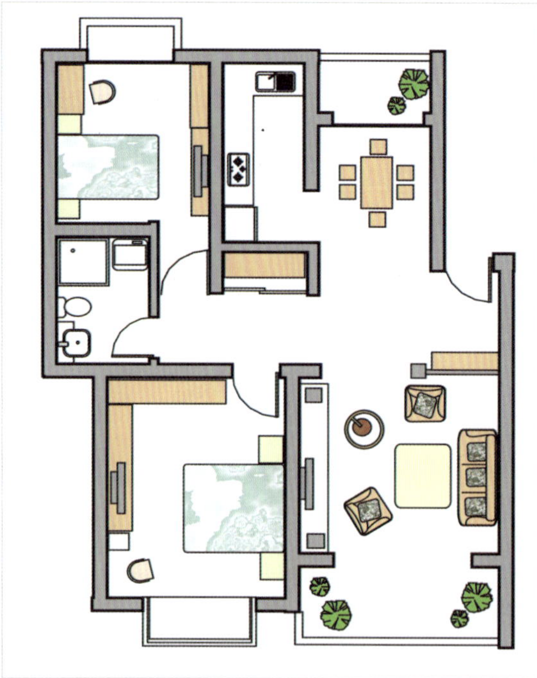

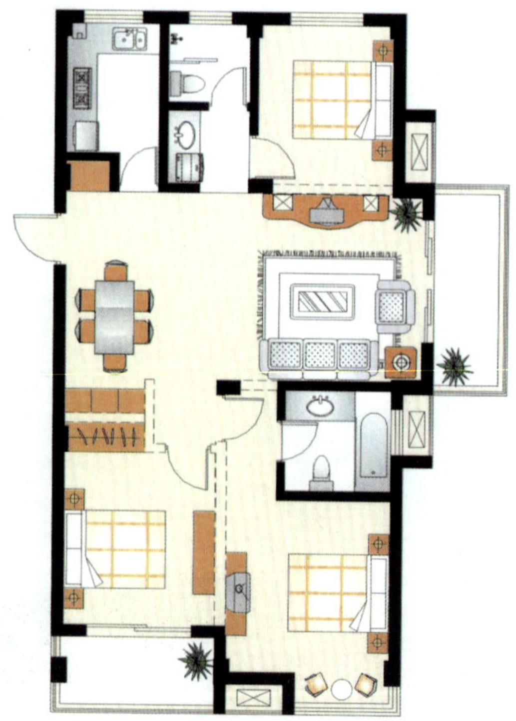

图3-43　88m²留有设置玄关空间的户型

图3-44　117m²没留设置玄关空间的户型

的系数要看业主的追求。对有些业主来讲有些要素是要一票否决的，有些要素是可以通过设计师的改造改善的，有些要素是可以放弃的。而对另外一些业主来讲情况就不一样了。对设计师来说，要通过设计手段把不利因素改为有利因素，尽可能为业主创造好的居住环境。

### 1. 户型权衡

表 3-4 列出了住宅户型评价的要素及改造余地分析。

**表 3-4 住宅户型权衡表（参考意见）**

| 序号 | 要素 | 权衡 | 评价 | 改造余地 |
|---|---|---|---|---|
| 1 | 朝向 | 重要 | 朝南房间数量多少 | |
| 2 | 通风 | 重要 | 风向及贯通情况 | 能不能调整 |
| 3 | 交通流线 | 比较重要 | 顺畅与否 | 能不能调整 |
| 4 | 景观 | 重要 | 有无好或不好的景观 | 不好的景观需要遮挡 |
| 5 | 层高 | 比较重要 | 2.65m 以上还是以下 | 是否需要吊顶 |
| 6 | 梁柱 | 比较重要 | 位置及大小 | 能否作为设计元素 |
| 7 | 形状 | 比较重要 | 方正规则还是不规则 | 能不能调整 |
| 8 | 开间 | 重要 | 是否合适 | 能不能调整 |
| 9 | 进深 | 重要 | 短进深还是长进深 | 采光条件能不能调整 |
| 10 | 相邻 | 比较重要 | 有无忌讳 | 房间位置能不能调整 |
| 11 | 厨卫 | 比较重要 | 大还是小 | 能不能调整 |
| 12 | 入口 | 比较重要 | 有还是无 | 能不能调整 |
| 13 | 噪声 | 重要 | 有还是无 | 采取相应手段 |

### 2. 住宅自身要素分析

表 3-5 为住宅自身要素分析。

**表 3-5 住宅自身要素分析表**

| 要素 | 有利因素 | 不利因素 |
|---|---|---|
| 户型形式 | 时尚户型 | 过时户型 |
| 房间组合 | 房间大小合理、门位合理 | 房间大小不合理、门位不合理 |
| 房间面积 | 合适 | 过小、过大 |
| 房间形状 | 规整 | 异形 |
| 朝向 | 坐北朝南，南偏东，南偏西 | 坐西朝东，无南向，朝西北 |
| 通风 | 通畅，可调节 | 不通畅，不可调节 |
| 采光 | 采光充分，日照时间长，采光面积大 | 采光不充分，日照时间短，采光面积小 |
| 动线 | 流畅 | 不流畅 |
| 开间 | 大，合理 | 小，不合理 |
| 使用效果 | 好 | 不好 |
| 利用率 | 高 | 低 |

### 3. 住宅环境要素分析

表 3–6 为住宅环境要素分析。

**表 3–6 环境要素分析**

| 要素 | 有利因素 | 不利因素 |
|---|---|---|
| 视线 | 无视线干扰、私密性强 | 视线直视，没有私密性 |
| 景观 | 优美，风景好 | 杂乱 |
| 绿化 | 有绿化，造型优美、有利健康 | 无绿化，造型杂乱，有害健康 |
| 间距 | 空间开阔，视线通达 | 空间拥堵，视线闭塞 |
| 噪声 | 闹中取静，安静 | 有交通干道，铁路，工厂噪声 |
| 自然环境 | 无污染，空气质量好 | 有污染，空气质量差 |
| 健身条件 | 附近有，方便 | 没有健身条件 |
| 配套 | 全 | 不全 |
| 辐射 | 无 | 有 |
| 交通 | 便利 | 不便利 |
| 车位 | 有 | 无 |
| 楼层 | 楼层特点适合居住者 | 楼层特点不适合居住者 |

### 4. 分析角度

从事房地产营销的专业人士与家装设计师分析户型会站在不同的角度。前者一般从商品促销的角度分析户型，以发现优点为主，抓住一点，不及其余；而后者则要从客观的角度，特别是要站在用户的角度，一般以发现缺点为主，并努力在设计中加以改进。

> 小贴士
>
> **设计师看房时的表现要点**
>
> **分析房型的优点会使用户高兴，指出户型的缺点会使用户沮丧。如果设计师有对付户型缺点的绝招，则可以体现设计师的水平，赢得用户的赞赏和佩服。好的设计师能立马指出户型的不足，并提出自己的解决方案。**

## 3.6 户型分析案例 >>>

### 3.6.1 实惠经济中小户型

图 3–45 所示是 88m² 实惠经济型中小户型的平面图。

优点：

1) 进深合理，光线充足。南北朝向，间间有窗，空气流通很好。

2) 房型方整大气，空间端正，户型紧凑，设计合理，没有浪费空间。

缺点：

两个卧室的门相对，有时会不太方便。

总体评价：

较实用的中小户型，能满足多数三口之家的生活需求，是一种理性的小康户型。

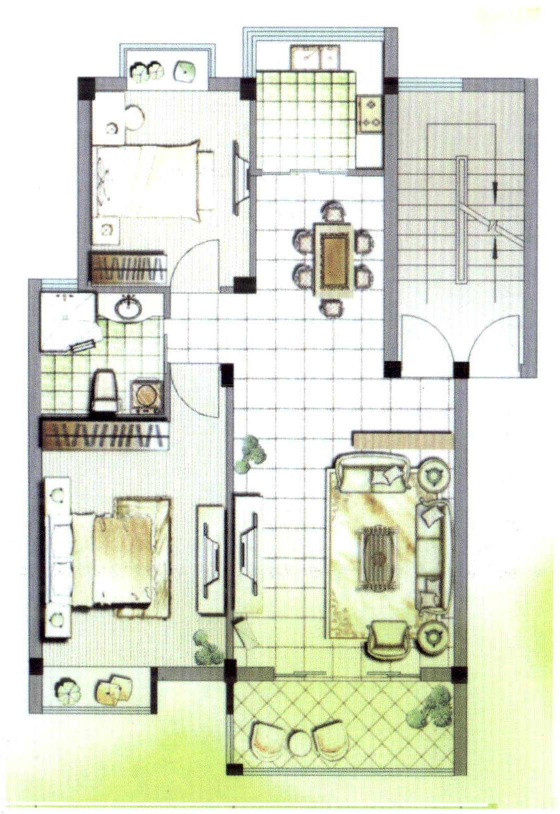

图3–45　88m²户型平面图

## 3.6.2 理性紧凑主力户型

图 3–46 所示是 95m² 理性紧凑主力户型的平面图。

优点：

1) 进深合理，光线充足。

2) 房型方整大气，空间端正，户型紧凑，易于利用，无浪费面积。

3) 南北朝向，间间有窗，空气流通很好。

4) 南北双阳台，南面可以享受阳光，北面可作为工作阳台。

5) 厨房与餐厅距离合适，备餐进餐方便。

6) 就 95m² 的房型而言，客厅和卧室相对比较宽敞。

缺点：

1) 没有玄关的位置，私密性相对较差。

2) 入户门正对卫生间门。

3) 卫生间空间较小，使用不够舒适。

总体评价：

95m² 房型是房产市场的主力户型，单身、新婚、三口之家都可适用。

## 3.6.3 浪漫舒适个性户型

图 3–47 所示是 156m² 舒适浪漫的大户型平面图。

图3–46 95m²户型平面图

优点：

1) 朝向好，厅及次卧向南，主卧向东南。

2) 通风良好，间间见光。

3) 客厅紧凑，外接餐厅所以并不显小。

4) 卧室是彰显个性的亮点，八角窗的设计为营造浪漫的气氛创造了条件。

5) 南北双阳台，南面可以享受阳光，北面可作为工作阳台。

6) 设置了客房，为亲戚来访过夜提供条件。

7) 多层房屋，公摊面积少，出房率高。

8) 书房和次卧的凸窗为单调的房间增加了亮色。

9) 多数房间格局方正，利用率高。

缺点：

1) 卫生间偏小，不符合浪漫人士的需要。

2) 客房闲置时间较长，有调整可能。

3) 相对面积指标，餐厅的面积不够大。

4) 基本没有考虑玄关的设置。

图3-47　156m²户型

## 3.6.4 豪华景观诗意户型

图 3–48 所示是 $183m^2$ 和 $173m^2$ 的豪华景观诗意大户型平面图。这类户型销售价格必定很高，所以开发商会对其进行极具诱惑力的渲染，而且往往文采飞扬，诗意浓浓。设计师千万不要被开发商的描述所迷惑，相反要客观地向业主说明该户型的优劣。

### 1. $183m^2$(A1) 户型

(1) 开发商对该户型的描述　开发商对该户型的描述为：

功能丰富，更有衣帽间、储藏室、书房等生活空间享受；

圆弧主卧，圆弧阳台，景观次卧，全玻璃宽敞卫浴，尽揽迷人湖景；

睡梦中湖是催眠曲，阅读时，湖是巨大的砚池，沐浴时，湖是格调的画卷；

带景观的阳台餐厅，美景是餐桌上丰盛的餐点。

(2) 设计师的客观分析

优点：

1) 环境是一大亮点，户型浪漫豪华，有大户风范。

2) 房间格局基本合理，可以满足高品位生活的需求。

3) 厨餐相近，使用方便，独立餐厅外接景观阳台，就餐氛围好。

4) 北面景观阳台多了一个亲近自然的机会。

5) 为保姆房预留了空间。

6) 次卫干湿分离，符合使用需求。

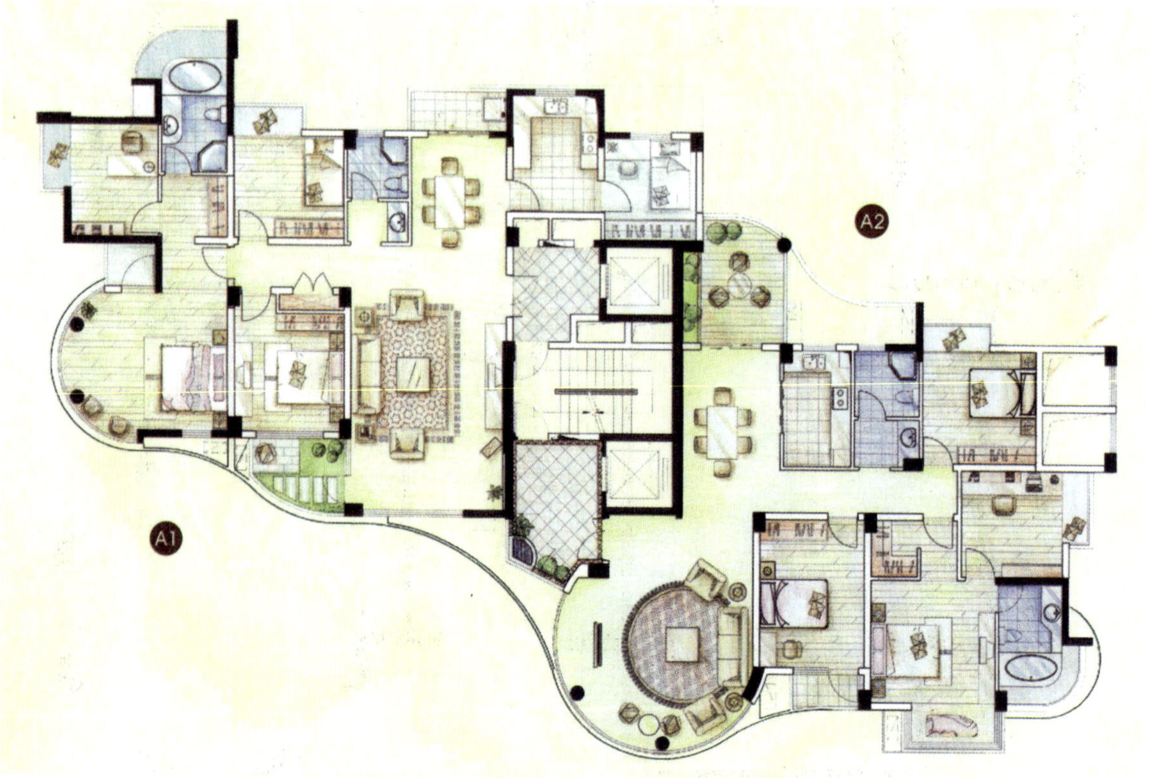

图3–48　$183m^2$(A1)和$173m^2$(A2)户型平面图

7) 考虑了客房，为亲戚来访过夜提供了条件。

8) 客厅接了一个景观阳台，为放松身心，远眺户外提供了有利条件。

缺点：

1) 如此豪华的户型没有为玄关考虑位置，对隐私安全十分不利。

2) 主卧内的卫生间离床的距离比较远，且卫生间门正对床的位置，很不理想。

3) 卧室面向西面，大玻璃窗带来的是夏天西晒的骄阳和冬天刺骨的寒风，诗意全无。

4) 主卧室内间隔无法调节。

### 2. 173m$^2$ (A2) 户型

#### (1) 开发商对该户型的描述

空间功能丰富，布局整齐，室内空间更有生活格调；

圆形客厅，景观主卧，赏湖阳台，开阔设计，湖风吹佛生活的每个角落；

坐在沙发上，端一杯干邑，湖映在红酒中；

在阳台，湖是优雅的萨克斯；

全玻璃开敞卫浴，带户型转角窗，沐浴时欣赏城市风景；

经典入户花园，让生活在花丛中充满惬意。”

#### (2) 设计师的客观分析

优点：

1) 户型浪漫豪华，有大户风范。

2) 房间格局基本合理，可以满足高品位生活的需求。

3) 厨餐相近，使用方便，独立餐厅外接景观阳台，就餐氛围好。

4) 北面景观阳台多了一个接近自然的机会。

5) 卧室面积大，带景观卫浴和景观凸窗，更显浪漫品味。

6) 次卫干湿分离，符合使用需求。

7) 考虑了客房，为亲戚来访过夜创造了条件。

缺点：

1) 入口过于偏向一边，导致客厅成为穿堂，流线过长。

2) 走廊象条弄堂，长而单调。

3) 主卧室的入口要经过储藏室，去内书房流线不畅。

**小贴士**

**开发商在介绍房子时只介绍优点，有时将缺点也说成优点，且在介绍优点时，语言往往比较有诱惑力。设计师一定要冷静、客观，为家装业主进行专业的分析。**

家装市场规模庞大，产品繁多，令人眼花缭乱；家装市场人员复杂、竞争激烈，令人精神紧绷；家装市场材料瞬息万变、日新月异，令人无所适从……家装设计师必须面对这个复杂的市场，时时琢磨这个市场的变化规律和发展趋势，这是一个合格的家装设计师必须练就的专业功夫——

# 4. 胸有成竹 把握市场动向

# 4.1 家装市场的格局 >>>

## 4.1.1 家装市场的组成

**家装市场是个庞大的复合市场，它是由众多的有形和无形的市场组成。**

### 1. 有形市场

有形市场的形成有两个条件：一是有市——就是要聚集一大批消费者和一大批同类产品或服务项目的经营者；二是有场——入场经营户都有与经营项目、经营规模相适应的经营场地。两者缺一不可。就家装而言，就是在一个城市中，经营家装材料或家装服务的企业集中在某地，形成的一个买卖区域，在这个城市里有很高的知名度，消费者购买家装材料或进行家装设计首先会想到这个地方。上规模的有形的家装市场一般按产品大类分成若干专业市场，如木材市场、石材市场、陶瓷市场、灯具市场、涂料市场、门窗市场、板材市场、五金市场、家具市场、布艺和面料市场、花鸟市场等，消费者购买某类产品就会直奔这类专业市场。有形市场是市场经济发展的结果，其最大的优点是便于客户寻找和比较，在一个市场区域内能够买到许多东西。不利之处在于市场太大，某些无良店家和摊位可能设置一些价格欺诈、以次充好、以假乱真这样的销售陷阱和销售骗局，欺骗消费者。

另一种有形市场的表现形式是有实力的企业独家经营的家装材料超市。在一个巨大的商业空间内集中经营各类家装材料。它们打出的有吸引力的销售口号是：“一站式销售”，“在这里你能买到所有材料”等。家装材料超市的优点是明码标价，货真价实，有售后服务的保障，缺点是价格相对比较高。

### 2. 无形市场

在很多城市，经营家装工程和家装设计业务的市场大都是无形的。一些家装公司，设计公司在成立之初大多没有考虑到今后要集中在一起，形成一个有形市场。它们的工商注册地址在适合他们要求的城市的各个区域。总的来说，无形市场是市场的低级形态，它对买卖双方都没有什么好处。因此，无形市场慢慢地在向有形市场发展。近两年兴起的房地产热，地产商建立了很多高档的商务楼，在一些商务楼中逐渐集聚了不少家装企业，自发地形成了有形市场。

无形市场的另一个情况是，家装材料商店以便利店、家装杂货店的形式，三三两两地散落在城区各地，主要在新落成的住宅小区周边，以零售为主，价格比市场要贵，好处是购买方便。

### 3. 网上市场

另一种家装市场现在也在悄悄地兴起，这就是网上市场。它受到年轻消费者的欢迎。经营的比较好的网上市场往往以“团购”为旗帜，经常限时打出一个优惠的价格，笼络一批消费者。

## 4.1.2 家装市场的规模

从总体上来看，家装市场的规模是很大的。我国城镇新建住宅面积每年都超过 5 亿 $m^2$。一般这些房子都要进行装修。保守估计，城镇按 300 元 /$m^2$，农村按 100 元 /$m^2$ 的规格，每年的家装资金城镇将达 1500 亿元，农村将达 700 亿元，城乡合计达 2200 亿元。而经济发达地区城镇居民的平均装修水平在 500 ~ 800 元 /$m^2$ 之间，那么每年的家装资金就更加巨大了。由此看来，这个市场的规模是相当惊人的。

近5年来建筑装饰业发展迅速，从业人数2003年为850万人，2007年则增长到了1400万人。装饰企业年总产值2003年是5500亿元，2007年达到14100亿元，其中住宅装饰装修达到8700亿元，增长率为25%。有一、二、三级资质的装饰装修企业2003年为2万多家，2007年达到4.5万家，其中一级企业1100家。家装业从无到有，已发展到空前繁荣的程度。

### 4.1.3 家装市场的利益主体

**家装服务业是第三产业，这个产业的存在使一大批人获利。**

1. 直接利益主体

(1) 家装业主　家装业主是家装业的直接服务对象。业主出钱委托家装专业机构或个人进行家装服务，他们获得了自己想要的家装设计和施工服务，享受了家装设计和施工的成果，并使自己的生活水平和档次明显提高。

(2) 家装设计、施工、监理单位　通过为家装业主的专业设计和施工服务获得名利。

(3) 家装材料制造和经销商　通过家装材料的研发、生产、销售获得名利。

(4) 家用设备制造和经销商　通过家居设备的研发、生产、销售获得名利。

(5) 家具制造和经销商　通过家具的研发、生产、销售获得名利。

(6) 家装工程质量监督检验机构　通过家装工程质量和环境质量的检验获得名利。

(7) 社会和政府　家装行业为社会提供大量的就业机会，吸纳大量的就业者，为政府减轻就业压力作出了巨大的贡献。社会和政府通过这个行业还获得了其他很多好处，如税收增长、社会文明程度提高、百姓生活水平提升、文化进步、社会稳定等等。

(8) 社会GDP　1998年以来，全国城镇住宅与房地产投资占GDP的比重由1997年的不到6%，增加到7%～7.8%之间，家装业是国民经济不可小视的巨大产业。

2. 间接利益主体

(1) 家装材料市场商　通过向材料经营者出租经营场地获利。

(2) 家具市场商　通过向家具经营者出租经营场地获利。

(3) 物流商　通过为各类个人和企业提供物流服务获利。

(4) 房产商　品质优秀的家装改善了房产的形象，提高了房产的品位，从而促进了房产的销售。

(5) 媒体　通过向家装企业、材料、家具、设备制造或经营商出租广告版面或广告时间获利；通过向读者介绍家装知识，增加了销量或收视率。

(6) 教学科研机构　通过培养专业人才并向各类家装企业提供人才获得名利；还通过相关的科研成果的研发和转让获利。

## 4.2 家装市场的竞争 >>>

### 4.2.1 家装市场竞争的特点

**家装市场是一个充分竞争的市场，没有任何官方色彩，没有任何政府补贴，也没有任何税收优惠。家装市场内的所有企业都靠竞争获得生存的空间。**

家装市场多种竞争的主体共存，多种竞争的形式共存，这就是家装市场竞争的特点。

1. 公司与公司的竞争

公司之间的竞争是“正规军”之间的竞争。他们的竞争手段主要有：

(1) 大公司　大公司竞争主要是品牌信誉、企业文化、综合实力、网点扩张、广告轰炸、服务标准、管理水平等方面的竞争。

(2) 中小公司　中小公司的主要竞争手段是特色、价格、优惠和亲和力。

(3) 本地公司与外地公司　本地公司主要的竞争手段是人脉、亲和力。外地公司主要的竞争手段是品牌、企业规模、规范的操作模式。

(4) 综合公司与专业公司　综合公司主要的竞争手段是综合实力、众多的网点；专业公司的主要竞争手段是鲜明的专业特色、精致的加工工艺、可靠的工程质量。

2. 公司与“游击队”的竞争

公司的主要竞争手段是品牌信誉、综合实力，游击队的主要竞争手段就是价格低廉。

3. “游击队”与“游击队”的竞争

“游击队”之间的竞争手段主要是价格、经验和口碑。

### 4.2.2 家装公司和目标客户

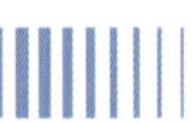

对设计师和家装公司来说，接单是最重要的。但现在这个社会，竞争这么激烈，客户凭什么选择你或你的公司？就不同的家装公司而言，最吸引客户的因素见表 4-1。

**表 4-1 各类家装公司属性表**

| 公司类别 | 优点 | 缺点 | 目标客户 |
|---|---|---|---|
| 大型公司 | 品牌，诸多荣誉，综合口碑，高等级奖牌，高等级资质，豪华的营业场所，大批高素质设计师，自己的施工队伍，过硬的施工质量，良好的管理和服务，可靠的售后服务，动人的广告 | 价格比较贵，“架子”比较大 | 1. 高端客户<br>2. 中端客户 |
| 中型公司 | 特色口碑，不多的设计师，中低等级奖牌，过硬的施工质量，良好的管理和售后服务，价格适中，得体的广告 | 综合实力不如大公司 | 1. 中端客户为主<br>2. 少量高端客户<br>3. 低端客户 |
| 小型公司 | 不多的经营骨干，质量口碑，经营成本低，价格实惠，良好的服务，营业手法灵活但不规范，广告以优惠措施主打，如赠品、免设计费等 | 经验缺乏、眼界小、信誉不可靠、操作不规范 | 1. 低端客户<br>2. 少量中端客户 |

因此，不同的家装业主有不同的选择：经济不敏感的可选大型公司，看重性价比的可选中型公司，追求实惠的可选小型公司。

**小贴士**

**客户在选择家装公司的时候一般都经过多渠道了解，反复比较。很难说家装公司具体是靠什么东西打动客户、赢得客户。但促使客户下决心做选择，这里肯定少不了设计师最后的争取，因为很多家装公司一般都是由设计师出面谈业务的。**

### 4.2.3 家装公司常见的竞争手段

1. 品牌经营

品牌经营是经营的一种形式。任何公司都可以采用这种经营方式。有品牌意识的企业领导人可能一开始就注意到了这个问题，并且在企业的经营过程中十分注意维护自己的品牌声誉。一切有害于品牌建设的行为决不染指，有利于提升品牌的事情即使遭受暂时的损失也要去做。品牌被消费者认可的主要要素是可靠的质量、完善的服务、合理的价格、诚实的信誉、独特的文化、频繁的宣传等。因此，品牌经营需要长期的精神和物质的投入。品牌一旦被消费者认可，成为有影响力的知名品牌，它就可以为经营者带来巨大的回报。

知名品牌是在长期的经营活动中逐渐形成的。这需要相当的资金和经验的积累，需要相当的实力和社会美誉度以及市场占有率的积淀；需要有意识的品牌宣传和推广。当然还要履行相应的法律手续，如企业字号的工商注册、商标标志的登记注册、网络域名的登记注册、专利和专有技术的申请注册等。

家装企业的知名品牌在持续的家装热中正在逐步涌现出来，如北京的东易日盛、阔达、龙发、业之峰，上海的荣欣、千思等。

### 2. 概念推广

针对家装业主普遍不信任家装公司的情况，一些口碑不错的家装公司联合推出“家装无忧”的活动，推出一系列保证措施；针对目前家装材料、装修工艺环保指标不达标的普遍现状，一些公司推出“环保家装”、“绿色家装”的活动，向消费者做出环保达标的承诺；针对许多家装公司在家装时“甩主材”的做法，一些公司推出“集成家居”、“整体家装”的概念，吸引消费者。

所谓“集成家居”、“整体家装”是指家装所需的主要材料和家居成品，由家装公司根据设计要求自己生产或通过相对固定的建材商规模化订货，将材料、家具、橱柜等纳入家装生产流程中，并配以一体化的后续服务，形成一种适合工厂化大规模生产的家装模式。这种模式理论上非常好，通过专业的选材和品牌商品的配置及工厂化的生产，避免了由于消费者盲目消费造成的家装整体风格不协调、不统一的问题。并且，降低了装修材料的损耗，大大减少了二次污染，加快了施工的速度，使室内污染问题得到极大改善。并且通过家装公司成规模的订货，既节省了消费者的时间和大量的人力、物力支出，也使装修材料的价格大大降低。家装企业和家装业主都得到了实惠。

### 3. 特色主打

通过自己的特色来吸引消费者。例如，有些家装公司采用工厂化集成装修模式，有自己的产品加工厂，很多东西（如家具、门、隔断、门套、窗套等）可以不在家装现场制作，在现场只需要进行安装。这样一方面可以大大减少现场的污染，同时也可大大缩短工期。因此可吸引一大批消费者。如北京龙发家装公司有一个特色，就是自己研制了一些家装材料，如电线的接头装置、特别的油漆和涂料。为此，他们专门印制了宣传单页，介绍这些材料的好处，这样也能打动一些消费者。

### 4. 情谊联络

比较早介入家装市场的公司发现，有不少业主对住房的升级换代非常热衷，有过两次以上家装经历的用户现在已经不在少数，而且他们装修的标准一般都是比较高的，无疑是装修公司的优质客户。于是，家装公司将目光锁定到这群优质客户，巧妙地打情谊牌，吸引他们的注意，并用一些“大恩大惠”吸引他们。宁波某家装公司在2005年推出“寻找第一份装修合同的业主”的促销活动，就是以“情谊联络”为主要诉求。

### 5. 会展亮相

每年各地会举办不同规模的房产博览会、建材博览会、家居产品博览会、住宅产品展销会、家具展销会（图4−1），甚至在汽车、电脑产品的展销会上也会出现家装企业的身影。这些展会能聚集大量的人流，尤其是政府主办的节庆和会展，为了取得预期的效果，会利用各种政府资源进行宣传和推广，例如行政的、媒体的；参会的有专业人士，也有普通百姓。大的家装公司决不会放弃这些绝佳的亮相的机会，他们不失时机地建造具有视觉冲击力的宏

图4-1 各大公司在家博会摆开战场，展开竞争

大展馆，推出具有吸引力的优惠措施，打响具有轰动效应的设计概念，抢单夺客，提升销量，成为会展的主角。

6. 节日促销

每逢节日，家装公司都不会闲着，特别是“五一”和“十一”更是家装公司承揽业务的黄金周。这两个节日恰好是上半年和下半年家装的旺季，同时又是家装业主空闲较长的日子，一般业主会利用这段时间考察市场，走访公司，参观样板房，探讨设计意向。所以，当许多公司放假休息的时候，家装公司反而要大张旗鼓地促销，争取吸引更多的业主上门。其他一些节日也是家装公司促销的好时机，如在教师节推出“教师优惠”，重阳节推出“夕阳红特惠”，植树节大声主张“绿色家装”的概念，情人节推出“婚装套餐”，中秋节举行家装业主“吃团圆月饼、谈家装理念”的活动……

7. 广告冲击

高密度地在目标媒体发布广告，连篇累牍、长时间、大版面形成广告冲击。其手段有：硬广告——以明确的广告形式推出的广告，这种广告发布的品种多、媒体全，单页、画册、MD、平面广告、三维广告、动态广告、电视、广播、网络、灯箱、路牌、气球、车辆、礼品应有尽有；软广告——以新闻形式、通告事件形式、知识传播形式推出的广告，这样的广告更能解除消费者的防范心理，因而也更具渗透性。

8. 优惠吸引

利用消费者的省钱心理，通过一些优惠活动，吸引消费者。这种手段对很多消费者具有特别大的“杀伤力”。常见的优惠手段有：

(1) 超级低价　以某款材料的令人心跳的超级优惠价格吸引消费者。

(2) 免、送　免设计费、免管理费、送家政费、送运输费、送某款家电等，令消费者动心。

(3) 让利打折　对部分材料、产品推出一个优惠的折让价格。

(4) 垫资家装　消费者一般都是先付款后享受服务，但有的家装公司为了承揽业务，推出高风险的垫资家装业务，声称“质量不合格不付款”，以消除消费者对家装公司能力的怀疑。

(5) 限时优惠　在规定的时间里享受某种优惠，促使消费者为了享受优惠而及时签约。

(6) 返送　如举行“签就送”、“满就送”等活动。

## 4.2.4 家装公司常见的营销方式

1. 拉客

这是家装公司最常用的也是最廉价的营销方式。一般用低底薪＋高提成（有的甚至无底薪）的方式请业务员直接到小区发传单拉客户。通常的做法就是告诉客户“我们公司免费设计，价格低，施工质量挺不错的，先来看看吧，我们可以先免费设计方案给您！”

2. 工地推广

这是家装公司最有影响力的营销方式，俗称“口碑营销”。当某小区有公司的施工工地时，家装公司会派一个业务员在这个小区里面“巡逻”，通常告诉客户“广告打得多，不如实际看一看我们的工地。”此方法的成功建立在精湛的施工工艺、优秀的工地管理水平上。

3. 电话行销

这是一种很贸然的方法，业主对此一般比较反感。通常是业务员通过售楼小姐、物管公司的人搞到客户的名单，然后不停地打电话约客户上门。

4. 样板房推广

它不同于上文所述的“工地推广”。这种方式由于占用家装公司的流动资金，一般只针对重点楼盘实施。家装公司买下该小区的一套房子，然后自行装修。家装公司利用自己是业主的优势向客户推广，一段时间之后将该房屋出租或套现。这种方法成本高，但效果好，见图 4–2。

### 5. 举办小区促销活动

房屋交付期间，家装公司进行现场免费咨询的促销活动。这种促销方式类似于大卖场的终端促销，可利用横幅、展架、易拉宝等各种宣传方式，尽量抢占业主的第一视线，充分利用小区的纵深，最大化地扩展公司的形象，见图 4–3。

### 6. 举办小区公益活动

家装公司和物业管理公司联合起来，以“业主联谊会”的形式召开户型装修方案、施工工艺讲座，地点一般选在小区的会所，高档的楼盘可选择在星级酒店。这种方式比较受欢迎，成功之处在于讲座题目是否吸引消费者。

### 7. 设立分公司

有些有实力的公司在一些著名的大楼盘门口租下大面积的营业用房，开设分公司，见图 4–4。其主要目标客户是这个楼盘及周边楼盘的业主。将设计部和材料部都搬到小区门口，为消费者也为自己提供了不少方便。有些实力稍差的公司也可在小区里面租一个门面房或者租个房子开设分公司。

### 8. 网络促销

这种方法是借助网络，以各种方式发布信息联系业主。像在一些著名的网站一般都设有论坛，其中有各小区的专版，可以在这上面发布信息。不过这种信息传递的方式一定要巧妙，要用有影响力的图片、实例来吸引业主。

### 9. 写字楼终端促销

针对中高端目标客户，利用写字楼尤其是家装公司云集的写字楼内设的多媒体电视进行宣传。采用这种宣传方式，一定要增加播出频率。另外，还可以利用写字楼的地势和标识进行营销，如标牌、公益指示牌等，甚至可以专门派人分发资料。

图4–2 在小区内打造样板房，为自己的信任度加分

图4–3 小区促销

图4–4 在新落成的大楼盘门口开设分公司

## 4.3 把握家装市场的流行信息 >>>

### 4.3.1 什么是流行

所谓流行，是指一个时期内在社会上流传很广、盛行一时的大众心理现象和社会行为。全球品牌网 2004 年 9 月 26 日载孙景富先生的《从流行本质谈手机广告》一文指出：“一般的流行元素中，有属于风格、个性层面的东西，例如，建筑业中的巴洛克、哥特式、洛可可，绘画艺术中的印象派、立体派等；有属于潮流层面的东西，例如，最近流行的简约潮流；也有属于时尚层面的东西，例如时装发布会上发布的每年的流行色彩。如果把时间作为一个衡量的指标，个性、风格层面的东西没有时间限制，历久弥新。潮流的东西一般五至十年为一个周期轮回，时尚的东西一般一两年就过时了。”

根据流行的内容，日本社会心理学家南博将流行分为三类：①物的流行——指与人们日常生活有关的物质媒体的流行，如流行服装、流行色等，大多经商品广告传播；②行为的流行——指文娱、体育活动以及人们的日常行为方式的流行，如斗鸡、打太极拳、练气功、跳迪斯科等的流行，大多以群众的集群行为出现；③思想的流行——广义的群众思想方法和各种思潮的流行，如尼采热、存在主义热、文化热等，大多经由舆论宣传工具直接或间接地宣传后流行。

### 4.3.2 流行现象的特征

#### 1. 生命周期短

如果把时间作为一个衡量的指标，个性、风格层面的东西没有时间限制，历久弥新。但某种具体的个性、某种风格形式在何时为哪一类人中的更多人所喜爱，却是有时间性的，没有哪种具体的风格形式是自古至今一直流行的。潮流和时尚的东西一般在较短的时间内就会过时。

#### 2. 影响力大

流行现象在其处于萌发期时往往并不引人注目，但是，因为其对人们的社会心理的契合，所以很快便会发展壮大，形成相当大的气候，像龙卷风一样，把周围的人们裹挟进去。使得人们自觉或不自觉地跟着潮流走。

#### 3. 群体性或社会性

流行不是个别人的行为，流行是许多人的共同行为；流行的主体具有群体成员的特征；流行性现象反映了某一群体成员共同具有的社会心理、思想观念。

#### 4. 自发性

流行的自发性是指流行是以某种社会心理为基础，为社会成员自然而然地认同和追随为结果，而不是人为力量就能够推动的。人为地推动对流行有作用，但不是决定性的作用。人为地推动必须以某种流行性现象得以产生的条件已经具备为前提。

#### 5. 盲目性

流行的盲目性是说流行的参与者一般来说并没有意识到自己是某种流行的参与者。流行的参与者较少有人会自觉地对其置身其中的流行性进行具有超脱性的价值判断，他们往往认为投入到某种流行中是一种自然而然的事情，所以，往往是全身心地投入。

#### 6. 模仿性

模仿是形成共同的文化现象的重要原因。生物学里有一个现象，即物种的行为在一个共同生活的区域里有趋同的现象，这是某物种之间行为互相模仿的结果。因为这种行为有利于物种的生存繁衍，所以互相模仿就成为物种的一种生存策略。人类也一样，模仿也是一种重要的生存策略，模仿是人类重要的学习手段。

### 4.3.3 为什么要把握家装市场的流行信息

#### 1. 家装的时代性

家装的艺术性决定了它固有的时代性。时代性随着时间的脚步一分一秒地前进着，一刻也不会停息。每个时代政治、经济、文化、艺术、宗教、民俗所产生的综合影响都在家装形式上留下深深的烙印。

#### 2. 家装的经济性和竞争性

家装的经济性和竞争性决定了这个能够养活几千万人的行业必须靠不断的形式创新才能发展延续下去。这个行业里，创新思维的发动机是不能停息的，创新每时每刻都要进行。

#### 3. 家装的大众性

家装的大众性决定了它的人本特色，个人的理想、信念、兴趣、爱好、习惯、生活方式、世界观无不反映出装修形式、个性、风格、格调、品位的共同追求和个性差异共存的特点。消费心理学中提出的“从众”理论和流行色中的“模仿”理论都揭示了人在选择消费形式、审美形式时的趋同性。

家装是一个时代性、创新性、共性和个性并存的事物，是个瞬息万变的事物。时尚与流行必然影响并主导它的发展和进步。时尚与流行是看得见但摸不着的东西。你可以感觉它的存在，可以跟着它的节拍前进，但永远无法把它固定住。谁如果稍有停顿，就会被它遗弃。因此，家装设计师要把握市场流行的信息，把握市场发展的内在规律。要做到这一点必须关注时尚、关注流行，必须研究时尚、研究流行。从它们的变化中获取设计的灵感，甚至有时也能引领市场潮流的变化。

### 4.3.4 家装设计师需要特别关注的流行信息

#### 1. 流行审美思潮

如果模仿变成了流行，就会造成一股流行思潮，这种强大的社会思潮会引起独特的审美现象。由于社会存在不同的阶层，这些阶层形成不同的文化特征，由这些特征形成各自独特的审美观，这些独特的审美观就形成了审美形式的群体趋同现象，最终形成一种社会潮流。

审美思潮流行的形成过程如下：

代表高级、先进、富裕、前卫的阶层创造出新的审美样式→下级模仿上级的行为→扩大的文化现象→形成大众审美共识→时尚。

国际上政治、经济的一些重大变化对审美思潮的影响非常广泛、深刻，有时具有决定性作用。文化传统、民族习俗也是形成独特的阶段性审美思潮的重要原因。个体的文化背景、生活环境对审美思潮的影响不容忽视。在这些特有的文化、地域色彩的影响下，人们往往有独特的区别于其他环境的审美情趣，这就决定了这些特定区域共同确认的审美现象。也就是说，从中国的南方到北方对审美的爱好往往有着非常大的区别。生产技术的进步也极大地改变着人们的审美态度。如建筑技术的进步支持了后现代主义的盛行不衰；计算机技术的进步和网络技术的发展使社会步入后信息时代，距离感的消失、直接、无所顾忌、简单、自然等等后信息时代的特征正在影响人们的方方面面。

以上这些由政治、经济、文化、习俗、个体背景、生活习惯、生产技术进步引发的社会思潮首先体现在一些艺术载体（如影视、美术、戏剧、音乐、小说等）以及各个与生产技术进步有密切关系的设计领域（如服装设计、室内设计、家具设计、建筑设计、工业品的造型设计、纹样设计、手工艺品设计等）。这些艺术设计领域的审美情趣的变化对审美思潮往往有较大的影响。

2. 流行色彩

色彩在家装设计中的地位是非常突出的。装饰行业并没有发布流行色的国际组织，但这并不意味着这个行业没有流行色。相反，流行色彩对家装行业的影响相当大。家装设计师受服装流行色的启发而创作的设计作品明显受到大众的追捧。因此，关注服装流行色的变化是使设计富有时代特色的一个诀窍。

图 4–5 所示为某公司发布的 2006 家居流行色。

3. 流行材料

由于设计师的引导，某些家装材料会成为一个时期特别流行的材料。

现在不少材料制造公司聘请著名的家装设计师设计新的家装材料，获得巨大的成功。材料商会同时聘请设计师根据这个个性材料，设计出令人耳目一新的样板房，这种样板房尤其能够引起业内人士的关注。材料商还会通过开新产品发布会，通过各种媒体的宣传和大量的广告投放推介这种新材料，引起前卫人士、时尚人士的兴趣，并使之很快出现在他们的生活空间中。紧接着就会有一大批人跟风，这个材料就会成为流行材料。家装设计师如果不去把握这个流行信息，作品就会显得落伍和陈旧。

当前的材料市场中材料的更新换代非常频繁。家装设计师应时刻关注装饰装修材料的发展，并将其应用到设计中去。

4. 流行搭配

材料的搭配也有流行。如卫生间原本是家庭中湿气最重的区域，人们在天花板、墙壁和地面的处理上总是把防水放在第一位。所以，瓷砖和铝扣板的使用频率最高。但近年来卫生间的材料出现了新的流行搭配，如卫生间的墙壁用防水漆来粉刷。其好处不只是方便施工，效果独特，更重要的是好清理，还能防止发霉，而且因为防水漆非常黏稠，最适合填平墙壁面的毛细孔，即使卫生间的墙面条件不是很好也不影响效果。防水漆的加入，使卫生间的墙面材料趋向多重组合的潮流，如马赛克与防水漆，木材与防水漆结合使用，墙面和地面甚至可以采用水泥加颜料，罩上防水漆，做成斑驳自然的效果，很有艺术味道。防水漆还可以混搭多种材质，形成不同的风格，如混搭浴缸墙裙。冬天总感觉浴室很冷，红色的围墙可以增添很多暖意，值得借鉴的是，浴缸的墙裙也可采用红色防水漆。又如混搭手抹墙的流行，这是真正的地中海风格元素，借助纯手工抹砌的墙面质感浑厚，上面均匀涂上明黄色防水漆，加上木色踢脚，与棋盘形地砖的花色浑然天成，阳光浴室就落成了。

5. 流行产品

流行产品如数码产品、家用电器对人们的审美流行影响极大。一个成功的产品带来新的使用功能、新的款式特点、新的效果体验、新的视觉冲击，对消费者诱惑很大。这些产品的制造商巨大的研发投入甚至还扩散到产品的展示领域，这对装饰业的影响非常巨大。高技派、太空风格、金属风格、透明风格的风潮对装饰流行的影响相当直接。有些产品还是家庭中的主角，如视听产品、平板电视、家庭影院，客厅中的背景墙不得不根据这个“主角”的风格来设计，见图 4–6、图 4–7。

6. 流行工艺

随着施工技术的进步和施工设备的开发，装饰工艺也在不断地创新：水刀切割工艺使金属、玻璃、瓷砖像木板一样可以进行镂空雕刻，电视背景墙可以用这些不寻常的材料做成各种新颖图案；玻璃砖打孔工艺使高硬度的

图4-5　某公司发布的2006年家居流行色

图4-6 家庭影院装点的温馨现代的客厅

图4-7 流行家电纯粹的装饰效果

图4-8 瓷砖切割工艺可以随意切割瓷砖图案

图4-9 瓷砖切割工艺使卫生间界面出现疏密变化的新面貌

图4-10 木材的防腐工艺引发木材大举进入卫生间

抛光砖不仅仅用于地面，而且还可作为壁饰材料，用广告钉悬挂在墙上（图 4–8、图 4–9）。

木材的防腐、防水工艺引发木材大举进入卫生间（图 4–10、图 4–11）。当自然主义风潮主导家居装饰时，人们希望在自己的家里享受到身处田园般的乐趣，很多户外板材开始户内化。如将户外防腐地板铺在阳台上，木板铺在卫生间的地面或墙面上，使本来因为铺瓷砖而显得冰冷、生硬的卫生间，增添了不少暖意。这都是木材的防腐、防水工艺的功劳。适用于卫生间的专用木板一般选材于进口松木和南洋硬木，经过防水、防腐等特殊处理，不仅保持了天然木材的优良性能，而且不怕水泡，更不必担心会发霉、腐烂。其中“桑拿板”的技术最为成熟，两片之间以插接式连接，易于安装、拆卸，方便清洗。如果用在卫生间地面或墙面位置，需要刷两遍亚光清漆或桐油防水、防潮。

图4–11　木材的条状处理形成水无法流淌的洗脸台

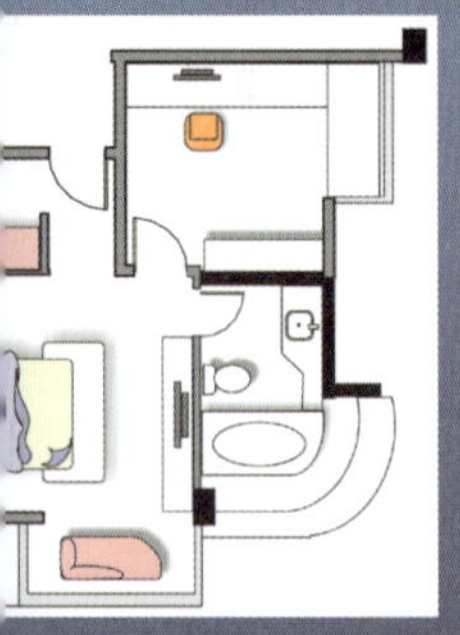

进入家装设计环节的第一个任务就是平面规划。平面规划是家装设计的基础，主要解决房间的分配、动线的安排、功能和家具的配置。这些都直接关系到业主的家装生活如何展开，方便性和舒适度怎么样，同时也关系到下一步的空间设计、界面设计等一系列艺术设计的要素是否能够实现。所以，必须深思熟虑、精心规划。

# 5. 打开锦囊 平面规划原则

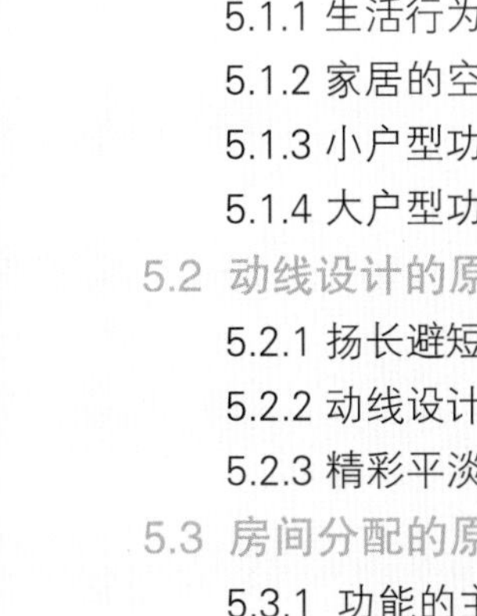

## 5.1 功能配置的原则 >>>

家居功能配置就是设置必要的生活设施以满足居住者的各种生活要求。例如，要满足业主睡觉的生活要求，最起码要有床，有卧室就更好，可以关起门来睡觉，休息不受打扰。如果在卧室里配置床头柜、衣柜、电视柜、化妆台和一把椅子，这就是一个标准的卧室了。如果能够在此基础上再配套卫生间、衣帽间、写字间、休闲茶吧，就是很舒适的卧室了。又如，要满足吃饭的生活要求，最起码必须有灶和桌子，灶用来烧饭、煮菜，桌子用来放置饭菜。有厨房、有餐桌和餐椅就更好，有独立厨房和独立餐厅就非常理想了。如果有大面积的厨房和带景观的餐厅则标志着进入了更高的生活层次。

**家居功能配置的最高原则就是：在有限制的居住条件下，为业主提供最理想的生活条件，满足居住者最多的生活愿望。**

### 5.1.1 生活行为

要安排好业主的生活，首先要研究业主的生活行为。只有清楚地了解了业主有哪些生活行为，才可能给他作最理想的安排。

人们的家居生活可以分成若干个层次：

#### 1. 基本的生活层次

只能满足做饭、吃饭、睡觉、洗澡、大小便这些最基本的生活要求。不讲条件，不讲空间，体面和舒适无从谈起，生活的尴尬随时会发生。

#### 2. 体面的生活层次

如果有了套房，哪怕只是 1 室 1 厅 1 厨 1 卫，也可以使这些基本生活行为达到体面的要求。其标志是每一样基本生活要求都有独立的空间。

如图 5–1 所示是三口之家的生活空间，虽然条件还很差，但已经可以满足体面的生活要求了。

#### 3. 舒适的生活层次

舒适的生活层次的标志是能够按照科学的生活流程进行空间布局和家具布置。就居住面积来讲，至少应达到目前我国城市的人均居住面积——$27m^2$，也就是说三口之家有 $81m^2$ 左右的居住空间。如果有 90 ~ $140m^2$ 的居住面积，就可以更加自如地安排生活。

图 5–2 所示为能满足舒适生活层次的空间。其中的厨房，不但有独立的空间，而且完全可以按厨房的操作流程安排冰箱、水斗、备餐台、灶具、脱排油烟机、消毒柜、储藏柜；面积为 12 ~ $16m^2$ 的卧室，可以安排宽度在 1.5m 以上的双人床，旁边有整体的衣柜可以存放衣服，床边有两把单椅可供主人起坐、休

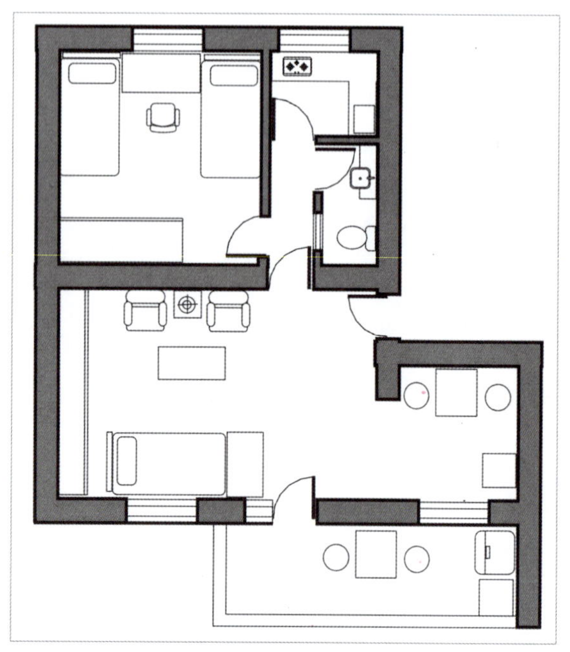

图5–1 能够体面生活的小空间

息、交谈，床前有电视机，可以在床上欣赏电视节目。

### 4. 优雅的生活层次

优雅的生活层次在满足舒适生活的基础上，还要满足以下要求：

(1) 情调　如同样是餐厅，有情调的餐厅餐桌周围有艺术品的点缀，灯光把餐桌上的菜肴照得鲜亮动人，餐具下面还有桌垫，碗、碟、筷、勺就象高档的餐厅那样摆放着。有时还能进行烛光晚餐，放置艺术蜡烛的器具和位置一应俱全。

(2) 品牌　家用设备、家装材料都要用品牌产品，有些还要知名品牌、高档品牌。

(3) 风格　家装设计必须讲究风格，这种风格还要符合时代的要求。

(4) 个性　家装风格必须与众不同，只有这样才能体现出业主的个性、格调和品位。

图 5-3 所示为满足优雅生活层次的全功能卧室，房间带有一个大的飘窗，书房组合在卧室中，衣柜是走入式的，房间里有舒适的大床和浪漫的贵妃椅，卫浴空间就在旁边，而且浴缸放在看得见风景的地方，浴缸旁还有一个明亮的大平台，可以放置一些情趣用品，这就是典型的优雅生活，也是人们常说的小资的生活标准。

### 5. 豪华的生活层次

要达到这样的生活层次必须有宽大空间的条件，居住面积必须超大，人均 50 ~ 60m$^2$ 以上，起居室与客厅必须是互相独立的，不只有一个起居室，主要的卧室都应该带卫生间。最主要的卧室面积超大，由卧区、休闲区、储存区、沐浴区、洁身区、休闲按摩区、健身区等组成。

图 5-4 所示为满足豪华生活层次的一个三层的联体别墅，各种功能的配置都达到了豪华的标准。

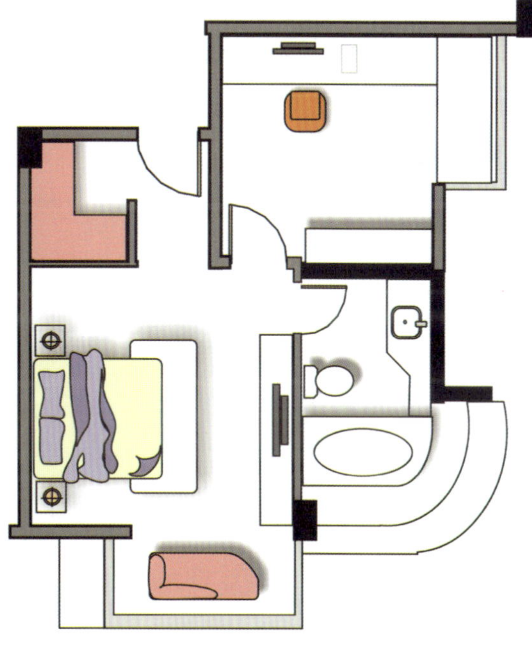

图5-2　114m$^2$的舒适生活空间

图5-3　能满足优雅生活层次的卧室

图5-4 满足豪华的生活层次的空间

图5-5 比尔·盖茨的私人豪宅

### 6. 奢华的生活层次

除了必须有的空间条件、面积超大以外，所用的工艺和设施都是超豪华级的。尤其是有几件标志性的奢侈品作为象征。

有一个绝对典型的案例，可以说明奢华的生活层次。图 5-5 所示为全球巨富、微软公司董事会主席比尔 · 盖茨的私人豪宅。这幢被当地人称为“大屋”的豪宅是一座耗资 1 亿美元的府邸，占地 6130m$^2$，据报道有 7 个卧室、6 个厨房、24 个浴室、1 个穹顶图书馆、1 个接待大厅和 1 个养殖三文鱼及鳟鱼的人工湖。里面的情况可以看一下 2006 年 4 月 20 日雷德蒙法新的报道：

中国国家主席胡锦涛前天在美国微软创办人比尔·盖茨的陪同下，参观了微软的“未来之家”，并对这个高科技居所留下深刻印象。这个位于西雅图市郊雷德蒙的“未来之家”，展示了微软认为将在5到10年内实现的智能居所模式。

一踏进“未来之家”的客厅,呈现在胡锦涛眼前的一个荧光屏随即展示了一个典型家庭的数码照片。只要移动一个花瓶,照片便自动换成胡锦涛曾居住或工作过的地方，包括北京、西藏和他曾就读的清华大学。

厨房是胡锦涛和夫人刘永清相当感兴趣的地方。刘永清从橱里拿了一包面粉，电脑系统立即显示一连串可用面粉制作的菜肴食谱。如果面粉用完了，这个智慧厨房还会提醒主人，记得把面粉列在购物单上。

来到更衣室，一个看似平平无奇的镜子，

却能够在主人拿出衣服后显示当天的气温，以及穿这件衣服是否合适。它甚至还能替主人建议,应该做怎么样的衣着搭配。

书房的设计也叫胡锦涛赞叹不已。墙上的大型荧幕，可以让正在做天文学功课的学生立即获取某个星球的互动照片，所需的资讯尽在弹指之间。

微软发言人热洛斯说，“未来之家”是胡锦涛特别指定要参观的地方，他被展示内容“深深吸引”，在每一个参观阶段都会发问，参观行程也比原先估计的多了15分钟。

## 5.1.2 家居的空间单元

### 1. 基本的空间单元及可以配置的设施

家居基本空间单元及可以配置的必要功能设施见表 5–1。

表 5–1 家居基本空间单元及可以配置的设施

| 序号 | 房间名称 | 可以配置的设施 |
|---|---|---|
| 1 | 玄关 | 鞋柜、展示桌几、主墙、造景等 |
| 2 | 起居室（客厅） | 沙发、茶几、安乐单椅、电视墙（柜）、壁炉、装饰桌几、造景区、音响、吧台等 |
| 3 | 厨房 | 厨具、便餐台、备餐台、储藏柜、冰箱、消毒柜等 |
| 4 | 餐厅 | 餐桌椅、餐柜、造景、角柜、主题墙等 |
| 5 | 主卧室 | 床及床头柜、床靠及背景、化妆台椅、贵妃椅、小桌几、五斗柜、衣柜、走入式衣柜、电视柜、音响等 |
| 6 | 儿童房 | 衣柜、高低床、床组、书柜、电脑桌、钢琴、其他设备等 |
| 7 | 老人房 | 床组、休闲椅、衣柜、电视柜、书柜等 |
| 8 | 客房 | 衣柜、高低床、床组、电视柜、书柜、衣柜等 |
| 9 | 书房（工作室） | 衣柜、沙发床、沙发、工作台、书柜、展示柜、衣柜、电脑桌、其他专用工作设备等 |
| 10 | 主卫 | 洗脸台、马桶、下身盆、淋浴房、浴缸、化妆品柜、书报架、电视、按摩床、休闲椅等 |
| 11 | 次卫 | 洗脸台、马桶、淋浴房或浴缸、化妆品柜等 |
| 12 | 阳台 | 柜子、晾衣杆、观景椅、秋千、网床、造景等 |
| 13 | 储藏室 | 组合衣柜、储藏箱、家政台等 |

### 2. 其他空间单元及可以配置的设施

大户型居室和有特殊需要的家庭还会有如下一些空间单元和设施，见表 5–2。

表 5–2 其他空间单元及可以配置的设施

| 序号 | 房间名称 | 可以配置的功能 |
|---|---|---|
| 1 | 专用房间 | 会客沙发茶几组、壁炉、装饰桌几、造景、书报架等 |
| 2 | 和室 | 衣柜、矮柜、桌几、障子门窗、储藏柜、造景等 |
| 3 | 娱乐室 | 娱乐台、椅子、茶桌、展示柜、造景等 |
| 4 | 外玄关 | 景观、鞋柜、围墙、景观台等 |
| 5 | 庭院 | 花房、观景椅、秋千、网床、造景等 |
| 6 | 阳光房 | 花房、观景椅、秋千、网床、造景等 |
| 7 | 佛堂 | 佛桌、准备桌、准备室等 |
| 8 | 健身房 | 运动器材、休息桌椅、淋浴室、卫生间 |
| 9 | 佣人房 | 床组、衣柜、整理桌椅、洗衣机、烘干机等 |
| 10 | 视听室 | 栖息沙发茶几组、电视墙柜组、音响、书报架等 |
| 11 | 洗衣房 | 洗衣机、衣柜、水斗、拖把斗等 |
| 12 | 密室 | 柜子、保险箱、工作台、椅子等 |
| 13 | 禅修室 | 置物柜、书架、桌几等 |
| 14 | 特殊机房 | 备用发电机、冷气机、电器开关、智能设备等 |

## 5.1.3 小房型功能配置

### 1. 不要局限于开发商定义的空间类型

在进行小户型家装设计时，思路一定不要局限于开发商定义的空间类型，可以根据业主的生活需求，把房间改造得更加实用。有一句话非常适合小户型居室的设计：“不要被现有的东西局限着思想”。如果想在小小的房间里创造奇迹，必须打破常规，开动脑筋。

图 5–6 所示是一个建筑面积为 46m$^2$ 的小户型案例。图 5–6a 是开发商交付的 2 室 1 厅 1 厨 1 卫的户型原始平面图。图 5–6b 是开发商所暗示的功能安排：入口是厨房，小房间为小客厅兼餐厅，狭长的空间作为客厅是很局促的，作为餐厅则可以满足需要；大房间为卧室，其实已经充当了卧室兼起居室的功能。

设计师不甘于开发商暗示的功能安排，进行了一些巧妙构思，取得了非常好的效果。

(1) 方案1　方案 1( 图 15–6c) 最大的特色是突破了房间分配的格局，将小房间作为卧室

图5-6 建筑面积为46m²的住宅平面图及布置图

兼书房，床嵌在小房间的内侧，书房靠窗，左侧采光，且两个安静的功能区组合在一起，配置合理；大房间作为起居室，布置得非常从容，阳台部分还设置了一个读书区；厨房＋小餐厅能够满足最基本的就餐功能；卫生间是透明的隔墙，非常前卫，并使起居室有了扩大的感觉，卫生间中还安放了浴缸，洗衣机放置在浴缸旁边，功能齐全，时尚舒适，生活的质量有了很大提升。

(2) 方案2　方案2(图5–6d)的安排则完全脱离了方案1的暗示，将一个“局促”的套型升级为“优雅”的套型。大房间为起居室，布局灵动、浪漫，两个沙发具有对话功能；阳台部分很空旷，靠墙的书桌很安静、恰当；小房间中做了一个走入式衣帽间，解决了大储藏量的问题，地台下是储物空间，地台上是一个能够享受阳光的很温馨的卧室空间，非常实用、舒服，可以说是创造了一个小小的奇迹。

### 2. 采用低矮家具和整体的入墙柜

空间既然不大，就要尽量减少隔间和压抑感，创造出合理的通透效果。用低矮家具可以达到这个目的。另外可以沿着长墙作整体组合柜(图5–7)，不但可以综合几个功能，而且避免了琐碎的视觉效果。

### 3. 尽量减少家具

小户型居室面积有限，所以除了必不可少的家具以外，尽量不要摆设其他家具(图5–8)。大体量的家具尽量靠墙摆放，家具的式样要尽量简洁。因为过于复杂的结构会分散人的注意力，同时复杂结构的空间位置也相对固定，空间上的灵活性就难以体现了。

### 4. 使用多功能的家具

在小户型居室，尽量使用多功能的家具。如沙发床，一般情况下是舒适的沙发，打开后就可作为一张床使用；折叠家具也是不错的选择，用时展开，不用时折叠起来(图5–9)，这些对小户型居室是变出意外空间的法宝。

### 5. 尽量选用可移动式家具

移动式家具可以按需调整位置，随时腾出空间，需要时又可以推拉过来，成为功能家具（图 5–10）。

### 6. 利用视错觉增大空间

利用简洁的家具可缩小平面空间的局促感；多使用镜子、壁柜等能延伸有效空间；清淡的色彩、用垂直线划分“增大”竖向空间，水平线划分“增大”横向空间；用小图案纹样、平面材料扩大空间；用《 》线型增宽空间，参见图 5–11。

### 7. 打破空间的限制，灵活调整功能区的布局

把墙改为移动门，平时打通空间，使各个房间的空间相互穿插，用通透的空间增强各功

图5–7　整体的入墙柜

图5–8　家具少空间就有空的效果

图5–9　折叠家具可以按需调整位置，随时腾出空间

图5–10　移动式的电视柜

能区的联系，形成大空间的心理感觉，把小空间变成大空间(图5–12)；需要时用移动门分隔空间。可以用一些软性的布帘，放下来成为各区域之间的隔断，收起来空间又畅通无阻。尽量避免使用实质的隔断体。还可将各功能区域相对集中，用功能的差异来形成各区域间无形的隔断，这样既互不干扰，又连成一体。

8. 一种空间多个用途

在开放的厨房放一张餐台，就可以作为餐厅使用了。起居室更是多功能的：沙发区可以起坐、会客，前面放一个移动的电脑台就能满足使用电脑、上网等工作的要求了，边上有一张小桌子就是书写的区域，形成一个开放式的主人的书房。

小空间的设计一定要张弛有度，合理统筹，做到集中和分散的协调。

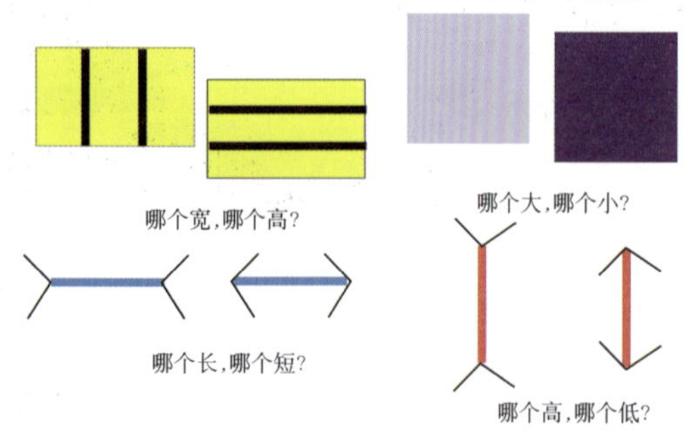


图5–11 视错觉

## 5.1.4 大户型功能配置

1. 重要功能专门化

在小户型中，因为面积有限，象玄关、餐厅、和室、健身房、阳光房等这样一些能够体现居住品质的重要功能一般无法安排专门的空间，不得不多个功能组合在一起。而在大户型里，这些重要的功能就可以开辟出专门的空间。如有些别墅，玄关有内外套叠，宽大的起居室里可以安排一个专门的和室，客厅也是专门的。可以分配一个专门的空间作为健身房，里面甚至还可配置厕所和淋浴房。顶楼还有专门的阳光房，是一个既可以享受阳光又可以遮风避雨的室内庭院……见图5–13。

2. 可以设置一些过渡空间

在大户型居室中，各功能区之间的连接可以适当地缓和，不必斤斤计较。例如餐厅和客厅之间可以安排一个过渡空间，用一个装饰柜做两个空间之间的界定等等。

3. 尽可能地采用岛式格局

岛式格局是一种比较豪华、比较舒适的空间配置方式，并且只有在大空间里才能使用。所以，大空间的功能配置应尽可能按舒适、豪华的岛式格局安排各种功能。如主沙发采用岛式

图5–12 以门代墙，使各个房间的空间相互穿插

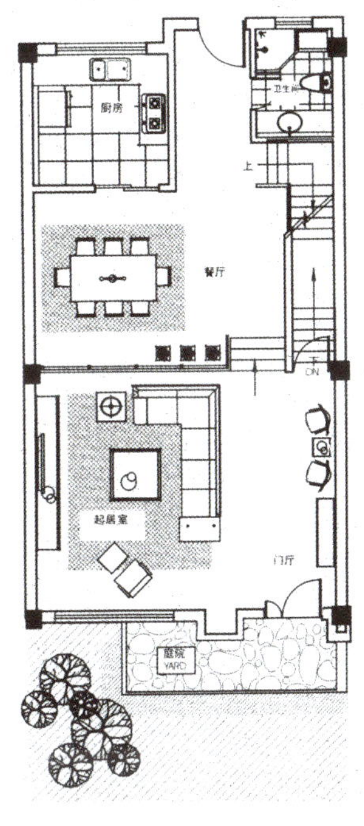

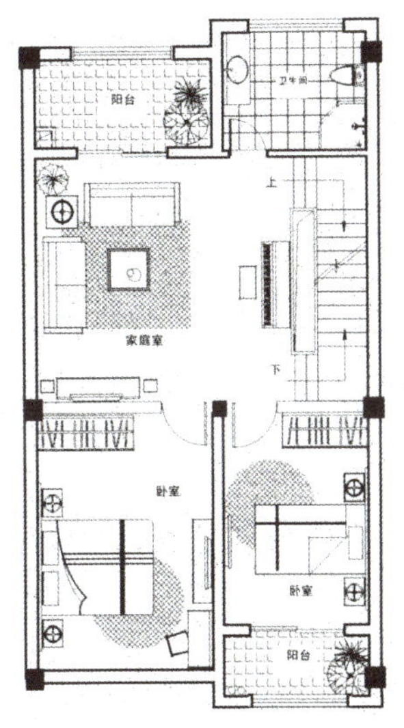

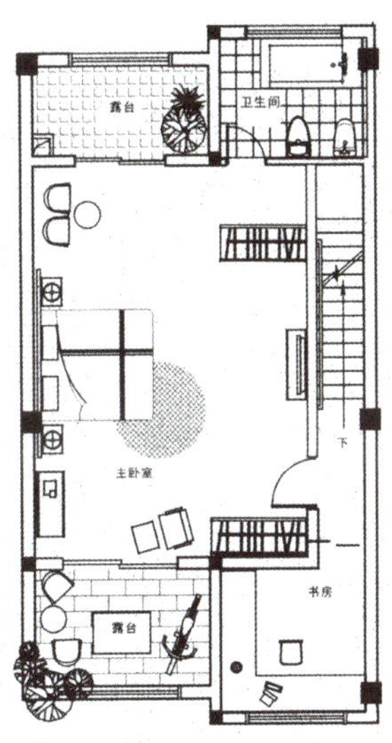

图5-13　大户型可以自由从容地安排各种生活要求

的安排，沙发的功能和形态可以出现一些变化，四周都是动线；厨房的操作台、书房的写字台都可采用岛式布局，使用起来非常方便舒适。

## 5.2 动线设计的原则 >>>

### 5.2.1 扬长避短是关键

在套型分析的基础上，认清套型的优点和缺点，对优点要大力发扬，对缺点要着力克服。所谓优点就是环境好、景观好、通风好、光线好、开间合理、进深适中、动线顺畅等。所有房子一般都是优、缺点并存。房龄较短的套形一般优点多，套型设计比较合理；房龄比较长的套型一般缺点比较多。在设计时一定要扬长避短，把优点充分用足，把缺点尽量转化。

图 5-14 所示是一个临江的住宅，江景房是高价商品房，这个高价就高在临江上。因此设计师必须将临江的文章做足，将这个功能发挥到极致。这个起居室除了设置正常的沙发以外，

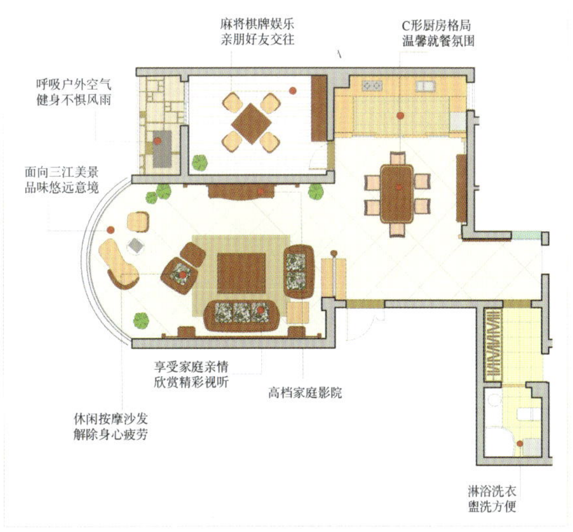


图5-14　大户型的江景住宅

面向江景的窗前还设置了一组聊天椅，三把不同坐态的舒适的椅子组成一个高品质的休闲区。在娱乐室的外面还设置了一个全天候的健身房。

### 5.2.2 动线设计讲技巧

#### 1. 动线简短，中枢调节

人在室内移动的点连接起来成为动线。简

而言之，动线是人员活动的线路。家居设计动线设定比较简单，一般分单动线和双动线。

单动线是单一的活动路径，或进或出。

双动线是复合的活动路径，同一个目标有两条到达的路线，具有包围的特性。

家居设计中动线以简短为宜，多安排单动线，少安排双动线。一般来说动线以简洁明确、不重复、少交叉为最佳。

小户型、窄开间的套型只要安排单动线就可以了。大户型大开间的套型可以考虑安排双动线。

例如，沙发区的安排，3.3 ~ 4.5m 开间的起居室只要安排单动线就可以了。如果开间超过 5m，就可以考虑安排双动线。除了沙发前面有一条动线以外，还可以在沙发后面安排一条动线，见图 5–15。双动线可以使人活动的形态和交流大大丰富起来。功能交叉的区域也是动线重叠的区域，空间一定要大、要宽敞。户型比较长的可以以起居室为枢纽，展开简短的动线。

### 2. “顺”字当头，“堵”是天敌

动线的安排直接关系到使用的方便性和舒适性。动线设计的最大原则是“顺”，顺字当头，这样才使人顺心；最大的毛病是“堵”，平面布局千万不要添堵，“堵”令人郁闷，令人心烦。

(1) 顺的格局　顺畅、顺手、顺势。

1) 顺畅。主要通道要明确、宽敞、顺畅。面积小的居室动线比较简单，面积大的居室动线就会复杂，楼上楼下的居室除了有平面展开的动线之外，还有垂直展开的动线。因此，动线组织一定要顺畅，否则就会很别扭，甚至产生危险。

图 5–16 是一个 168m² 的大户型居室设计案例，在动线的安排上十分独到。总体上把空间分成了动、静、过渡三个区域，动区包括门厅、厨房、起居室、餐厅，可以有两条动线进入：一是从大门经过门厅进入起居室，二是由门厅进入厨房，厨房设计成通贯门，从另一道

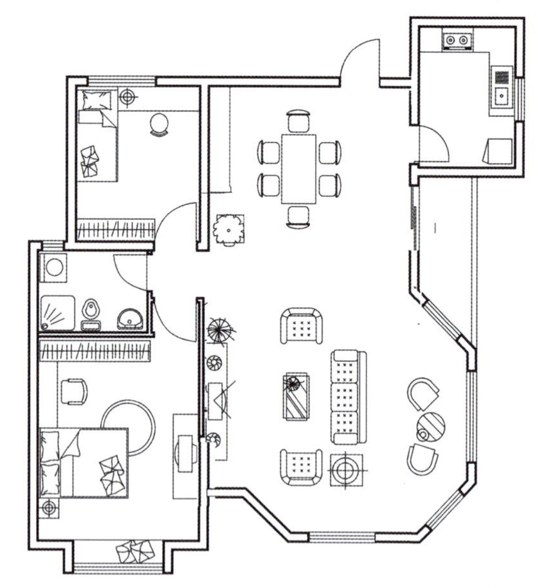

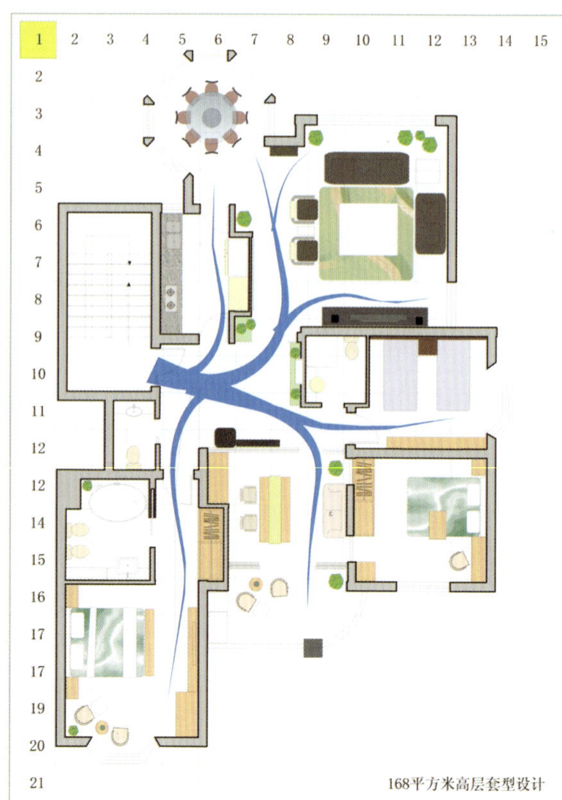


图5–15　大开间起居室设置了双动线

图5–16　168m²大户型的动线组织

门进入餐厅和起居室。进入厨房不需要穿过起居室，使起居室不被打扰，不卫生的物品可以不必通过起居室。静区包括主卧、次卧（包括书房和卧室）、客房、主卫、客卫。主卧空间偏于一隅，相对独立，私密性很好，主卫功能性也非常良好。次卧是个套间，外面书房，里面卧室，可以满足不同的需要。客房采用宾馆标房式，给客人提供舒适的休息条件。

过渡空间是门厅部位，带一个简单的客卫。这是一个家庭中动静缓冲、公私缓冲的空间，既有良好的形象，又成为一个“交通”枢纽。整个动线设计是伸展的树型结构，非常顺畅。

2) 顺手。操作路线要顺手，要按照操作程序安排空间序列和家具设置。

3) 顺势。造型线条要顺势。墙角、楼梯的扶手、家具的收尾、装饰线条的导向要顺势而为。这样让人在视觉上觉得很舒服。

(2) 堵的格局　堵塞、阻滞、对冲。

1) 开门见堵。玄关过小，餐桌挡道，这都是最不好的格局，见图 5–17。但这样的房型很多，要设法破解。

2) 动线阻滞。家具过大，形成动线阻滞，引起行动不便。图 5–18 餐厅、厨房、阳台就存在动线阻滞的问题；起居室沙发和隔断柜距离太小也形成动线阻滞；主卧室内主卫和床的距离太大，夜间上卫生间极为不便。

3) 功能对冲。动静交替安排，动线重复过多也是不好的格局，见图 5–19。

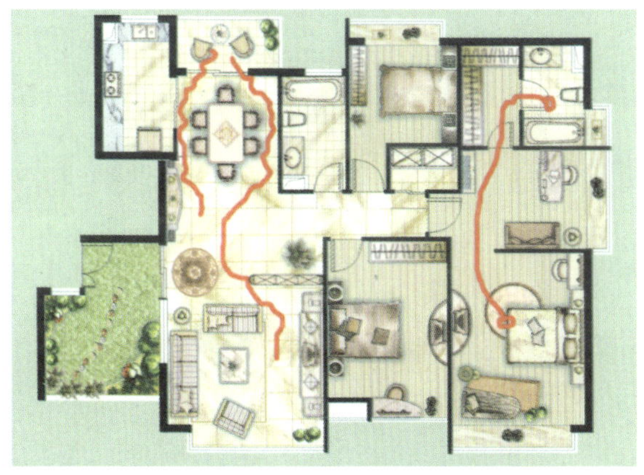

图5–17　餐桌堵在空间的中心枢纽位置

图5–18　餐厅、厨房、阳台动线阻滞

图5–19　厨房、餐厅距离过远，与入口、起居室动线对冲

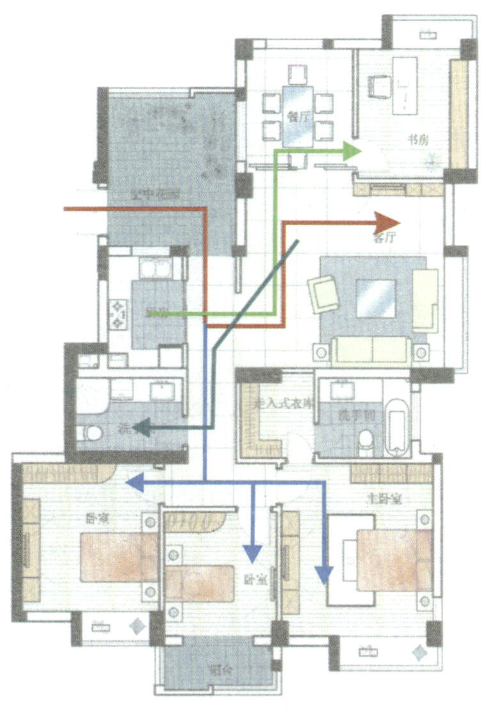

### 2. 动静分区，依序展开

多人使用的区域为动区，要安排在中心靠外侧的部位，单人使用的区域为静区，可以安排在动线末端；年轻人使用的区域偏动，老年人使用的区域偏静；人口较多的家庭，应按年龄划分活动区域，将老人和儿童安排在复式结构的最低一层或远离会客中心的较安静的区域，参见图 5–20。

家居空间应动静分区，相对隔离（图 5–21）。最好不要安排动静交替的空间序列。空间的组织秩序根据生活中的行为秩序展开，空间通过动线轴层层串接。

### 3. 单边穿行，避免交叉

动线必然会对房间产生分割，分割最好采用单边形式（图 5–22）。树型结构和中心展开都是可以采用的格局。要避免对穿空间，斜穿空间的形式，以有效利用空间。

### 4. 动线视线，合二为一

视线是随着动线展开的，关键点对应的面应该精心安排，并以不同分隔形式来营造视觉层次。家居空间内，各类家具应沿动线两侧放置，为日常作息提供良好的环境。可以预先设想走入房间的情形，体会一下动线是否流畅。公共空间中较私密的区域可以用屏风或者高柜遮挡。走道避免贯通全室。复式或别墅的房间较多，可以利用天花板的造型和地面图案作为动线的引导。

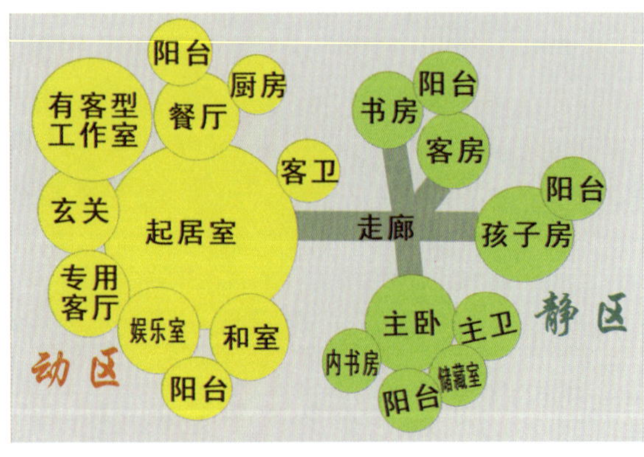


图5-20　各功能居室关系图

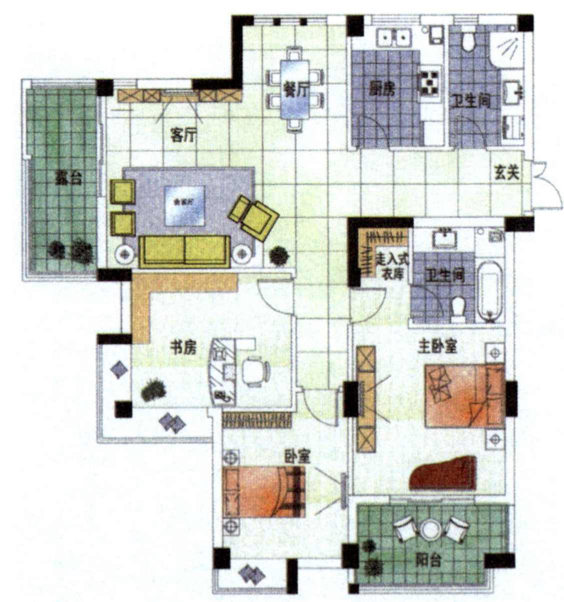


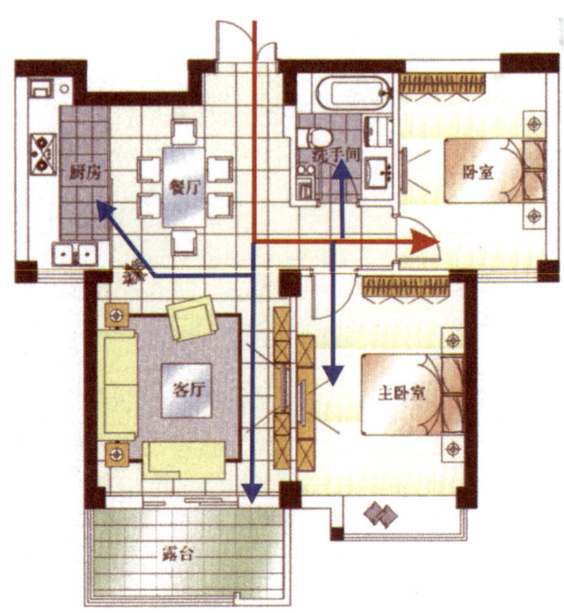


图5-21　动静得体的家居空间序列

图5-22　单边穿行，免对穿、斜穿空间

### 5.2.3 精彩平淡两相宜

家庭中的空间组织，要有精彩，有平淡；有高潮，有低谷。该精彩的地方一定要精彩，该平淡的地方一定要平淡。渐入佳境与复归平淡都是家庭中需要的生活氛围。不能所有地方都很精彩，也不能所有地方都很平淡。要讲究抑扬顿挫，起承转合，有主有次，不能平均分配。就功能分区而言，动区要精彩，静区要平淡。起居室、餐厅是动区，安排要精彩；卧室、书房是静区，安排要平淡。同样是动区也要区分精彩与平淡。主视觉面要精彩，其他面要相对平淡。同样是静区，也不能象白开水一样乏味，也要有适度的兴奋点。例如，卧室也有视听面，但不要像起居室的视听面的组织那样大场面、多材料，而是应该蜻蜓点水，点到为止。图5–23所示的大起居室是整个居家的中心，被沙发包围的墙面是起居室里的中心。壁炉、现代装饰画在轨道灯的照耀下形成精彩的高潮。

图5–23　被沙发包围的墙面是起居室里的中心

## 5.3 房间分配的原则 >>>

房间的品质有好有坏，空间有大有小，方位有南有北，形状有规则有不规则，那么，房间应该如何分配？这里有些原则需要遵循。

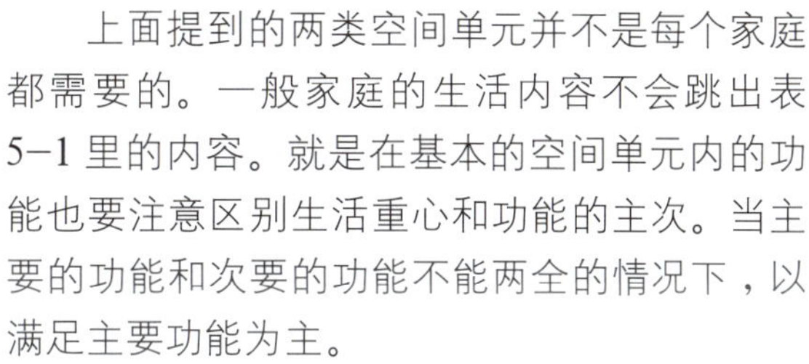

### 5.3.1 功能的主要和次要

上面提到的两类空间单元并不是每个家庭都需要的。一般家庭的生活内容不会跳出表5–1里的内容。就是在基本的空间单元内的功能也要注意区别生活重心和功能的主次。当主要的功能和次要的功能不能两全的情况下，以满足主要功能为主。

一般家居以2室1厅1厨1卫到4室2厅2卫为主，不可能满足表5–1中全部房间设置的要求。因此有些功能是可以组合的。组合的原则是动静分开，开放与私密分开，干湿分开。

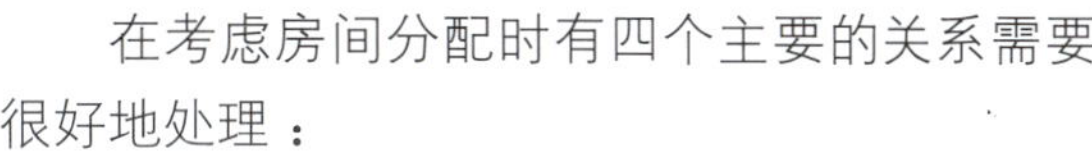

### 5.3.2 四个主要的关系

在考虑房间分配时有四个主要的关系需要很好地处理：

(1) 老人与儿童　老人和儿童需要特别照顾，应尽量将其安排在阳光充足的房间。因为老人每天呆在家里，特别需要阳光。阳光可以帮助钙的吸收，经常晒太阳有利于老人的健康。儿童房最好安排在东南方向，因为太阳从东方升起，孩子房安排在东面有利于他们接受朝气。

(2) 楼上与楼下　如果有楼上和楼下的话，一般动的功能、开放的功能安排在楼下，静的功能、私密的功能安排在楼上。但老人及小孩房例外。老人房必须安排在楼下，因为随着人们年龄的增加，身体机能越来越退化，上下楼梯容易产生危险。小孩好动，喜欢爬楼，最好安排在楼上。

(3) 北面与南面　南阳北阴，一般大家都喜欢呆在有阳光的南面的房间。因此一般的原则是重要的卧室尽可能安排在南面，次要的辅助的房间可以安排在北面。还有一个原则是经常在家的人的生活空间应该安排在南面。如果客厅与主卧室只有一个可以安排在南面，那么应该怎样安排呢？这就要看主要使用客厅的人是不是经常在家。如老人和自由职业者，就应该将客厅安排在南面。因为，这是他们的主要活动区域。相反，如果是上班族，白天基本不在家里，可以考虑将主卧室安排在南面，这样房间可以经常受到阳光的照耀，被子里经常可以闻到阳光的味道。

(4) 开放与私密　玄关、客厅、起居室、和室、娱乐室、视听室、厨房、餐厅、家政室、健身房、阳台和庭院可以视为家庭中的开放区域，卧室、卫生间、佛堂、禅修室、密室等可以视为家庭中的私密区域。开放区域可以安排在靠近外侧靠近动线的位置，私密的区域反之。

## 5.4 家具配置的原则 >>>

家具配置是平面布局中的重头戏。家具的配置和选用不是一件容易的事情。有时一个空间营造好了，没摆放家具时，它的风格非常统一，尺度非常和谐。而家具摆放进去以后，空间的风格就变得不伦不类了，尺度也变得别扭了。所以，家具要在平面设计阶段预先确定下来。

### 5.4.1 功能与形式

家具可以决定房间的功能与形式。一个房间放不同的家具就会成为不同功能的空间。如放上床，就会成为卧室，放上书桌、书柜就会成为书房，所以家具能够决定功能。家具决定形式是因为家具是房间的主角，装修只是背景，形式和风格是由主角决定的。

在平面设计阶段就要预见到未来的功能与形式，可以说将来的使用效果在平面设计阶段已经确定了基调。

### 5.4.2 沿边与中置

家具的配置形式主要有沿边和中置两种形式。

沿边就是家具沿着墙壁四周布置。好处是安定，节省空间。小空间的家居和次要功能的家具可以采用沿边式布局。

中置就是家具脱离墙壁布置。好处是使用舒适、方便，家具可以成为主体。但空间比较浪费。大空间中主要功能的家具可以采用中置式布局。如果让写字台沿墙布置就有面壁的感觉，采用中置的布局的使用起来非常舒服（图5–24）。

图5–24　书房中写字台中置

### 5.4.3 固定与灵活

在家居中有些家具需要与装修融为一体，有些家具则适宜灵活放置。

固定家具指在现场制作，与装修融为一体的家具，如隔断、衣柜、储藏室家具等。其好处是比较容易利用空间，可以把一些不规则的空间利用起来，而且也比较稳定，空间定义以后就不再变化了；缺点是比较死板，如果需求发生变化，没有调节的可能。另外，现场制作的固定家具做工比不上在工厂流水线上专用设备生产出来的家具。

灵活的家具指沙发、茶几、床、椅子、餐桌椅等。灵活的家具最好在家具市场选购，无论款式、做工都比较上乘。一般选购得体的家具可以为空间画龙点睛，很出效果。灵活的家具也有固定和活动之分。大件家具如大衣柜、大沙发、大餐桌等一般是固定的，这样的家具摆放以后基本就不能动了。因此，要预先限定它们的尺寸。有的家具是可以移动、转化的。如装有万向轮的家具，可以随意移动；有转化机关的家具，可以根据使用需要随时转化，如小餐桌转化成大餐桌，沙发转化成床。一些比较小的家具，可以随意搬动。活动的家具好处很多，如可以定义混合空间，大大提高空间的使用率。还可以使空间经常发生变化，给人新鲜的视觉感受，见图 5–25。

### 5.4.4 集中与分散

集中式的家具布局，效果简洁明了，适合于功能单一、面积较小的场所。

分散式的家具布局效果丰富多样，适用于大空间、多功能的场所。布局时要注意功能的合理安排和流线的顺畅。

集中和分散要有机结合。现代家居比较流行集中放置储藏性家具，而把房间的空间让出来，使房间在视觉上显得宽大、舒服，见图 5–26。

图5–25　活动家具

图5–26　家具布置的集中与分散

### 5.4.5 对称与均衡

对称式家具布局的效果严肃端庄，肃穆大方，适合于正式隆重的场合（图 5–27）。老年人居室家具最好采用庄重的对称布局。

均衡式的家具布局，效果活泼轻松，自由流动，适合于多数轻松、休闲、自由的场合。年轻人、未成年人比较容易接受均衡式的布置格局（图 5–28）。

采用对称与均衡两种方式布置家具，效果完全不同。

图5–27　大的厅堂采用对称布局

图5–28　均衡式的家具布局

### 5.4.6 大尺寸与小尺寸

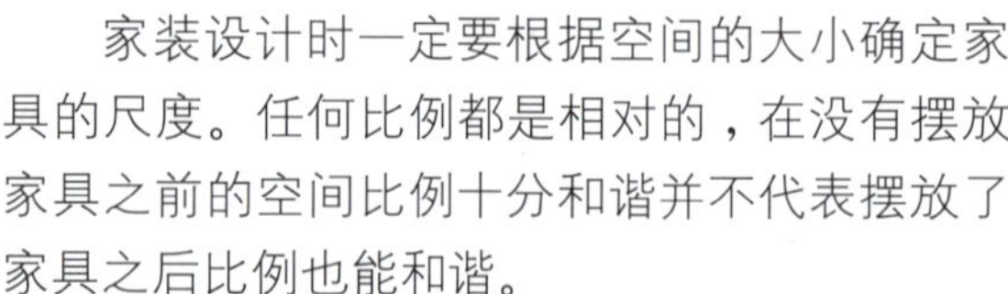

家装设计时一定要根据空间的大小确定家具的尺度。任何比例都是相对的，在没有摆放家具之前的空间比例十分和谐并不代表摆放了家具之后比例也能和谐。

大空间可以放尺度比较大的家具，但小空间绝对不能放大尺度家具。高大空间可以放高大的家具，低矮的空间只能放低矮的家具。大空间可以买现成的家具，小空间最好在现场做固定的家具，因为这样可以最大限度地利用空间。

## 5.5 不良套型的改造 >>>

### 5.5.1 普遍存在的套型问题

1. 空间狭长

这样的套型光线差，经过房间的分割后，通风也会变得很差。特别是中间部分，不但光线昏暗，而且空气滞留，如图 5–29 所示。

2. 平均分割

这样的套型对房间的空间进行平均分配，各个房间的面积都差不多，没有主次，造成平淡的空间感觉，如图 5–30 所示。

3. 光线昏暗

有些套型只有一面采光，多个房间没有光线，也没有通风，环境质量很差，见图 5–31。

4. 房屋歪斜和空间不正

这样的套型一般出现在高层和小高层中。建筑师为了外形的需要，设计了一些不规则的户型，户内势必出现歪斜和不正的空间（图 5–32、

图 5-33)，与人们追求方正的空间愿望有抵触，也会造成空间的浪费，需要设计师进行化解。

### 5. 梁柱突兀和设施阻碍

这样的套型一般出现在框架结构的住宅中，为了安全起见，结构工程师布置了很多柱和梁，有些尺度很大，有些还出现在门口，造成非常唐突的视觉景象(图 5-34)。

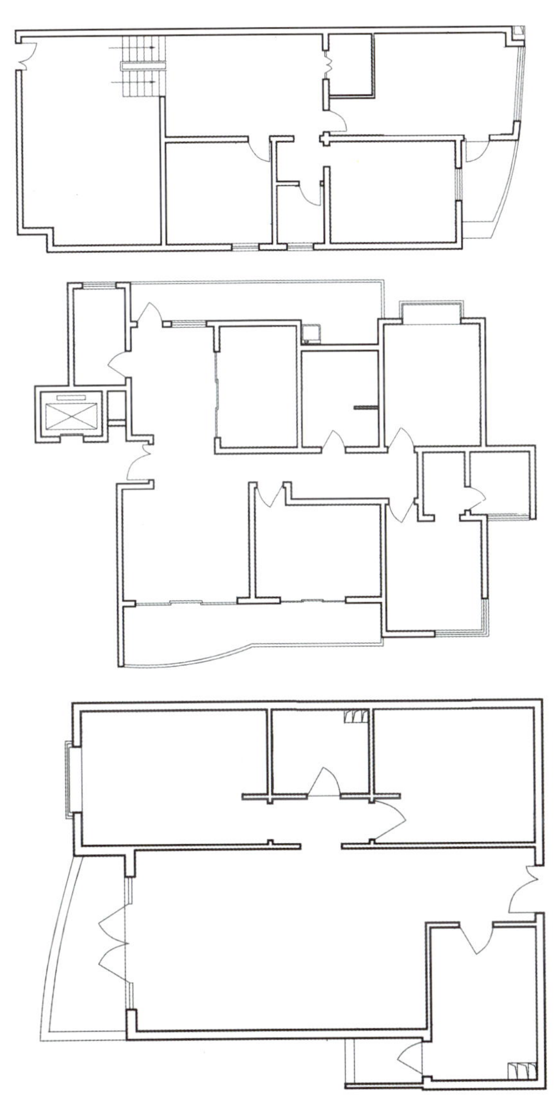

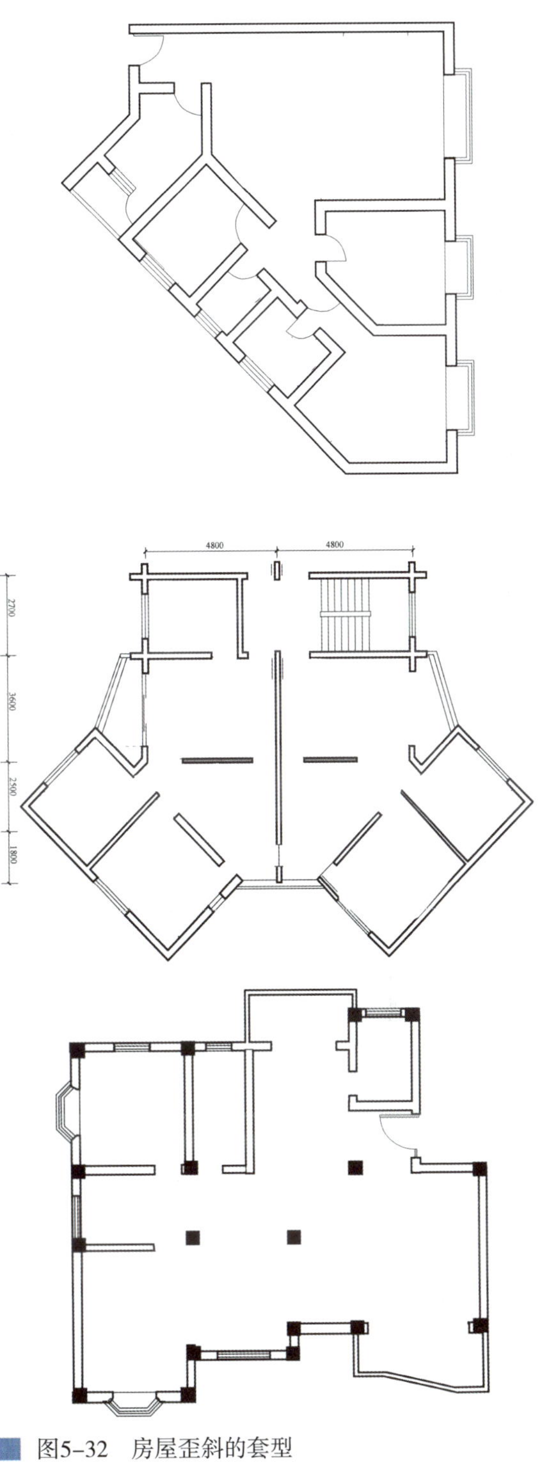


图5-29 空间狭长的套型

图5-30 平均分割的套型

图5-31 光线昏暗的套型

图5-32 房屋歪斜的套型

图5-33 空间不正的套型

图5-34 进门处有柱子的套型

### 6. 空气滞留

在高层住宅中，由于围绕着中心楼梯要安排多个单元，所以房间都是单面通风，无法形成对流风，造成空气滞留（图 5–35）。

### 7. 走廊过长

某些套型用走廊连接各个房间，造成空间的浪费大，去某些房间需要经过另外一些房间，造成干扰（图 5–36）。

### 8. 房间窄小

明明是大户型，可是却把房间分隔得过小，各个房间零碎，不好使用（图 5–37）。

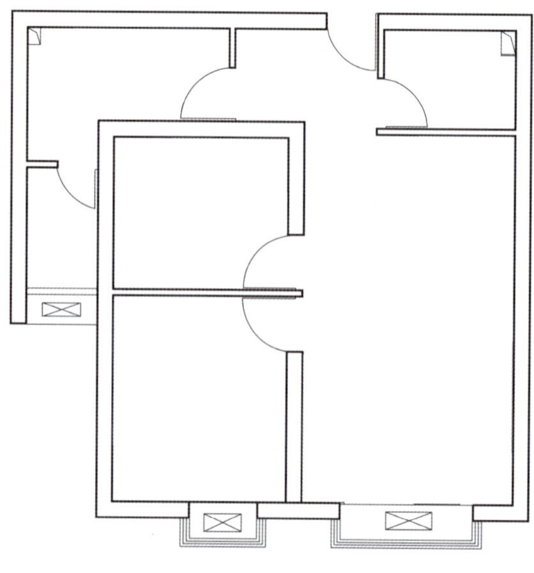

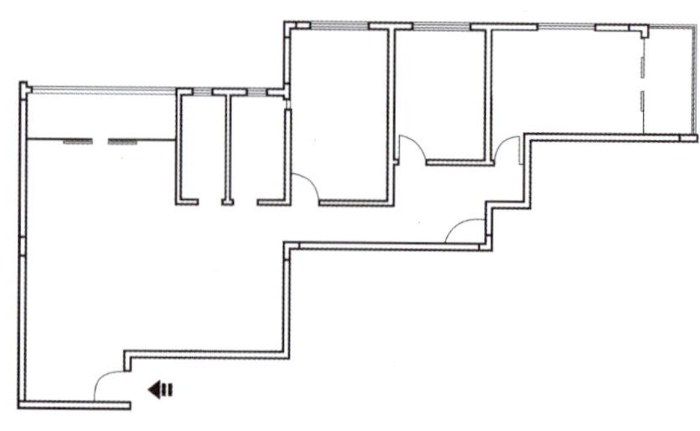

图5–35　造成空气滞留的套型

图5–36　走廊过长的套型

## 5.5.2 套型改造案例

案例1　小套型改造

图 5–38a 所示的户型在未改造之前是一个 2 室 1 厅，附带 1 厨 1 卫，建筑面积 56m$^2$，使用面积 48m$^2$。有 2 个朝南的房间，但厅很小，兼做客厅和餐厅难于安排。卫生间的门位置明显不合理，厅与房之间隔墙使得厅和房的使用效果都很差。

改造方案1　拆除了小厅的隔墙和卫生间的隔墙，使得房型变为时尚的 1 室和 1 大厅。套型的感觉立刻改观了，成为现在的功能齐备、使用舒适、空间紧凑、中规中矩的生活空间（图 5–38b）。

改造方案2　本方案对原户型进行了较大的改变，将卫生间与卧室相连，改变了卧室门的方向，使用起来更加方便；由于卫生间门位的改变，增加了独立的用餐空间，整个空间比较灵动活泼（图 5–38c）。

案例2　差套型改造

这个案例是对图 5–39a 所示的套型进行的改造。

户主是三口之家，一对夫妻和一个正在外

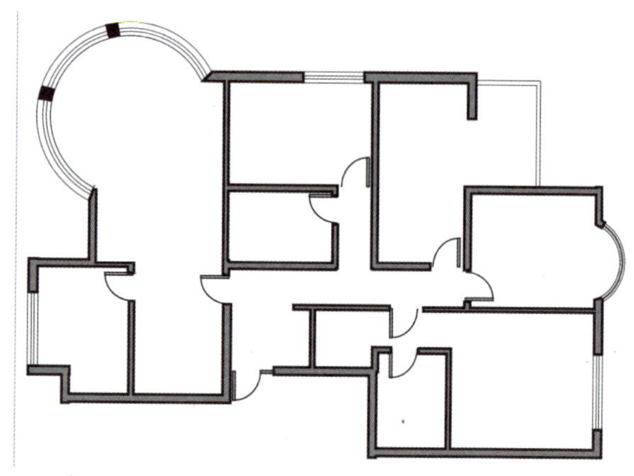

图5–37　房间分隔过于窄小的套型

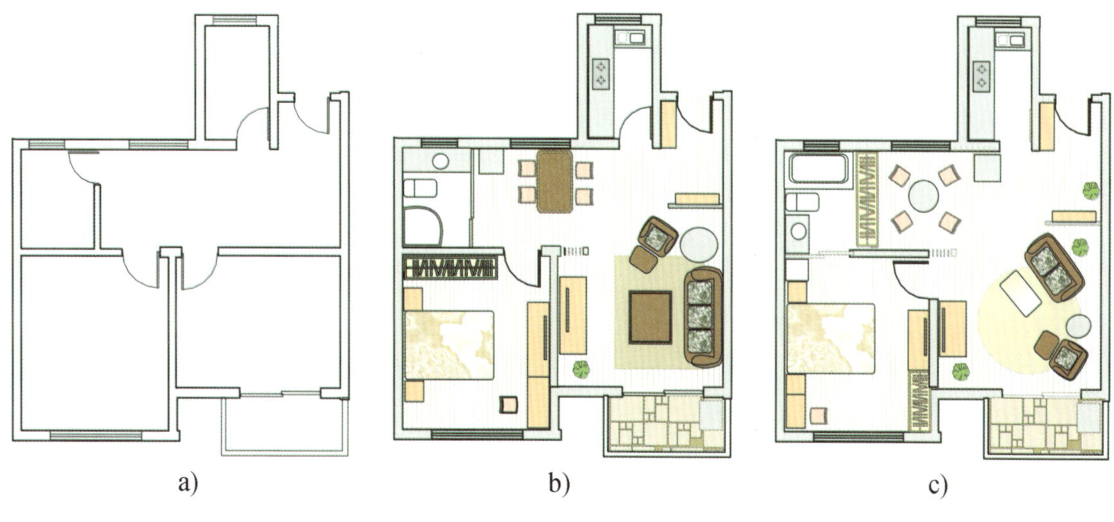


图5-38　小套型改造案例

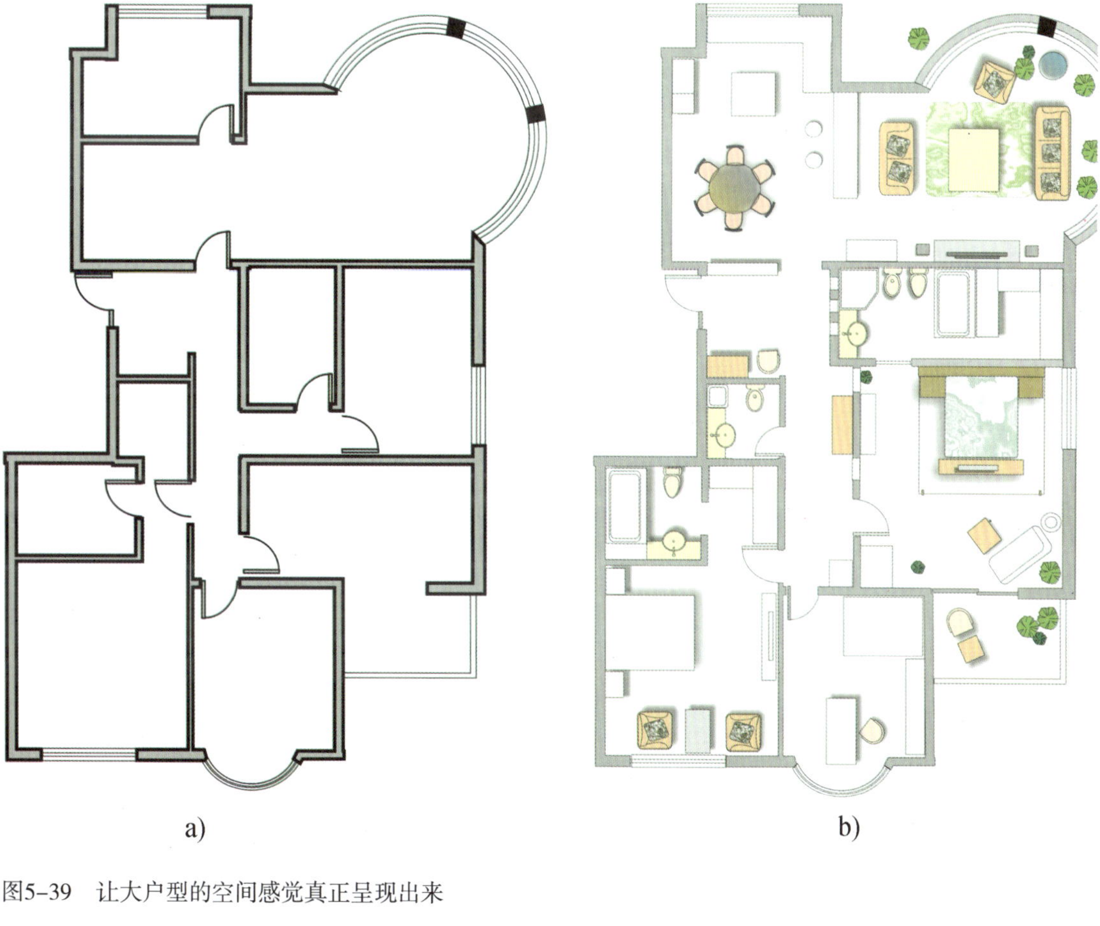

a)

b)

图5-39　让大户型的空间感觉真正呈现出来

地读大学的孩子，但要为夫妻双方的父母准备一个临时的房间。原设计除了存在房间分割过多、过小的毛病之外，还有进深过长、门厅和走廊光线昏暗、走廊狭长等毛病。最重要的是起居室部分空间组织不佳，视听空间非常别扭，圆弧形的阳光空间也没有很好地利用，完全没有大户型的气派和感觉。

改造设计从以下几个方面着手：

(1)调整房间　从业主的生活要求来看，只要三个卧室就可以了。夫妻房每天都要使用，应该给最大的面积和最好的位置；孩子虽然已经在外地读大学，但放假的时候要回家，所以，孩子卧室也是必须的；为有可能来访的双亲准备一个专门的房间的话，就会出现使用率不高的现象，所以，只要安排一个可以转化为卧室的书房就可以了。在孩子不在的情况下，他的房间也可以给双亲使用。所以，根据这样的需求，实际只要准备两个卧室，加一个可以由书房转化而的卧室就可以了，这样就可以大大提高房间的使用率。

(2)改善采光　拆除原来的独立厨房和餐厅、餐厅和门厅之间的墙壁，把这个空间改为开放式厨餐厅。餐厅和门厅之间只摆放一个低柜，这样北面的光线就可以直达门厅。

(3)重组空间　将东南面的带阳台的房间重新组织，做一个带更衣室和大主卫的主卧室，主卧有东面的采光和南面阳台的采光，通风和采光条件非常好。靠西的墙上开两个固定采光窗，用双层磨沙玻璃为材料，只透光线，不透形象。原来主卧室的部分设计成带卫生间的孩子房。南面一个带八角飘窗的房间作为卧室的书房，设置沙发床，必要的时候书房也可以作为卧房。

(4)丰富走廊　局部加宽走廊，进行空间退让，并对走廊进行造景，使走廊的艺术性大大增强，一扫原先昏暗狭长的不良感觉。

(5)强化气派　对起居室进行重新布局，圆形的艺术空间组织一个生动舒适的起坐区域，布置丰富的植物。开放式厨餐厅与起居室之间用一个吧台分割，厨房部分是个L形＋岛式布局，就餐空间也非常宽敞。整个房间成为一个阳光充足，生机盎然，空间宽敞，机能丰富的品质空间。绝对有大户的感觉。

经过这样的改造，空间感觉有了质的飞跃。让大户型的空间感觉真正呈现出来(图5−39b)。

案例3　一般套型提升

图5−40a所示是一对刚退休的老年夫妻的生活空间。孩子们虽然经常来访，但不会过夜。原始平面是一个框架结构的套型，2室2厅，1厨2卫1阳台，但门口的空间比较杂乱，建筑师暗示的是一个餐厅的功能，但如果这个部分安排放置餐桌就会造成进门见堵的格局。所以总体评价，这是一个很一般的套型。

改造设计从以下几个方面着手：

(1)功能重组　2卧改1卧，2卫改1卫。因为两名家庭成员做一个大一点的舒适一点的卫生间完全够了。客厅和门厅组合在一起，这样入户的空间就没有局促的感觉了，南面增加一个和室，和阳台及卧室组合在一起。因为孩子一般不会在家里过夜，所以将原来的2间卧室改为1间，万一要过夜的话，可以安排在和室。原来次卧室的地方安排一个开放式的独立厨餐厅。使得进餐的条件大大改善。在卧室内设置一个储藏室，这样卧室中除了床基本不需要安排别的家具。

(2)模糊空间　利用移动门进行空间可分可合的分隔，使空间的分隔模糊化。移动门打开的状态下每个部分的空间感觉都很大。

经过以上改造一扫原小户型给人的感觉，让人仿佛进入了大户型的家庭。装修实景见图5−12。

案例4　满足特定要求的套型改造

有大的储物空间是很多家庭主妇的梦想，而有些户型如果按常规进行设计就无法安排更多的储物空间。图 5–41 的设计就充分挖掘了空间潜力，安排了尽可能多的储物面积，在不缩小使用面积的情况下，每个房间都有一个储物的地方，比一般的安排多将近一倍的储物面积。

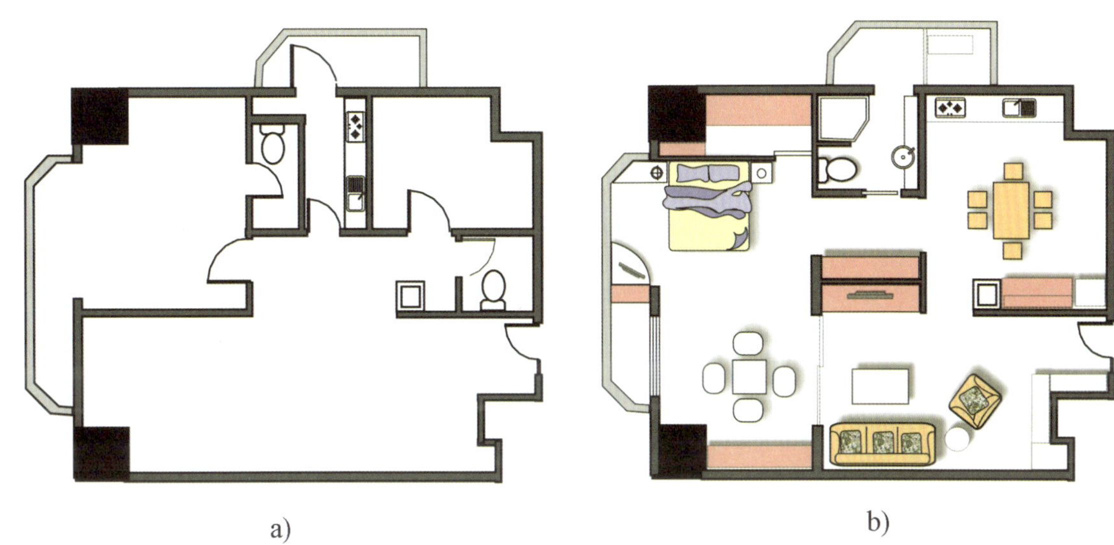


图5–40　一对老年夫妻的生活空间

图5–41　满足大储藏量的套型改造

家装设计最重要的是展现亮点。亮点从何而来？创意！创意！惟有创意才能制造亮点！创意是一种思维活动，它的产生靠的是知识和经验的积累，靠的是敏锐感性的领悟，有时也可以靠有条不紊的理性分析。大凡思维活动，都有稍瞬即逝的特点，尤其是灵光一现的“灵感”更是需要及时捕捉。如果茅塞顿开的时候不及时记录，它就会重新封堵。设计的诀窍还在于寻找一个合理的思维切入点……

# 6. 捕捉灵感 家装创意设计

# 6.1 创意与构思 >>>

## 6.1.1 创意与创新

### 1. 创意一定要创新

家装设计是艺术性和技术性兼而有之的创造性劳动。在技术性方面有很多规范和常规要求，当然也不排除有技术创新的因素。在艺术性方面，创造性是要被突出强调的。如果没有艺术创新，设计就失去了意义。一切艺术创作，创新是一个永恒的课题。

所谓创意就是创造新的设计意念，创意的本质就是创新，创意离不开创新。严格来说，每个设计都应该有创新点，没有创新点的设计就不能称为设计，至少不能称为好设计。正是不断有创新点的涌现，设计在永不停息地向前走，每天给我们新的感受、新的感动、新的诱惑、新的追求。

创新离不开继承，人们常说的“标新立异”、“推陈出新”都是指在继承过去设计创作成果的基础上，开拓新思路，寻找新题材，发掘新的艺术表现形式。

### 2. 创新是设计师的使命

具有创新意识是家装设计师这个职业对设计师的要求，是设计师应该具有的职业使命。设计如何创新是设计师每天要问自己的问题，如何让自己拥有源源不断的创新思维，是设计师必须毕生追求的。

要设计就要有创新，而创新正是设计人员进行创造性思维的结果。设计人员要打破习惯性思维，变换角度，开阔视野，才能使自己的创造力得到更充分的发挥。创造性思维是指有创建的思维，即通过思维，不仅能揭示事物的本质，而且能在此基础上提供新的、具有社会价值的产物。创造性思维的形式很多，有扩散思维和集中思维、逻辑思维和形象思维、直觉思维和灵感思维。在设计中要努力发掘思维的创造能力，充分注意扩散思维和集中思维的辨证统一，准确把握逻辑思维和形象思维的巧妙结合，善于捕捉直觉思维和灵感思维的闪光点和亮点，这样才有可能设计出新颖、独特、有创意的作品。

### 3. 设计创新的任务

设计创新是对设计师的总体要求，而怎样进行创新，在哪些方面进行创新，这些是需要设计师认真思考的。就家装设计师来说，可以从下列几个方面重点探索。

(1) 探索新的设计理念　设计理念需要不断创新。理念是设计之纲，纲举才能目张。理念先进了，后面的工作才有意义。理念落后，后面的工作再好，层次也不高。因此，追求先进的理念是设计创新最大的任务。

(2) 探索新的视觉形式　空间设计、形象设计（包括造型和色彩）是家装设计的重要内容，这些都属于视觉的范畴。任何设计理念最后都要落实到视觉上面，给人惊喜，给人感动。所以视觉形式的创新是设计师的主要任务。

(3) 探索新的装饰构造、新的材料用法、新的技术手段、新的施工工艺　这些是新的视觉形式实现的载体和技术保障。新的构造和新的材料运用会出现新的视觉效果。新的技术手段和新的施工工艺一方面可以保障新构造和新效果的实现，另一方面也可以影响新的视觉效果的产生。这些都是具有专业特色的探索，也是促进专业进步的探索。它们都是设计创新的主要任务。

## 6.1.2 创意与思维状态

设计师在创意阶段最好的思维状态是松弛的、有目的，但不应被目的所控制。

### 1. 不要冥思苦想

冥思苦想不是创造性思维最佳的状态。相反松弛、闲散、海阔天空的思维状态对创造性的发挥十分有利。设计师要获得妙思异想，思维一定要放松。如果十分古板地在早九晚五的上班时间，坐在整整齐齐的工作台前，设计灵感不会光顾。相反，在与别人的聊天中，在茶馆里看着玻璃杯中飘动的茶叶的嫩芽，或是翻阅刚刚出版的油墨飘香的时尚杂志等，在这些不确定的时间或场合中，并不强求结果，也许想法就出现了！在自由思维的状态下往往会有灵感闪现。这些不经意中的若有所思往往是非常宝贵的。

### 2. 不要设置思维禁区

思维要自由，就不能设置思维禁区。如想到一个新的构思，不要先用种种的理由将其否定，例如造价太贵、客户可能不喜欢、过时了、太前卫、太不理性、太怪异了等，而是先把它画下来，然后再来分析。如果设置了很多思维禁区，思维状态就不自由了。

### 3. 不要有思维惯性

不要因为家居设计项目不大，就采用常规的处理办法。在这样的惯性思维下做出来的设计很难让人眼睛一亮。在今年的世界杯期间，日本设计师就创意了“足球空间”这样一个概念，将书房、浴室、儿童房的内部空间做成足球的形状，而且根据不同的造价水平，适应不同的消费者的需要，结果大受欢迎。这样的设计就是打破了思维的惯性。

### 4. 不要排斥幻想

幻想是一种不现实的思想。可是对设计创意来说，幻想是一种很好的思维状态。它把思维与现实隔离，与功利隔离，与世俗隔离。光怪陆离的幻想有时候可以展现瑰丽无比的景象，可以对现实的设计以很多的启发。

## 6.1.3 创意与品位

品位是一种抽象的概念，人们能感觉到它的存在但又不能套用公式进行创造。人格品位应该是学识，是气魄，是素质，是生活困苦中的乐观，是惊涛骇浪中的刚强，是百般诱惑前的坚定。设计品位更多的是一种抽象的文化感，包含哲学、历史、文学、艺术、美学等，也包括形式美、设计风格、设计流派、设计传统和设计时尚等。设计品位同时还是一种雅致的情趣，它的反义词是“俗气”。总之，设计品位究竟是什么很难准确表达，但对家装设计来讲至关重要。设计师在创意时必须时时注意提升自己的设计品位，并为之一生追求。

### 1. 设计品位是家居风格的得体

设计品位是有层次差异的，不同的人生阶段对设计品位有不同的理解，不同的业主对设计品位也有不同的看法。对家装设计来讲，设计品位一定要适合业主的特点，不能用风马牛不相及的所谓设计品位去套业主。设计品位不排斥风格，每一种风格都可以设计得很有品位，但风格不能乱套对象，否则品位就失去了意义。

把握业主要求是使设计适合的前提。一定要发掘出业主内心深处的想法。人们内心喜欢的东西，即使不流行了，他还是喜欢。这是设计师要跟业主用心来探讨的，设计一定要适合业主。适合就是得体，不适合就是不得体，不得体就没有品位。

同样是厨房，年轻人、中年人、老年人的要求却有着明显差异。年轻人更注重形式，喜欢敞开式的厨房和大操作台式的橱柜，而中老年人则注重实用，他们对餐厨用品的合理摆放有着较高的要求。

### 2. 设计品位是细节处理的精致

有人说能看出人品位的地方就是细节。对

图6-1　精致的楼梯空间

图6-2　精致的起居室

家装来说，细节是十分重要的。一个优秀的家装设计，细部处理永远充盈着各个角落。所以，真正好的设计要在每一个不被人注意的角落都能坚持精心的设计。

如何将各种设计元素在满足实际功能要求的前提下，升华为愉悦的空间美感，这就需要设计师同时通过“大体”和“细部”的处理来精心营造。细部依附于空间的大构架之中，细部与基础骨架同时诞生、同时存在。

细部还表现为各种材料在设计中的运用。一个完美的细部，能够表现出各种材料的特质。凭借多种不同材料的交接，空间观念得以延续，并在作品完成后给予空间应有的深度质感及个性。例如，在一例楼梯的设计中，为了增强空间的开阔度，首先在设计楼梯的整体构架上处理得十分简洁。在细部处理上，采用了延展性极强的曲线造型，再结合深沉的实木地板踏步，精致的扶手，借着巧妙的细节设计，将不同特性材料所产生的美感与空间形象同时构建，居室的品位便展露无遗（图 6–1）。

细部处理得当还能充分体现居室的品质。古典风格的家居看上去非常精致——对称的空间布局，豪华的窗帘，舒适的坐位，精细的家具，一切都演绎着精致的语言（图 6–2）。

但简约的风格表现精致就不那么容易了。这类风格的造型设计通常多以简洁、流畅的线条为设计语言。由于都是大块面的形体处理和简单的材料，故而在细节的处理上，如工艺、尺度、比例都必须十分精确，界面材质的选择和构造细节的施工都必须极其精致。如果没有这些细节的完美和精致，简约就会沦为简陋。

### 3. 设计品位是文化内涵的丰富

美国设计师普罗斯说：“人们总以为设计有三维：美学、技术和经济，然而更重要的是第四维：人性。”所谓人性，就是精神的需求、文化的需求。对此，设计师要有意识地追求。

风格的价值根源于“文化内涵”的提升，否则就会流于表象的堆砌。

文化的内涵是多层次的，如器物的层次、表现的层次、理念的层次。一件家装设计作品文化表现的途径很多，可以是造型元素的表达，也可以是形式的运用；可以是风格的表现，也可以是意境的传达；可以是设计理念的挖掘，也可以直接运用文化符号进行暗示。这一切都要统一起来，不要过多地强调了形式而忽略了设计作品本身应透露出来的内容和意境。

文化内涵有传承也有创造。

(1) 传承　人类有多得无法计量的传统文化宝库，有东方的，有西洋的。在上下几千年的历史中，繁复的传统浩如烟海，简约的传统也数不胜数，有足够的养料供设计师吸收和借鉴。中国的文化是什么？这个命题很难用一句话来概括。但这些文化可以随着具体的事物表现出来，如国画、书法、易经、禅学、五行、八卦等等。西洋的文化是什么？是古希腊、古罗马、教会文化？是文艺复兴、巴洛克、洛可可、启蒙运动、工业革命？它们通过视觉表达出来的是建筑、雕塑、油画、教堂、家具等。这些都是文化，都是设计师的养料，见图6-3、图6-4。

(2) 创造　人类有足够的天赋，也有无尽的动力。创造每时每刻都在进行。只不过有些人留下了痕迹，有些人却被时代淹没。设计师如果要让自己的设计在文化创造的长河中翻起

图6-3　东方文化的典型元素

图6-4 西洋文化的典型元素

点点浪花，就要做不懈的努力。设计师要努力充实自己，不断地学习、积累。俗语说："根深才能叶茂"。对设计来讲，文化涵养就是大地的养料和光合作用产生的氧气，就是健康的根须和繁茂的树叶。素养高的设计师能够吸取更多的文化养料，产生更多的"光合"作用。

### 4. 设计品位是设计气质的独特

设计品位对设计师和设计作品而言集中反映在设计气质上。气质同样是说不清道不明但又客观存在的东西。以香港设计师梁志天为上海某地产公司某楼盘设计的样板房为例，他以独特的简约风格，为其赋予了全新的感觉（图 6–5）。他用作品阐述了 7 种截然不同的设计气质：

(1) 酷　以前瞻性的设计笔触，在平淡和谐中突显强烈的感触，利用简洁的线条和强烈的色调对比，配合不落俗套的挂饰和家具，把酷和帅气全面呈现，带给人耳目一新的感觉。

(2) 峻　把后现代科技的冷静和客观引进家居设计，以硬朗的肌理和明快的色调，迸发出赏心悦目、隽永怡神的效果。以清新笔触勾划钢材和银白家具，赋予空间素净明亮的神采。

(3) 闲　引进大自然的阳光、空气和树木，把满腔闲情溶化于浓淡有致的碧青和原木中，让人在紧迫的城市生活节奏下享受那难得的一刻闲暇。

(4) 净　一尘不染、素净澄明。设计师用平静的心灵看世界，利用淡淡的家具布局把原有的空间净化，把屋主的气质和品位含蓄地表现出来。

(5) 颐　将东方浪漫情怀与西方简约雍容

图6–5　香港设计师梁起天为上海某地产公司某楼盘设计的样板房

巧妙结合。以深木色与米白色的家具组合缔造中国特色的古色书香，配合风雅的挂饰和小物品摆设，让空气中弥漫一股颐乐气氛。

(6) 醉　糅合巴洛克典雅风格与现代唯美主义，把宽敞舒适的空间修饰为富丽堂皇的尊贵府第，令人醉倒在满泻的浑黄灯光下……

(7) 宽　跳出框框，跃进广阔的视觉空间。以简约笔触演绎现代豪宅的气派与和谐，为偌大的空间带来家的感觉，令人开怀。

## 6.2 设计构思的切入点 >>>

创新是为了营造家居形象的新面貌。就具体的家居设计而言，如何进行设计创新，如何寻找设计构思切入点大有讲究。漫无目标的思维在创意阶段应该鼓励，但在实际构思设计阶段还是应该有的放矢地进行思维，要找到好的设计思维的方向，要找准设计思维的切入点。

功能切入、形式切入、草图切入、风格切入、热点切入、优势切入，都是很有效的家装设计构思的切入点。

### 6.2.1 功能切入

功能创新是家装设计思维的基本切入点。功能设计是家装设计的第一步。在这个阶段思考如何进行功能创新和功能扩展是很实际的创新思维方式。

#### 1. 功能创新

对家居功能的追求是没有止境的。以卫浴设计而例，除了对产品质量的要求以外，对卫浴多重功能的追求已成为注重生活品质的象征。因此各种人性化、多功能的卫浴产品就不断地涌现出来。例如，采用带有自洁技术的卫生洁具，采用红外线的光波淋浴房，采用感应式自动开关水龙头和多功能电脑坐便器及具有恒温技术的花洒等设备就是有效的功能创新。要及时运用新材料、新设备，创新家居功能，这方面的追求是生生不息的。如新开发的采用稀土、纳米技术的卫生洁具，兼具清新空气、美化环境及保健作用，这就代表着未来休闲卫浴的新潮流。

对厨房而言，做饭可不可以变为一种乐趣？事实上，在技术上已经能够实现。当今的厨房设计更强调智能化。在厨房中，利用检测仪和计算机芯片，将所有的家电，甚至碗柜、灶台等互连，构成一个家用厨房智能网络。有了这个厨房智能网络，在办公室就可以使用遥控器将厨房的电饭锅打开，同时选择你喜欢的方式做饭。放在厨房的电冰箱在提供冷藏和冷冻食物的同时，在面板上有液晶电视，在烹饪美味的同时可以收看到新闻和喜爱的电视剧，甚至还可以上网冲浪。

#### 2. 功能扩展

常规的家装设计是根据功能布局将其划分为客厅、卧室、厨房、阳台等，空间的功能无形中被特定化。但人们的生活内容随着时代的发展变得越来越复杂多样了，原有的空间格局似乎限定了人们的活动范围。随着科技的发展，住宅更多地担负起了诸如工作、休闲、娱乐等重要功能，扩展功能、创新现代家居格局成为顺理成章的事情。因此，家装设计时应突破原有家居空间区域的机械划分，将内外、时空、机能与功能之间的界限进行模糊处理。充分利用自然采光条件，通过对色彩、材料等的综合运用，如用玻璃砖、镂空的屏风、滚动家具、大型盆栽植物等，营造出空间多义、功能多样、富有生活情调的绿色家居，使生活更加方便、舒适、精彩。

### 6.2.2 风格切入

设计师根据对业主类型的判断，将适合的

设计风格推荐给他们，这是很自然的家装设计构思切入点。近来家装设计风格有了一些微妙的变化，有心人可以发现，家居文化艺术开始大张旗鼓地进入普通居民的生活，影响人们的生活方式和设计方式。这种变化体现在家装设计上，就是更加重视设计的文化和艺术内涵，强调设计的风格倾向，将家装风格的设计和业主的意愿相统一。见表 6–1 列出了家装的风格类型、特点及适用人群。

表 6–1 家装风格类型、特点适用人群

| 风格类型 | 特点 | 适合人群类型/年龄层次 | 当前流行程度 |
|---|---|---|---|
| 自然风格 | 清新 | 知识人士/中、老年 | 次流 |
| 乡村风格 | 质朴 | 知识人士/中、老年 | 次流 |
| 简约风格 | 清爽 | 实惠型人士/青、中、老年 | 主流 |
| 装饰主义（ART DECO)风格 | 丰富 | 浪漫型人士/青、中、老年 | 主流 |
| 华丽风格（新古典风格） | 精致 | 浪漫型人士/青、中、老年 | 主流 |
| 怀旧风格 | 文脉 | 知识人士/中、老年 | 次流 |
| 工业风格 | 硬朗 | 艺术家/青、中年 | 个案 |
| 海派风格 | 精巧 | 实惠型人士/青、中、老年 | 主流 |
| 禅意风格 | 空灵 | 知识人士/中、老年 | 个案 |
| 混搭风格 | 复合 | 浪漫型人士/青、中、老年 | 次流 |
| 前卫风格 | 个性 | 艺术家/中年 | 个案 |
| 粗野风格 | 自然 | 成功人士/中年 | 个案 |
| 异域风格 | 别致 | 知识人士/中、老年 | 个案 |
| 科技风格 | 高技术 | 科技精英/青、少年 | 个案 |
| 梦幻风格 | 迷离 | 浪漫型人士/青、中年 | 个案 |
| 贵族风格 | 富丽 | 成功人士/中、老年 | 次主流 |

## 1. 家装设计的地域风格

一种风格或主义的形成，有其特殊的历史背景，同样，它的回归和流行也是需求的必然。就家装设计而言，风格的表现形式很多，但归纳起来可以分成地区风格和其他风格。“越是民族的，就越是世界的”，这句话深深地影响着家装设计师。不同地区的设计师在设计空间作品时总是有意识地将地区性和民族性的特征融入其中。地区风格中最常见的有中式风格、南洋风格、日式风格、欧式风格等。

(1) 中式风格　风格元素：红木家具、粉墙黛瓦、石狮子、花窗、皇家及民间园林、吉祥图案、中国 X(如中国红、中国节、中国印……)等，见图 6–6。

中式风格源于中国传统文化，它与宗教、哲学、美学、音乐等相通相融，成为典型的东方文明。中式风格因其产生的时代文化背景不同而形成不同的面貌，它们有其独立的风格特性。如隋唐、两宋、明清，其风格有着明显的不同，但又有历史延续性和共通性。当要在设计中用传统风格去表现一个空间时，有必要先去了解这种风格的文化背景，以便在理解中表现，使设计作品有文化底蕴的支撑，使之不只是感官上的享受，更是文化上的感染。

1) 明清装饰风格。明式装饰风格造型简洁、质朴，不仅有流畅、隽永的线条，还给人以含蓄、高雅的意蕴美。尤其是明式家具，以结构部件为装饰部件，不事雕琢、不加修饰，充分反映了天然材质的自然美。同时，以精练、明快的构造形式和科学合理的榫卯工艺，产生了耐人寻味的结构美。明式装饰风格的特点概括起来是：造型简练，以线为主；结构严

图6–6　中式风格的风格元素

谨，做工精细；装饰适度，繁简相宜；木材坚硬，纹理优美，见图6–7。

清式装饰风格是在明式装饰风格的基础上发展演变而来的。从康熙末至雍正、乾隆乃至嘉庆这一百年，是清代历史上的兴盛期，也是清代装饰风格发展的鼎盛期。这一时期家具和装饰的造型、结构、品种、式样等都有不少的创新，生产技术也有所进步。人们称所称的“清式风格”指的就是这一时期。清代装饰风格为浑厚和庄重，家具用料宽绰、尺寸加大、体态丰硕、繁缛富丽，见图6–8。

图6–7 明式装饰风格的书房

图6–8 清式装饰风格的客厅

中式风格在空间比较大的住宅内相对有着更多的发挥余地，在布局和造型形象上可赋予丰富的变化，可更好地展示中式风格中的一些特别元素，如飞檐、栋梁、横梁、窗花雕刻等，更可以辅以玉石、珐琅、金银丝、描金等豪华元素点缀；而且空间上不但能表现出中式风格中素雅、含蓄的一面，还可表现其宫廷式富丽堂皇的一面；在装饰上可以适当强调突出某一重点元素，但总体家居形象上依旧要保持比例和色调的统一和谐。

2) 新中式风格（新中式古典主义）。因为时代和生活习惯的变化，不管是公寓房还是别墅，全部照搬古典的元素来装饰是行不通的。新中式古典主义是很好的选择。

新中式风格对传统的空间处理和装饰手法进行适当的简化，使传统的样式具有明显的时代特征，同时使其更适合现代人居住。新中式风格不是纯粹旧元素的堆砌，而是通过对传统文化的认知，将现代元素和传统元素结合在一起，以现代人的审美需求来打造富有传统韵味的事物，让传统艺术的脉络传承下去。

新中式风格的特色是将繁复的装饰凝练得更为含蓄精雅，为硬而直的线条配上温婉雅致的软性装饰，将古典美注入到简洁实用的现代设计中，使得家居装饰更有灵性，使得古典的美丽能够穿透岁月，在现实的生活中变得活色生香，见图6–9。

(2) 日式风格　风格元素方格子、榻榻米、低矮家具、浮士绘、书法（图6–10）。

提起日式风格，人们立即想到的就是“榻榻米”，以及日本人跪坐的生活方式。大和民族的低床矮案，给人以非常深刻的印象。在这里必须指出的是，日式家具和日本家具是两个不同的范畴，日式家具只是指日本传统家具，而日本家具无疑还包括非常重要的日本现代家具。

传统日式家具的形制，与古代中国文化有着紧密的联系。而现代日本家具的产生，则完全是受欧美国家熏陶的结果。中国人的起居方式，以唐代为界，可分为两个时期。唐代以前，盛行席地而坐，包括跪坐，因此家具都较低矮。入唐以后，受西域人影响，垂足而坐渐渐流行，椅、凳等高形家具才开始发展起来。

图6-9　新中式风格的起居室

而日本学习并接受了中国初唐低床矮案的生活方式后，一直保留至今，形成了独特完整的体制。唐之后，中国的装饰和家具风格依然不断传往日本。例如日本现在极常用的格子门窗，就是在中国宋朝时候传去的。可见日本文化受中华文化影响之深。明治维新以后，西洋家具伴随着西洋建筑和装饰工艺强势登陆日本，以其设计合理、形制完善、符合人体工程学，对传统日式家具形成了巨大的冲击。但传统家具并没有消亡。时至今日，西式家具在日本仍然占据主流，而双重结构的做法也一直沿用至今。

在一个家居中配置一间和式风格淡雅的茶室，采用格子图案做装饰，茶桌上铺放的一般为洁净素淡的格子桌布，架上也一般只放一盏简简单单、罩子同为格子花纹的白色纸灯。在阳光暖暖的下午坐在这个茶室喝茶，慵懒放松的心情不请自来(图6–11)。

(3) 南洋风格　风格元素：芭蕉叶般的热带风情作物、纱幔、泰丝靠垫、印尼木雕、泰国锡器。

东南亚地区家装风格一般被称为南洋风

图6-10　日式风格的风格元素

格。糅合多样殖民文化的南洋风格受限于当地气候与天然环境的客观条件，总体上热闹、休闲、慵懒、香艳、舒适、明媚，室内与室外空间融为一体，充满自然气息又极其舒适，在南方地区受到人们的欢迎（图6–12)。它在设计上逐渐融合西方现代概念和亚洲传统文化，通过不同的材料和色彩搭配，在保留自身特色之余，产生更加丰富的变化，尤其是融入中国特色的东南亚家具和那些具有浓郁的明代家具风格、重视细节的装饰；以波浪状、格子状、斜纹状的线条，挑起与热带文化的共鸣。运用熠熠金光，营造贵气雍容的泰式皇族空间质感，也是南洋风格的设计特点。水池、SPA养身疗程的使用，则是南洋风格的另一种延伸。

色彩方面，南洋风格有两种取向，一种是融合了中式风格的设计，以深色系为主，例如深棕色、黑色等，令人感觉沉稳大气；另一种则受到西式设计风格影响，以浅色系较为常见，如珍珠色、奶白色等，给人轻柔的感觉，而材料则多经过加工染色的过程。

配设方面，采用艳丽轻柔的纱幔、泰式绣花鞋、色彩妩媚的泰丝靠垫、流动着水中花的烛台，或者由椰子壳、果核、一粒粒咖啡豆穿起来的小饰品，再加上芭蕉叶般的热带风情作物；印尼的木雕，泰国的锡器可以拿来作重点装饰，即使随意摆设，也能平添几分神秘气质；做工精细，设计巧妙的莲花型纸灯，给家带来宁静。浓浓的东南亚热带风情就这样扑面而来（图6–13)。

(4) 欧式风格　欧式风格是我国消费者乐见的家装风格，其中最受欢迎的有古典欧式风格、北欧风格、意大利风格、现代欧式风格。

1) 古典欧式风格。风格元素：古希腊—罗马、拜占庭、哥特、巴洛克、洛可可、新古典主义、前拉斐尔派等西方传统艺术风格的要素。

古典欧式风格也有地区、民族、文化、地理的差别。英、法和意大利各国也不同，即使同一个国家，不同的历史时期也不一样。法国18世纪前流行巴洛克风格的家具和室内陈设，墙面、天花板、门楣、窗柜用壁画或者浮雕、锦缎装饰，显得空间开阔；家具富有柔和、浪漫的色彩。英国式室内装饰，房间显得阴暗、沉闷，每个房间私密性较强，家具造型、色彩和布局呆板、拘谨。18世纪时，出现洛可可风格装饰，室内装饰和家具造型趋向小巧、轻盈，采用织锦做壁挂和铺设，门窗、柜橱装饰以大型刻花玻璃镜子，悬挂晶莹夺目的枝形灯，室内还装饰有著名艺术家的绘画和雕塑珍品等（图6–14)。

图6-11　日式风格的家居空间

2) 北欧风格。风格元素：直线条的坐椅、金属的边框、松木表面的家具材质、精致的细节和精湛的加工技术（图6–15)。

位于斯堪的纳维亚地区的丹麦、瑞典、芬兰、挪威等四国的装饰风格就是通常说的北欧风格，突出的感觉是简约和精致，尤其以北欧风格的家具为代表。

北欧风格的家具一个最大的特点是具有直线条的椅子腿和桌腿。这些直线条的家具腿令人体会到简洁风格的魅力。目前市场上可以看到的北欧家具主要有板式组合和松木两大类。上贴木皮的板式家具集典雅和实用于一身，易

图6-12　南洋风格的风格元素

图6-13 南洋风格的起居室

图6-14 古典欧式风格的书房

图6-15 北欧风格的风格元素

于拆装的结构也十分适合现代生活的需要。北欧风情家具以不易变形的中密度板为主，外部为榉木贴面或樱桃木贴面装饰，花纹结构精致美观。

带有天然疤结的松木家具则为人们的生活带来了充满诗意和浪漫的原野气息，它使生活在喧闹、压抑都市中的居民有了一个闲散休息的空间，松木家具满足了人们对自然环境的重塑和追求。这就是由松木引发的斯堪的纳维亚现象。伴随而来的是与这类自然风格相匹配的系列生活用品。近两三年来，一些都市人对松木家具的喜爱正在升温，目前我国的一些家具生产厂商也在开始生产和销售松木家具，北欧风格正成为今日的时尚。

北欧风格的家具简洁而有力度，选材独特充溢着丰富的想象力，色泽自然而富有灵性，整体设计洋溢着现代风情，充满创作活力，迎合了现代人的需求。这种家具以鲜明、生动的造型受到广大消费者的喜爱。无论是实木类的还是板式类的家具，都十分贴近实际生活，有浓厚的人情味。这种家具反映了装饰家具的“人本”理念，贴近生活，品味高雅是主要特点，再就是造型、结构简练大方，整体配套自然和谐，色彩淡雅，与其他色彩搭配有很大的相容性。这种立体感和艺术感给人品味超群的印象（图 6–16）。

图6–16　北欧风格的起居室

3) 现代风格。风格元素：直线、几何形、明确的色彩构成的平面设计语言，玻璃、金属家具和灯具穿插点缀（图 6–17）。

现代风格受到超现实主义艺术、波普艺术、欧普艺术和极限主义艺术等艺术形式的深刻影响，目前已从显示富有、华贵，追求豪华气派中突围出来，趋向于功能实用和效能上。如包豪斯流派的风格，把室内装饰从传统满墙的壁挂，满室品种齐全的贵重家具、吊灯和到处布置的艺术珍品中解脱出来，追求足够的生活空间、充足的阳光以及良好的通风，并使家具设备等用品的功能舒适，不拘一格。大量的磨砂玻璃的使用，既划分了功能空间又不减少通透；与磨砂玻璃效果相伴而生的配饰是亚光小五金件；灰色主调能使整个空间衬托出五彩缤纷的小饰品，并使其成为居室中跳跃的亮点，减缓过于冷静带来的“距离感”。直线为主的空间构成则是现代人生活节奏的最佳体现，当然，其中也不乏局部出现些曲线，增加些家的“柔情蜜意”（图 6–18）。

4) 地中海风格。风格元素：半户外的回廊，白色手刷墙面，门窗外的蓝色景致，手工艺术的铸铁、陶砖、马赛克、编织等装饰，原木建材，显露朴质的表漆，低彩度、线条简单且修边浑圆的木质家具，地面多铺地砖、陶砖（图 6–19）。

地中海风格颜色明亮、大胆、丰厚却又简单，大致有三个典型的颜色搭配。

蓝与白：从西班牙、摩洛哥海岸延伸到地中海的白色村庄在碧海蓝天下闪闪发光，而白色村庄、沙滩和碧海、蓝天连成一片，就连门框、楼梯扶手、窗户、椅子的面、椅腿都会做蓝与白的配色，加上混着贝壳、细砂的墙面，小鹅卵石地面，拼贴马赛克，金银铁的金属器皿，将蓝与白不同程度的对比与组合发挥到极致。

黄、蓝紫和绿：意大利、法国南部成片的

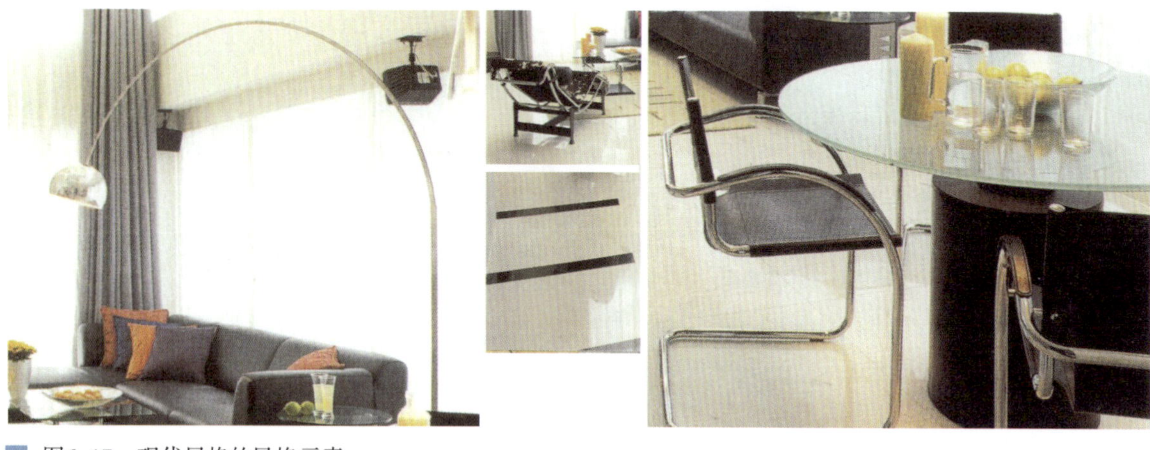

图6-17　现代风格的风格元素

图6-18　现代风格的起居室

图6-19　地中海风格的风格元素

图6-20　地中海风格的别墅

向日葵、薰衣草花田，在一片金黄、蓝紫的彩色花卉与深绿色树叶相映下，呈现出明亮漂亮的颜色组合，因此，在家饰、织品上，很容易看到自然色彩的反映。

土黄及红褐：北非特有的沙漠、岩石、泥、沙等天然景观，呈现浓厚的土黄、红褐色调，搭配北非特有植物的深红、靛蓝，与原本金黄闪亮的黄铜，散发一种亲近土地的温暖感觉。图6–20所示为地中海风格的别墅。

### 2. 家装设计的其他流行风格

除了地域风格，家装领域还有众多的其他设计风格，主要的有以下一些。

(1) 自然风格　风格元素：植物、花卉、阳光、石材、竹、藤制品、铁艺、原木本色家具、本色配饰（图6–21）。

现代人面临着城市的喧嚣和污染，激烈的竞争压力，还有忙碌的工作和紧张的生活。因而，更加向往清新自然；随意轻松的居室环境。越来越多的都城人开始摒弃繁缛豪华的装饰风格，力求拥有一种自然简约的居室空间。

自然主义流派在室内外空间环境设计中，常运用一些较为自然的装饰手法，如在室内环境中引入天然的山石、绿化、水体，追求一种田园风格。在空间界面的装修中采用较为自然的装修材料（石材、竹木等）或模仿天然材料的质地，来烘托一种自然的空间氛围，追求一种天然的空间属性。体现了设计师对自然环境的尊重和热爱。

自然风格主题多样，造型简单纯朴，展现自然本色，不苛求材质的统一，追求更好的室内生态，把在家和在单位的两种环境尽量拉开差距。

灿烂的阳光、轻柔的风、暗香浮动的植物、悠闲的日子……将家变成随处都能触摸到

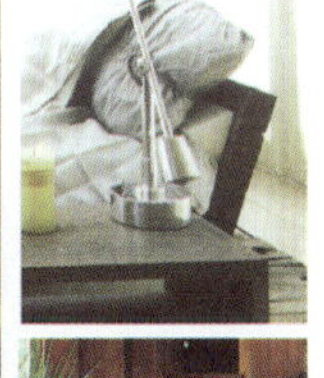

图6–21　自然风格的风格元素

温情的场所，一改“现代风格”中到处冷冰冰的触摸感，取而代之的是绝对自然的精美制品，那种原木的芳香、棉制品的柔软，那种田园似的环境，会让人畅然释怀，备感随意和宽松(图6–22)。

(2) 乡村风格　风格元素：松木、石板、红砖、椽子、火炉、土灶、农家用具(图6–23)。

古今中外各地乡村风格各有各的面貌，各有各的美感，各有各的特色。乡村风格的装修并不需要使用昂贵的材料，鹅卵石、粗糙刷墙都可能是最佳效果的创造者，但简单且简陋的材质却需要十分强调风格的统筹设计和精致的装修功夫，否则就会显得简陋粗糙。这些近乎苛刻的基础装修不但能独立成为装饰品，而且与全实木制作、着色较重的乡村风格十分契合。

家具与小装饰物等乡村素材也是乡村风格的一大特征，竹藤、红瓦、窑烧以及代代流传

图6–22　自然风格的起居室

下来的家具被小心翼翼地使用着，它们的使用时间越长越能营造出独特风味。家具最好是用实木或藤类的天然材质制成，而且要线条简单、圆润，有一些弧度。装饰品的合理搭配成就乡村风格的完美。同系饰品的点缀和强化，照明、布艺、门把手等在外观中较突出的部件需要精心选择。乡村风格的铁艺烛台灯、演绎自然风格的花草灯、碎花图案的花色布艺、纯铜、金属制造的五金件……都是乡村风格的元素(图6–24)。

乡村风格多为单身或艺术家所偏爱，它是体现一个完全自我主义的空间，存在于繁复的生活环境以外，即“万物皆为我用，万物皆为我生”的个人情感。在装饰装修中，可采用完全钢架、完全木质以及钢木结构；在材质木料上，只稍做加工，完全体现出一种自我情感与人为艺术的结合，这是时代赋予艺术，艺术影响生活而带来的一种生活方式。

(3) 简约风格　风格元素为纯粹的空间、线条、色彩等设计要素，以及对比、统一、节奏、韵律等形式美的设计语言主导空间，排斥装饰，哪怕是重点部位，突出现代形式感。

随着时代的变革，越来越多的年轻人走出了传统的大家庭模式，追求独立个性、自我成为时尚。这群人可以不追求居室的大小，可以不考虑诸如交通、社区等诸多因素，但居室装修一定要精致和有个性。对于家具购买、空间布置很有分寸，从不过量。他们惯用硬朗、冷峻的直线条，光洁而通透的地板及墙面，利落而不失趣味的设计装饰细节等。这种简洁、明快的设计风格十分符合快节奏的现代都市生活。另外，在材料上的“减少”，在某种程度上能使人的心情更加放松，创造一种安宁、平静的生活空间。

简约风格家装设计非常强调室内各种材料与色调的丰富对比，或微妙或夸张，是体现风

图6-23　乡村风格的风格元素

图6-24　乡村风格的起居室

格的重要因素之一。墙体的表面常使用生砖、镜面、铁或光洁的乳胶漆等材料，色调则以纯白、奶油白为主体，在适当的地方运用明亮而强烈的重点颜色加以突出。地板是墙体的有益补充，所以要选择同样类型的。一般窗帘的材料应选择素色的百叶窗或半透明的纱质窗帘，因为这种窗帘更能增加房间的空间感，也更方便自然光线的进入（图6–26）。

简约风格用色总的原则是先确定房间的主色调，通常是软而亮的调子，然后决定家具和室内陈设的色彩范围。在色彩单调的情况下，可以用光来丰富视觉感受，尤其是良好的自然光照。运用软质材料，如纤维绒、天鹅绒、皮革、亚麻布、丝、棉等。这些装饰织物的色调要尽可能自然，但质地应该突出触感，图案太强的织物不适合简约风格。

对于设计师来说，简约并非简单。事实上，通过简单表现丰富要比借助于复杂表现难得多。因为对于居室装修来说，简单而又能够传达出丰富，就意味着设计师必须具备赋予简单的东西以丰富内涵的本领，这样才不至于使

图6-25 简约风格的风格元素

图6-26 简约风格的起居室

简约变得苍白无力。

(4) 装饰主义(ArtDeco 风格) 风格元素：大量富有情调的图案，看上去花了很多时间和气力完成的装饰，重点部位的夸张表现，不甚重要部位也有隐隐约约的装饰纹样。

ArtDeco(装饰艺术)一词起源于 1925 年在法国巴黎举办的 Exposition Internationale des Arts Décoratifs Industriellse Modernes(现代工业装饰艺术国际博览会)，指的是两次大战期间，大约 1920 ~ 1930 年的一种流行风格。此风格不仅反映在建筑设计上，同时也影响了当时美术与应用艺术的设计格调，如家俱、雕刻、衣服、珠宝与图案设计等。ArtDeco 演变自 19 世纪末的 ArtNouveau(新艺术)运动，追求感性与异域文化图案，如花草、动物的形体和东方的书法与工艺品。ArtDeco 则对工业文化所兴起的机械美学进行矫正，喜欢通过一定的图案表达艺术家内心的象征。如喜欢表现放射状的太阳光与喷泉形式象征了新时代的黎明曙光；表现摩天大楼轮廓的线条象征 20 世纪的到来；取自爵士、短裙与短发、震撼的舞蹈象征打破常规的形式；用埃及与中美洲等纹样象征古老的文明等。

现在在装饰界重新流行的 ArtDeco 风格，家具造型简单、装饰丰富，并强调高贵质感，常采用昂贵的桃花心木等材质，表面以手工绘上各式装饰线条，在实用功能外也兼具欣赏价值(图 6-27)。

(5) 华丽风格(新古典风格) 风格元素：精致而简化的古典元素，具有时尚感的古典的设计要素。

华丽风格源于欧洲宫廷——洛可可风格，

图6-27　ArtDeco风格的多姿多彩

图6-28　华丽风格的风格元素

指的是室内陈设中的一种装饰风格，是18世纪路易十五时期流行于法国、德国和奥地利等国的艺术风格。它是一种高度技巧性的装饰艺术，表现为纤巧、华丽、繁琐和精美，追求视觉华丽和舒适实用，追求柔媚细腻的情调，常常采用不对称手法，喜欢用弧线和S形线，尤其爱用贝壳、漩涡、山石、水草及其他植物等花纹作为装饰题材，进行局部点缀。将卷草舒花，缠绵盘曲，连成一体。天花板和墙面有时以弧面相连，转角处布置壁画。

与简约风格相对，华丽风格一般会在室内应用明快的色彩和纤巧的装饰。室内墙面粉刷多用嫩绿、粉红、玫瑰红等鲜艳的浅色调，线脚大多用金色；室内建筑部件也往往做成不对称形状，变化万千；室内护壁板有时用木板，有时做成精致的框格，框内四周有一圈花边，中间常衬以浅色东方织锦；家具也非常精致而偏于繁琐，为体现华丽的风格，家具框的线条部位饰以金线、金边；墙面用高级材料如铝镁合金或锦缎、高级墙布、墙纸装饰；用大理石、高级木板或纯羊毛地毯铺地，地毯、窗帘、床罩、帷幔的图案以及装饰画或物件为古典式，创造出金碧辉煌、充满欧式情调的氛围(图6–29)。

图6-29 新古典风格的起居室

(6) 怀旧风格　风格元素为有年头的古董、旧式的房屋结构、古旧的家具、古旧的装饰品(图6–30)。

怀旧与复古不同，怀旧是怀念自己经历过的人、事、空间场景组成的岁月。怀旧不仅是人之常情，而且是温馨的情感体验，特别是上了“年纪”以后。八九十岁的人会钟情三四十年代的旧，六七十岁的人会怀五六十年代的旧，四五十岁的人会怀七八十年代的旧，甚至二三十岁的人也会怀起旧来。因此怀旧风格经常会用到家装设计中来。

单人沙发、旧上海的美女月份牌、小风琴、沙发中央摆放的老唱机，都能展现二十世纪三四十年代的风情。复古的桌椅配上色彩对比强烈的装饰画，古朴、精致的五斗橱，让人想起悦耳的乐声的墙角的风琴，相得益彰的ArtDeco家具与旧上海装饰画，陈旧理发椅……要设计怀旧风格的家装，不妨用这些家具或者小家饰来进行布置，让空间增添一份怀旧的情调(图6–30～图6–32)。

(7) 工业风格　风格元素为加工痕迹明显的金属材料，结构感强的家具和房屋构造，看似粗犷的装饰材料。

在空间的构成上，充分运用现代技术，崇尚现代机器美感；采用高新建筑结构技术，通过新颖别致的结构构成，力求表现出建筑结构本身所体现的装饰艺术风格；采用“最高级的工艺技术”来雕琢风格。

采用钢结构技术建造工业风格的家居通常有较多工业化的味道，运用了许多金属的材质，常使用通透的外置式玻璃洗手盆来表现一种明亮的感觉。钟情于工业产品的使用，尊重那种很理性、结构感很强的“机械美”。这个年代的很多工业产品，比如玻璃、金属都会出现在工业风格的家居中。工业风格的家居对加工技术的要求很高，因此，也被称为高技派。

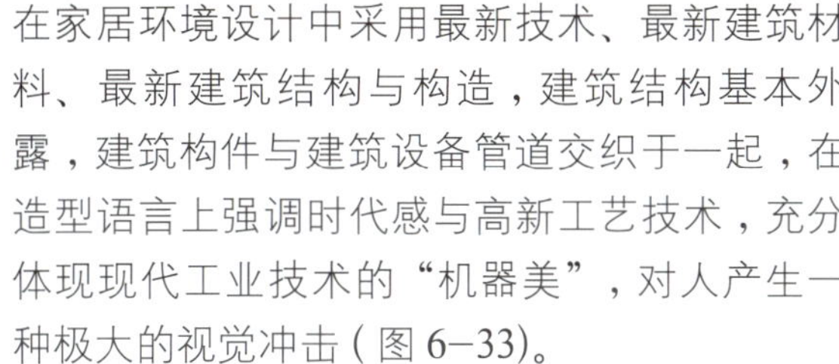

图6-30 怀旧风格的风格元素

图6-31 怀旧风格的餐厅

图6-32 怀旧风格的客厅

在家居环境设计中采用最新技术、最新建筑材料、最新建筑结构与构造，建筑结构基本外露，建筑构件与建筑设备管道交织于一起，在造型语言上强调时代感与高新工艺技术，充分体现现代工业技术的“机器美”，对人产生一种极大的视觉冲击（图6–33）。

(8) 海派风格　风格元素：中西合璧、古今贯通的造型及色彩，精致而巧妙的细节处理，恰到好处的装饰性。

上海是海派文化的发祥地，特有的历史地位使海派文化有其独有的特色。善于吸收消化各类文化的特长、融汇中西文化是其明显的特征。这一背景又影响到上海的家装，使其有着与其他城市的明显区别。“豪华而不失纤美，务实而又浅透灵秀，精致而尽现巧思”形成了海派装修的风格。作为上海地区特有的一种文化风格，其最突出的特点就是能在面积较小的住宅内，达到平面布置合理，充分利用空间，整体设计紧凑，使居室装饰既经济实用，又舒适美观。如住宅采取复式设计，各层住宅的平面高低交叉，家具则讲究整体协调和实用性，采用移动门大橱、弧形角橱、多用家具等（图6–34）。

(9) 禅意风格　风格元素为沉稳的深色，空灵的空间，自然的材料，仪式感的饰品。

禅意空间中的色彩运用以深色系为主，多偏向运用木质原色、深黑色、暗红色等沉稳色调，以对比的白色墙面作搭配，可以使人感觉到空间的沉稳。装饰品的利用则可以视为画龙点睛的利器，竹帘的挂置使空间的意境与质感瞬间提升，蜡烛、风铃、线香与石雕等，加强空间的空灵禅修内涵（图6–35）。

(10) 混搭风格　风格元素：丰富的视觉场

图6-33　工业风格的书房和餐厅

图6-34　海派风格的卧室和餐厅

图6-35　禅意空间——宁静的空间中神圣的象征物

图6–36　古今混搭风格

景，风马牛不相及的材料搭配、风格配置、造型元素，但却有精神上的共同点。

如今服装界流行的混搭风也吹到了家装界。装修风格能混搭，如中式、欧式、古典、现代、简约、乡村各种风格共处；装修材料也可混搭，如木头、玻璃、石头、金属和丝绸、羊毛软硬结合。多种元素共存，但不代表乱搭一气，混搭要确定一个“基调”。把风格迥异、材质不同的东西放在一起，需要设计师和业主具有较高的审美情趣。如果一套居室出现风格太多，颜色、配饰太杂的现象，如卧室是中式风格的、客厅是欧式风格的、洗手间又是伊斯兰风格的，就会给人杂乱的感觉，混搭就是不成功的。

1) 古今混搭风格。现代流行装饰材料 + 中国古典元素（如：磨砂玻璃 + 中国古典窗花）。古今混搭风格主要体现出现代人在现代生活中超前意识与怀古主义的复杂感受。在现代派常用的点、线、面相结合的情况下，以黑、白、灰为主色调，不锈钢饰面为装饰手段，往往可透露出一股“冷酷的情感”；主要空间结构应

图6–37　中西混搭风格

尽量减少曲面的形与态，用直线交叉与层叠来营造出一个纯现代的空间（图 6–36）。

2) 中西混搭风格。在中西合壁的居室中，中式和西式家具的搭配比例最好是 3 ： 7。因为中式老家具的造型和色泽十分抢眼，可自然地使室内充满怀古气息，若要让家里呈现华丽怀旧风，编织的灯饰、有珠珠的抱枕、珠帘都是可以利用的小元素。几块少数民族图腾、东南亚的民俗布，即可展现异国情调（图 6–37）。

3）工业和民俗混搭。混搭是没有公式的，以视觉愉悦为标准。工业和民俗是风马牛不相及的，可就是有艺术家敢于把它们搭配在一起，确实有耳目一新的视觉效果（图6−38）。

(11) 前卫风格　前卫风格的居室充满了想象力、个性和怪异的色彩，很引人注目，引领了艺术的潮流（图6−39）。

(12) 粗野风格　看似不修边幅、自然天成的机理和粗犷、率真的形象也有其特殊的审美意趣，被一批崇尚自由自在、个性强烈的高知识人士所喜爱。它们呈现的面貌是休闲的、毫不刻意的感觉，材质感非常强（图6−40）。

(13) 科技风格　以卫星上天、太空技术为

图6−38　工业和民俗混搭

图6−39　前卫风格的设计

图6−40　粗野风格的起居室

代表的高科技总是吸引着大批民众特别是青少年的追捧，这样的现象在家居设计上也有体现。高科技的物体总是会成为设计师的创意元素，给人耳目一新的感觉（图 6–41）。

(14) 梦幻风格　镜面材料很能营造如梦如幻般的空间面貌，如果与夸张的空间构成、异样的界面造型、强烈的色彩配置组合起来，就更能营造出绮丽迷幻的梦境效果（图 6–42）。作为一种特别的设计效果确实也很吸引人们的眼球，很有视觉冲击力。

### 6.2.3 热点切入

利用社会热点进行设计创新，容易引起业主的共鸣。因此，设计师可以将这些热点作为设计构思的切入点。设计师要关心当今的社会热点，并不断思考如何把它们转化为设计的亮点。

1. 绿色与环保

绿色和环保涉及健康与环境保护。这是事关现代家装目的的两大命题。家装的目的就是为了使自己生活得更加美好，使自己的生存环境更加美好。通过家装设计师对建筑空间的科学和艺术的设计，使人们在自己的居住环境中更加自在、舒适、愉悦、健康、有效率地生活。但是，在家装设计实施的过程中，却有大量违反我们目的的做法，有的直接导致对使用者健康的损害，有的则对居住者造成其他损害。所以，在设计阶段如何排除这种损害就成了消费者十分关心和设计者努力追求的设计命题。

露西·波斯特在《奢侈的定义》里指出："那些曾经是稀松平常的、人人都有的东西——空间，宁静、清洁的空气，纯净的水，不靠化肥浇出来的食物，自自然然、健健康康长大的动物身上的肉，以及没有污染的水里的鱼都已经成了稀罕物，我们现在都管它们叫做奢侈品。"面对日趋严重的环境危机，环保意识应该

图6–41　太空仓式的淋浴房

图6–42　梦幻风格的家居

是一种教养、一种文明、一种良知。"可持续生活"应该是 21 世纪最有品位的生活方式。

有可能导致居住者健康损害的设计有下列表现：无视结构安全，破坏建筑整体的承重关系等；与人体接触的细节处理不够妥当，如家具中有锐利的尖角；不恰当的光线设计，如强烈的眩光、过度使用人工照明等；不恰当的物理环境，如通风组织差，没有噪声防范措施、过度依靠能源等。对这些在家居设计中十分普遍的现象要坚决地排斥。对有利于健康的绿色环保的设计方法要进行设计探索。图 6–43 为体现绿色与环保的家装设计。

2. 节能

家居的能源消费总量是十分惊人的。在家

装设计时考虑到使用的经济性，并作出有关节能的设计对策，必定受到消费者的欢迎。

家居的能耗主要来自以下几个方面：

(1) 升温或降温的能耗　这是主要的建筑能耗。南方地区通常在冬季和夏季有三个月时间需要人工调节空气温度。

(2) 照明的能耗　房间进深过长，使远离窗户的部分空间在白天也需要照明；隔墙材料使用不当，会阻挡光线，这些都会造成照明的能耗。

(3) 通风的能耗　由于套型设计不合理，需要采用人工通风设备进行强制通风。

(4) 垂直交通的能耗　超过 8 层需要采用电梯，因此增加能耗。

(5) 水的能耗　有些水可以利用而没有利用，主要的问题是无法利用。如热水器与龙头的距离过长，冬天洗澡的时需要放掉许多冷水才能出热水，而这些冷水就白白浪费了。

(6) 光照辐射引起的能耗　没有恰当的遮阳，在夏季提高了室内温度，因此产生降温的能耗。

(7) 湿度调节引起的能耗　南方地区空气湿度大，需要除湿，而在开空调的状态下又需要加湿，因此引起能耗。

通过合理的装饰构造设计和节能装饰材料的选用，上面提到的 7 个方面的能耗除第 (4) 项以外都可以在家装环节得到改进。从设计角度而言可以从设计合理的节能构造的途径获得节能的效果。

1) 在家装设计的时候可以通过改善墙面、地面、顶面的构造加强内围护结构的效果，从而减少热能或冷能的消耗。在这方面重点是研究内隔热构造。根据热（冷）能传递的原理，以阻断辐射、传递、导热为目标，设计合理的构造、采用合理的材料就能够大大改善保温隔热效果，提高热（冷）效率，从而减少能源的消耗（图 6–44）。

2) 在建筑的底层地面上重新制作保温地

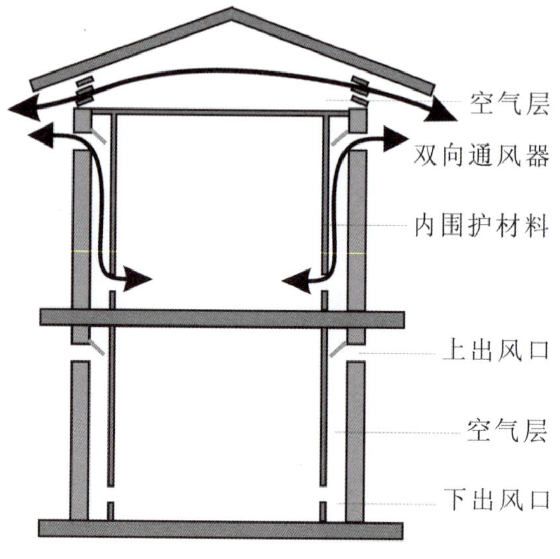

既有住宅内围护构造示意图

图6–43　体现绿色与环保的家装设计

图6–44　节能构造

面，可解决保温、防潮等一系列问题。

3) 改善门窗的构造。门应采用防撞条构造，一方面减少关门撞击产生的噪声，同时也可提高密封性能。大门朝向西北方向的住宅，应采用有独立门斗的构造。所有的窗应采用中空塑钢窗代替铝合金窗。

4) 改善遮阳设施的构造。一般装修只考虑内遮阳，这种情况应该得到改变。从效果来说，外遮阳远远胜于内遮阳，因而在装修的范围内，可以考虑一些外遮阳的设施。现有建筑加装外遮阳，如同戴太阳镜一样简单。这些最好在外墙装修时就加以考虑。

5) 在住宅中，要设置储放再生水的固定容器，这样就可以充分利用再生水。

6) 改善优化通风设施，改变通风与保温构造相互矛盾的状况。

通风设备的安装位置对节能也有直接的意义。

7) 要积极使用低辐射镀膜玻璃 (LOW–E)。这种玻璃在冬季能有效利用太阳辐射热提高室内温度，并阻止室内红外热辐射通过玻璃向室外泄漏；在夏季又可以阻挡室外的红外热辐射影响室内温度，从而实现降低住宅总能耗的目的。

8) 积极推广隔热涂料。在墙体内侧涂刷隔热涂层、断热涂层，在屋顶涂刷高反射涂层、调温涂层等。

9) 采用遮阳，导光、导风窗。

### 3. 新材料、新技术

新材料、新技术是使设计呈现新面貌的最便捷的途径。对旧材料的新用法也能改变人们对材料价值的看法。如透着年轮的乌金木树桩茶几、水草编成的收纳盒、晕着深紫色的陶艺瓷碗，这些稍显粗糙、原始的做工，质朴、粗犷、肌理丰富的用料成为了家居材质的新选择。将藤竹、砖石、原木、格子布等廉价的天然材料集中地运用在一起所营造出来的自然风情，在现代或简约成风、或华丽奢靡的年代，也颇有时尚的新意（图 6–45）。

玻璃、金属等在公共建筑中常见的材料如今在家装中大行其道。玻璃茶几、玻璃隔断，既通透明亮，又简约美观，富有现代感；铁艺制品装饰性强，在局部地方作些点缀，会有意想不到的效果；布艺饰品手感舒适，色彩丰富，已越来越为人们所喜爱（图 6–46）。

新技术在现代卫生洁具、厨房产品中的应用越来越广泛，新产品层出不穷。新型涂料如温控变色涂料、自然芳香涂料、自洁涂料不断涌现；新型五金为家居的各种移动组合带来了很多可能；轻质移门、轻便的下拉式储物架、方便的折叠五金使笨重的家具可以轻便地收藏起来……

### 4. 人文关怀

在家居设计中拾起儿时的记忆和曾经的激情，用人文的关怀去展现中国特有的生活艺术和民俗文化，展现当今时代的无限精彩（图 6–47）。

在灯光方面，柔媚素雅将会逐渐代替金属时代的冷峻和理性，更多富有人情味的柔美光影在犹抱琵琶半遮面的含蓄效果之中，会让“家”的意境得到充分渲染。

### 5. 数字化

技术的进步使家电变得越来越轻巧纤薄，“挂式”放置形式改变了人们的固有概念，节省空间的同时，给设计带来了很大的灵活性，视听设备更成为同室内环境珠联璧合的风景（图 6–48）。

居家办公已经成为一种时代的新潮流。SOHO 一族最为关注的是要为自己营造一个舒适的工作环境。科技要全面地融入生活，所有需要使用的智能设备都要安排妥当。遥控器、无线键盘、无线鼠标等配件的安排均以人体工程学为设计依据。

图6–45　天然材料制作的家具拉近了人和自然的距离

图6–46　大面积使用玻璃的家居

图6–47　屏风、中国瓷器等意味深长的设计元素

图6–48　视听设备成为室内珠联璧合的风景

## 6.2.4 优势切入

这里说的优势指业主住宅本身的独特优点。对所有住宅自身的优势一定要加以利用，这是设计构思的重要原则。在设计之前要很好地审视业主住宅在地理位置、阳光、构造、套型等方面的优势，并将它们发挥到极致。

### 1. 地理优势

有的房子地理位置特别优越，景观条件很好，就应该把它作为设计的主要亮点。图6–49所示的设计对地理优势进行了充分利用，提供了一个可以观景就餐的休闲空间。

### 2. 阳光优势

阳光是很多住宅所没有的天然优势，特别是以顶面采光方式获得的阳光。图6–50所示的设计就是利用玻璃顶棚和落地玻璃把阳光和景观都利用起来了。

### 3. 结构构造优势

某些房屋的结构构造具有独特的造型特点，对这样具有结构美的房屋要尽可能顺势而为，把原有房屋的风格特点展现出来。图6–51所示的木屋，空间的构造很自然也很美观，所以装修时只要将其暴露即可，不必再做其他装饰。

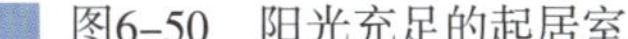

图6–49　地理位置特别优越的餐厅

图6–50　阳光充足的起居室

图6–51　结构构造美观的木屋

### 4. 套型优势

有些房子的套型先天条件很好，如东面的大窗、南面的大阳台、中空的挑高空间、屋顶的天窗等。对原套型的优点一定要尽可能地保留。

## 6.2.5 爱好切入

利用业主的兴趣爱好做设计构思的依据并以此为设计的亮点，大都会受到业主的欢迎。图6–52所示的起居室的设计以业主的收藏爱好为诉求，以业主心爱的各色收藏为背景。营造了个性鲜明的起居空间，很有特色。

图6–53所示为一个只有30多平方米的居室。根据业主诉求，洗澡、泡澡是其生活中不可缺少的重要内容，因此，一定要一个大浴

图6-52　琳琅满目的古玩包围着起坐区

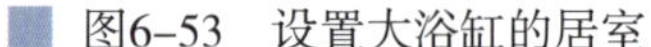
图6-53　设置大浴缸的居室

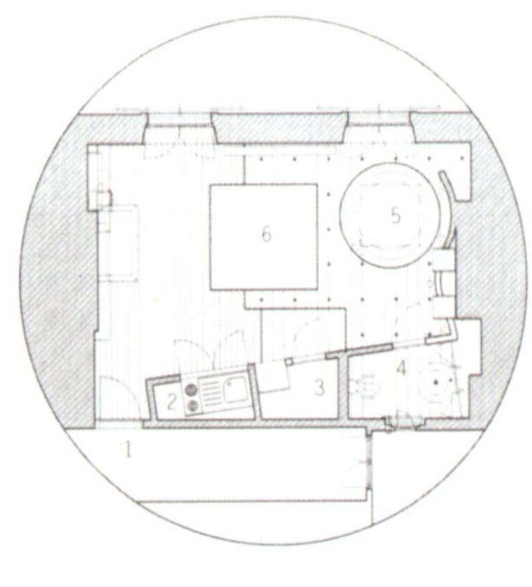


平面图

1. 入口
2. 厨房
3. 小套间
4. 盥洗室
5. 浴室
6. 床

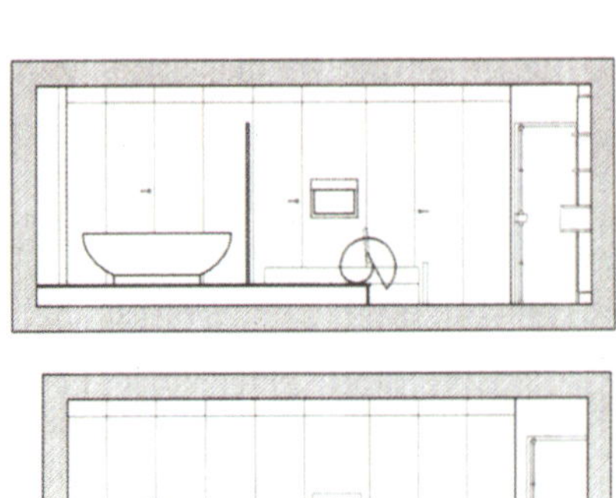

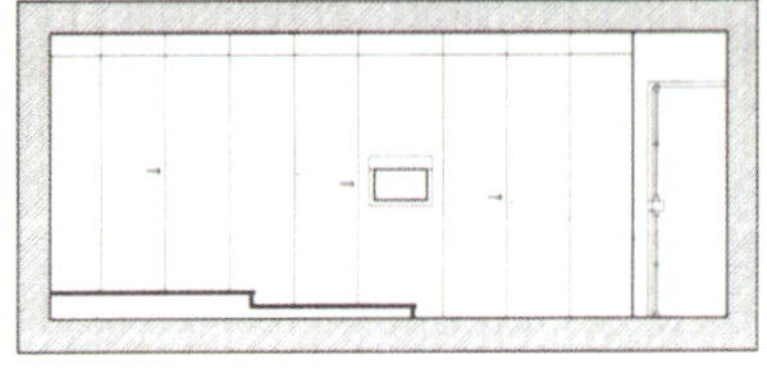

剖面图

缸。经过设计师的精心设计，在小小的居室中放置了这个又大、又豪华的圆形浴缸，而且把它安排得非常舒服，使用起来丝毫没有局促感；设置了液晶屏风，可以按照业主的愿望调节透明度，需要时，液晶屏风就成为不透明的磨砂状态，平时则为透明状态，使狭小的空间没有压迫的感觉。

### 6.2.6 形式切入

家居的形式是业主非常关心的一个设计要素。用形式创新的效果给客户带来惊喜是设计师的重要责任。因此，用形式进行创新是很好的设计构思切入点。形式思维是设计师特有的思维方式。具体地说，形态构成、色彩构成、形式美的规律都是形式思维可以应用的实用元素，可以用它们对空间界面形象进行创造性的探索。要把这些规律应用在不同的客户的设计项目上，创新出具有个性、特色、时代感的形式效果。图 6-54 ~ 图 6-65 即为利用了各种形式美的规律设计出的家居。

图6-54　利用点的效果的设计

图6-55　利用线的效果的设计

图6-56 利用面的效果的设计

图6-57　发射形式的顶棚

图6-58　冷调降温

图6-59　粗中有细

图6-60 色彩性格强的设计

图6-61 轻快的色彩

图6-62 季节的色彩

图6-63　均衡的设计

图6-64　旋转楼梯产生的韵律很有设计感

图6-65　特异的设计

在每一个家庭里，总有一个家人聚集的地方，这个地方灯光最舒适，景观最气派，它就是家庭的生活核心——起居室。对起居室的描述很多，家庭的窗口，家庭的镜子……用一种状态来描述更为恰当：团聚的时刻轻松自在，充满欢声笑语。一家人围坐在宽敞的起居室里，空气中弥漫着轻柔的音乐，茶几上放着新鲜水果和一些小零食，透明的茶杯里新鲜的毛尖一根一根地竖着，身边有孩子的嬉闹声、爱人温柔的细语以及父母关爱的眼神……这一刻的满足，无法用言语来表达。

# 7.家之核心 起居室

## 7.1 起居室的概念与功能 >>>

### 7.1.1 起居室的概念

**起居室是供家人日常起居活动的一个主要的空间，它是家庭中各个功能居室的枢纽，是家庭活动的重心所在。一般来讲，起居室在居室的各个房间中面积最大、使用功能最多、使用时间最长（除睡眠时间）。**

图7-1 起居室是回家后的第一休息地点

图7-2 一边看电视一边上网络是很快乐的事情

**客厅，顾名思义是为家庭以外的来访者设置的专属空间。设置客厅的目的一是为了尊重客人，同时也是为了消除来访者对家庭生活造成的影响。**

在条件许可的情况下，起居室与客厅应该分置。因为这是两个不同性质的空间。但目前我国多数家庭由于受居室面积的限制，往往将两者混合在一起，并将家中这个最主要的空间称为“客厅”。

### 7.1.2 起居室的功能

#### 1. 起居室的基本功能

(1) 起坐休息　这是起居室最主要的功能。起居室是回家后的第一休息地点（图 7–1）。休息的形式是多样的：聊天、喝茶、阅读、视听等。如果在起居室营造一个专门用来喝茶、品咖啡的环境，那是很惬意的，对家人的情感交流十分有利。如果在有景观的起居室，一边遥望户外的风景，一边品味香醇的咖啡，是一种放飞心情的好享受，也是高品位生活的具体体现。

(2) 视听　视听是日常生活的一个重要内容，属于精神享受的范畴。人们通过视听设备享受生活、增加知识、了解信息，因此一定要把视听设备安排在最恰当的位置。

> **小贴士**
>
> **特别需要指出的是，一定不要把电脑固定在书房，可在起居室里为电脑安排一个恰当的位置，一边看电视一边上网是很快乐的事情（图 7–2）。**

(3) 家人团聚　起居室是家人团聚最自然、最好的场所之一。那种到家了的感觉在起居室里体会得最深。节日、休息天、孩子回家、亲戚会面……在起居室的主坐区团聚(图 7–3),那种快乐就是人们常说的“天伦之乐”。起居室就是专门营造这种快乐的地方。

(4) 休闲阅读　起居室里的阅读与书房里的阅读是不一样的，休闲是它的特色(图 7–4)。周末，在明亮的窗前埋头读一本热门的小说；在沙发上看刚刚到的晚报；饭后，浏览一下新到的时尚杂志；家人做做智力游戏，幸福的时间在流逝……

(5) 通信　电话最好放在沙发旁边的茶几或附近的小桌子上(图 7–5),必要时可以记一个电话号码或做简单的电话记录。手机等信息产品的充电器越来越多，充电的地方也要考虑好，可以同时供几种设备充电，而且各种电线也不能显得杂乱。

(6) 会客　没有专设客厅的家庭，在有客人光临时，起居室自然转变成为客厅。

(7) 娱乐　在起居室进行家庭卡拉 OK，亲人间的棋牌游戏这些都是非常有趣的生活内容，不但能够增进家人的感情，而且可以愉快地消磨时间。

2. 起居室的扩展功能

(1) 家政　家里的许多杂事可以在起居室进行，譬如家里的日常修理、清理、整理就可以在起居室进行。

(2) 女红　有些女主人喜欢边织毛衣，边看电视，边聊天。要为女主人设计一个储藏柜，必要时可以顺手将它们“藏”起来。

(3) 简单写作　在起居室写个便条之类简单的东西很自然，一边写一边与家人商量；或者在欣赏电视节目时思维被触动，把自己的灵感记录下来；或者一边阅读，一边写一些读后感。

图7–3　舒适温馨的家人团聚

图7–4　休闲阅读

图7–5　电话最好放在沙发旁边的茶几上

(4) 储存　主要是展示性储存。例如旅游带回来的小工艺品，跳蚤市场里淘来的装饰品，高档的酒器等。这样的储存其柜子也要讲究一些，还要考虑用适当的灯光将它们照亮。

(5) 健身和运动　在起居室里安排一个健身的空间，一方面给起居室带来活力和趣味，另一方面起居室也具有全天候的健身环境（图7–6）。可以一边运动，一边欣赏音乐、DVD，欣赏健身两不误。

在大的起居室中可以安排一个迷你乒乓桌，设计一条环形健身小道，挂一个飞镖靶子，设置一个篮筐等等。

## 7.2 起居室的设计原则与要求 >>>

### 7.2.1 起居室的设计原则

**起居室设计的原则是让每个家庭成员都能在此找到自己的位置。起居室中的座位数，开放好客的家庭应大于家庭成员数的 2 倍，内向的家庭应大于家庭成员数 +2。设计还要照顾到在家时间最长的家庭成员的生活习惯。**

图7–6　运动设备进入起居室

因为起居室是家庭生活的核心区域。作为家庭活动中心，现代意义的起居室整合了其他单一功能房间的内容，要满足家人团聚、娱乐、休闲包括接待客人等多种需要。在预先合理的规划下，即使多人共处，也能满足各自的活动需要。这种共处的效果不仅充分利用了有限的空间，也无形中制造了一种安祥和睦的居家气氛，使家庭成员可以进行无障碍的沟通，这个共享的空间中自然而然地促进了家庭成员之间的感情。

### 7.2.2 起居室的设计要求

#### 1. 解决私密性和公共性的问题

这里所说的私密性和公共性是相对而言的。对公共的场所而言，家居空间总体上是自我领域感很强的场所。起居室是家居中的一部分，对外自然还是要保持私密性。入户门就是个阀门，关闭以后，家庭的私密空间与社会的公共空间就隔开了。

家庭的状态各不相同，但有一点是相同的，就是私属领地。独处、亲密、随意就是家庭私密空间的特点。每个家庭成员都可以在这里找到自己的位置，做自己想做的事。

家庭私密空间也有程度之分。卧室、书房就是比起居室更私密的地方。如果没有设立独立的客厅，起居室也是客人短暂逗留的空间，因此它就具有公共性的色彩了。

设计起居室，其功能设置、风格确定一定要征求业主全家人的意见，小孩的意见也要重视，这样才可能考虑得比较全面。

#### 2. 给个性生活一个自由的空间

家庭成员每个人的个性大家都充分了解，

每个人有什么样的好恶大家也都清楚。所以在起居室一定要为每一个家庭成员提供一个空间。不但有坐的地方，而且有满足爱好的地方。聚，大家坐在一起；散，做自己要做、愿意做的事情。

### 3. 确定家装风格的基调

作为家庭中的公共空间和家庭各功能空间的枢纽，这个空间的装饰装修风格决定了整个家装的风格。起居室是中式的，其他居室也应该是中式的；起居室采用怀旧风格，其他居室也要采用怀旧风格。整个家庭的风格应该是统一的，或简约、或华丽、或古典、或摩登。

### 4. 确定恰当的人际距离

美国人类学家霍尔在“气泡理论”即距离学说中，用不同大小的“气泡”来说明大小不同的空间能使处于其中的人免于物理或心理的威胁或侵犯。在他的邻近学理论中，对北美人日常交往中的人际距离进行了分析研究，发现由于人体“气泡”的存在，人们在相互交往和活动时，通常保持一定的距离，而且这种距离与人的心理需要、心理感受、行为反应等产生了相当密切的关系（图 7–7)。霍尔对此进行了深入的分析研究，归纳出了四种常用的人际距离。

(1) 亲密距离　范围约为 0 ~ 450mm 左右。在亲密距离内，视觉、气味、声音、呼吸和体温的感觉，合并产生了较为亲密的关系，如亲人、密友、情人等。

(2) 个体距离　范围约为 450 ~ 1200mm 左右。在这一范围内的人大多关系融洽，使人们的交往保持在一个合理的亲近范围之内。

(3) 社交距离　范围约为 1200 ~ 3600mm 左右。这个距离通常用于商业业务接洽，当不需要过分热情时，可以采用社交距离。

(4) 公共距离　范围约为 3600 ~ 7500mm 左右。这个距离一般用于较正式的场合，用于地位不同的人之间。如讲演厅的演讲人和听众之间通常使用这个距离。此时人们之间的交流和沟通，主要通过视觉和听觉进行。

家庭起居室的人际距离，因为有会客的需要，应该控制在 450 ~ 3600mm 之间，即既有亲密的个人距离，又能保持合适的社会距离。适宜的人际距离方便了人们之间的沟通。距离作为一种媒介，在亲密距离内交流，视觉、触觉、听觉、嗅觉器官均可发挥作用。但随着距离的增加，视觉和听觉将起主要的作用。

### 5. 营造恰当的心理环境

起居室的心理环境有下列特点：

(1) 半私密性　起居室是家庭的公共空间，但对外来说又是私密的。

(2) 享受性　各种功能的享受达到比较专业的程度，如视听的设计可以达到专业家庭影院的标准，又如起坐区可以比拟高级的茶馆或

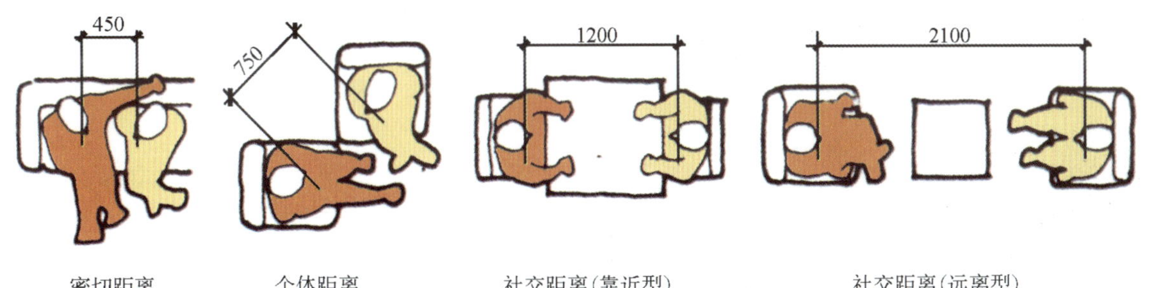


图7–7　距离说

咖啡馆。

(3) 随意性　可以做很多事情。

(4) 亲密性　需要设置一些是亲密级的距离。

(5) 方便性　主要功能伸手可及。

(6) 丰富性　功能多，兴趣点多，享受多。

(7) 形象性　对外来讲，起居室的品位就是家庭的品位，是家庭形象的集中体现。

(8) 综合性　许多功能综合在一起，这代表着一种发展方向，图 7–8 所示为符合行为心理环境的起居室。

## 7.3 起居室的类型与尺度 >>>

### 7.3.1 起居室的类型

#### 1. 超大起居室

面积 40m² 以上，开间在 5m 以上，理想房型 6m × 8m 左右。可配置：(2+3) 组沙发 +2 把单椅 + 功能椅 + 高配置家庭影院 + 写字桌 + 健身区 + 酒柜等。可设置多个区域，如观赏区、闲聊区、健身区等（图 7–9）。

#### 2. 大起居室

面积 20 ~ 40m²，开间在 4.5m 左右，理想房型 5.2m × 6m 左右。配置：(1+3) 组沙发 +2 把单椅 + 家庭影院 + 健身设备 + 酒柜等。设置多个区域，如观赏区、健身区等（图 7–11）。

图7–8　符合行为环境心理的起居室

#### 3. 中起居室

面积 14 ~ 20m²，开间在 3.9m 左右，理想房型 3.9m × 5m 左右。配置：(2+3) 组沙发 + 视听柜 + 茶几 + 酒柜等，只有一个观赏区（图 7–12）。

#### 4. 小起居室

面积 12 ~ 14m²，开间 3.3m 左右，理想房型 3.3m × 4.2m 左右。配置：转角沙发 + 电视柜 + 茶几，共享一个观赏区（图 7–13）。

### 7.3.2 起居室的尺度

#### 1. 起居室中人体活动尺度

确定起居室功能区和家具尺度的依据是人在起居室的各种活动能够顺利展开所需要的实际尺寸。如沙发是起居室中主要的家具之一，沙发的尺寸应主要考虑男性身体的尺度需要。沙发座高应考虑与人体膝高的关系，沙发座宽应考虑与人体肩宽的关系（按较高大的身材考虑），沙发座深应考虑与人体臀部和膝部之间长度的关系（按较小的身材考虑）。沙发与茶几的距离应考虑人伸手能方便地拿到茶几上的东西，同时还应考虑人腿的放置与人体通行的关系。

以下是起居室的几个常用尺度：

(1) 沙发区尺度　大型 6000mm × 5000mm 左右，中型 5000mm × 4000mm 左右，小型 4000mm × 3000mm 左右。

(2) 视听区尺度　视听区宽度根据房间的大小确定，一般在 3m 以上。理想的在 4 ~ 5m 之间。

(3) 视听台尺度　根据电视机的大小和音响的大小确定。平板电视一般采用挂式，所以可以主要考虑音响的放置尺寸。

图7-9 大起居室平面图

图7-10 大起居室的格局

图7-11 中起居室

图7-12 小起居室

图7-13 超小起居室

(4) 电视机中心的高度　等于人坐在沙发上眼睛的高度，一般在 1000 ~ 1200mm 之间。

(5) 走廊区尺度　宽度 1200mm 左右，最小不小于 1100mm。

### 2. 起居室的家具尺度

起居室家具的尺度见表 7–1。

表 7–1 起居室的家具尺度　（单位：mm）

| 家具 | 尺　度 |
|---|---|
| 沙发区 | 超大沙发区6000×5000 左右<br>大沙发区5000×4000 左右<br>中沙发区4000×3000 左右 |
| 茶几 | 高度500mm 左右，大小比较随意 |
| 电视柜 | 电视的画面中心= 沙发上观看者的视高 |
| 鞋柜 | 1000×1200×300 |
| 贵妃椅 | 1700×600×450 |
| 书柜 | (2000 ~ 2300) × 房间宽度 × (400 ~ 600) |
| 插入柜 | 500×400×700 |
| 单人沙发 | 1200×1000×450 |
| 双人沙发 | 1700×1000×450 |
| 三人沙发 | 2200×1100×450（座面高度） |
| 写字台 | 1200×600×700 |
| 壁炉 | 1120×1200 |

## 7.4 起居室的组合与布局 >>>

起居室区域划分合理与否是整个家居布局的关键。这里是一个集各种生活设施于一体的活动场所。不同的设施既要在功能上互相关联，也要在布局上尽量符合区域划分的原则。在视觉上既相互关联，又相互独立。餐饮区、娱乐区、学习区、会客区、运功区等要合理统筹。最主要的功能占据视觉上和空间上的中心位置，其他功能合理地穿插。可以借助材料的搭配、地台、屏风、沙发、书架、植物、家具、陈设实现空间的有序化，让整个空间布局井井有条，舒适合理。

### 7.4.1 起居室的组合

(1) 起居室+ 玄关　自然，符合逻辑的过渡（图 7–14）。

(2) 起居室+ 书房　自然，知识型家庭的常见组合（图 7–15）。

(3) 起居室+ 工作室　专业，适合 SOHO 型家庭、爱好多的家庭、艺术型家庭（图 7–16）。

(4) 起居室+ 会客室　两室合一，适合不速之客少的家庭。

(5) 起居室+ 和室　情趣组合，用不同的起坐方式，调整心情，休闲舒适（图 7–17）。

图7–14　起居室 + 玄关

图7–15　起居室 + 书房

(6) 起居室+花房　闲适，适合喜欢自然的家庭、老人家庭，(图 7–18)。

(7) 起居室+餐厅　最常见的组合，适合多数家庭，尤其适合美食家型家庭、多子女家庭(图 7–19)。

(8) 起居室+厨房　适合平时饮食以西餐为主的家庭以及厨房使用率低的家庭(图 7–20)。

(9) 起居室+卧室　紧凑，适合居室比较小的家庭、单身公寓(图 7–21)。

(10) 起居室+弹性空间　灵活，大和丰富的感觉，模糊的方案，多种功能组合在一起，既是书房、又是琴房，既是餐厅、又是茶室……(图 7–22)。

图7–16　起居室　+　工作室

图7–17　起居室　+　和室

图7–18　起居室　+　花房

图7–19　起居室　+　餐厅

图7-20 起居室＋厨房

图7-21 起居室＋卧室

图7-22 起居室＋弹性空间

图7-23 3＋X形格局

## 7.4.2 起居室的布局

### 1. 常见的座位布局形式

(1) 3+X 有3＋1型、3＋2型等，是最为常见的格局（图7-23）。

(2) C形 正C形——自然团聚，反C

形——保守团聚(图 7–24)。

(3) L 形　正 L 形——轻松开放,反 L 形——大方自然(图 7–25)。

(4) L +X 形　充实饱满,正统大方(图 7–26)。

(5) II 形　平等而又亲切(图 7–27)。

(6) 品形　正品形——保守规则,反品形——开放端正(图 7–28)。

2. 沙发布置形式

图 7–29 列举了 24 种沙发布置的方式,各有不同的效果。

图7–24　C形格局

图7–25　L形格局

图7–26　L + X形

图7–27　II形格局

图7–28　品形格局

性格外向的家庭布置
性格内向的家庭布置
先看到沙发区的布置
先看到视听区的布置
3+1的宽松布置
3+2+1的自然布置
3+2+1的保守布置
3+1+1+1的灵活布置
3+2+2的端庄自然布置
3+2+2的端正古板布置
3+2+2的端庄防卫布置
3+2+2的自然随意布置
3+3的平等布置
3+3的自然布置
3+3+1+1的自然布置
多坐态的温馨布置
C型宽松布置
性格外向的家庭布置
C型的团聚布置
C型的团聚开放布置
3+1+1+1的休闲布置
2+2的浪漫布置
对称庄严隆重的布置
对称庄严正式的布置

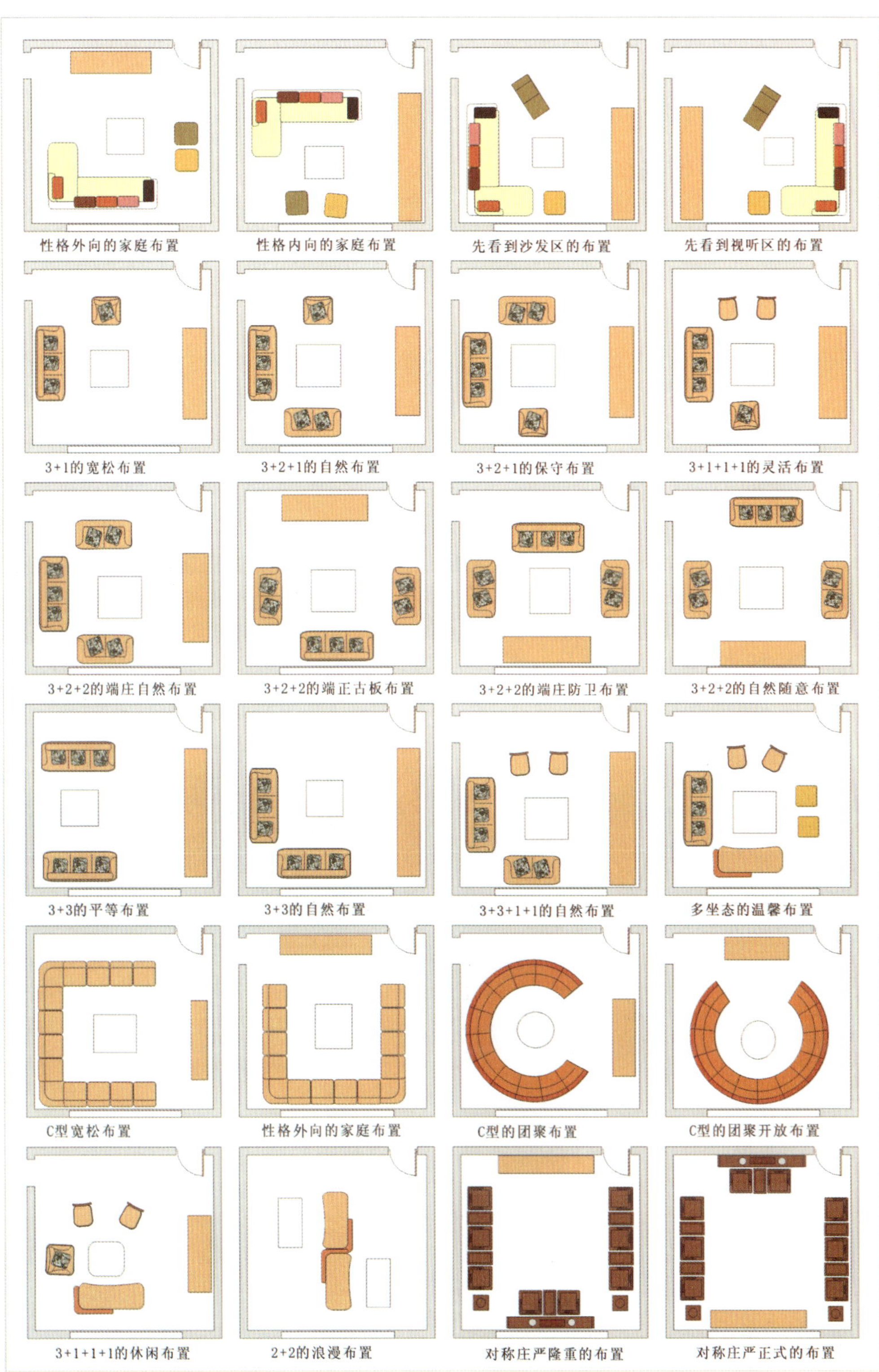

图7–29 沙发摆置形式

## 7.5 起居室常用的材料与设备 >>>

### 7.5.1 起居室常用的材料

起居室装饰装修使用的材料一般比其他房间更为丰富，选择很多。

1. 墙面

石材、陶瓷、马赛克、木材、软木、布艺、玻璃、石膏板、木夹板、涂料、墙纸、水泥漆等(图 7–30 ~图 7–32)。

2. 地面

地板、石材、地砖、地毯、玻璃、塌塌米、塑料地砖等(图 7–33 ~图 7–35)。

3. 顶面

石膏板、木夹板、涂料、玻璃、墙纸、布艺等(图 7–36、图 7–37)。

4. 门窗

铝合金、塑钢、木材、玻璃等(图 7–38、图 7–39)。

5. 固定家具或构造

固定家具或构造常用的材料有木材、夹板、装饰面板、铁艺等(图 7–40、图 7–41)。

图7–30 以自然材料为主的起居室墙面
图7–31 以涂料、壁纸为主的起居室墙面
图7–32 以玻璃和木夹板为主的起居室墙面

图7-33　以地毯为主的起居室墙面

图7-34　复合地板　+　地毯的起居室地面

图7-35　地砖　+　地毯的起居室地面

图7-36　木材与夹板顶面

图7-37　木龙骨　+　纸面石膏板　+　乳胶漆顶面

图7-38 铝合金 + 玻璃门窗

图7-39 百叶窗

图7-40 木材是起居室常用的家具或构造材料

图7-41 木材和铁艺作为构造材料

### 7.5.2 起居室常用的设备

起居室常用设备主要有视听设备和一些其他必要的通信、空气调节及健身设备。

1. 视听设备

常见的视听设备有普通电视、数字电视、液晶电视、等离子电视等。液晶电视与等离子电视作为高端电视的代表之作，拥有各自不同的特点。

(1) 液晶电视和等离子电视机　分辨率高，轻薄，反应速度快。37 ~ 42 英寸的液晶电视是目前的主流配置。

(2) 投影仪　家庭影院可以采用投影仪，以增大画面效果，营造真正的家庭影院效果。家用投影仪的亮度一般不要小于 800 流明。

(3) 传统电视机　体积较大，但清晰度较好。

目前家庭影院系统中的环绕声系统主要有四类：

(1) 杜比环绕声系统　在过去的几十年中，电影院中多声道立体声的伴音效果及大银幕的画面使观赏者体会到了身临其境的空间感。这种技术通过杜比环绕声系统，使人们坐在家中就可以体验到电影院中的效果。

(2) 杜比数字环绕声(AC-3)系统　它使家庭影院重放的声场效果进入了一个崭新的时代。每一个音箱发出的声音与欣赏者的距离相等，因此，可以营造出理想的影剧院的效果。

(3) THX 系统　它可以在一般的听音环境中产生出电影院的效果。其最明显的特点是声音更为自然、清晰，具有较强的立体感，声像的定位非常准确，并且能够产生全方位的动态范围和频响，使欣赏者在听音环境中的任何位置都可以聆听到同样的重放效果。

(4) DTS 系统　能够达到音响发烧友们对高保真音响系统的重放要求，使家庭影院中的重放声能够与高保真音响系统中的重放声相媲美，让欣赏者在全方位、多声道系统中，真正领略到三维空间的重放效果。

2. 其他设备

(1) 电话　1 部以上的电话。另外，外观漂亮的电话机也是一种陈设品。

(2) 按摩椅、按摩器、健身器　要为这些设备预留位置，并为它们提供接电盒。

(3) 空调　空调主要有中央空调和分体空调。中央空调出风口的位置及管道连接需要事先与空调设计者沟通，包括出风口的面板选择、控制开关的位置、线路的准备等都要事先考虑好。分体空调的位置主要考虑便于室外机安装，同时又能获得最好的风口朝向。通过管道的墙洞要在装修时预先打好。

(4) 暖气　北方地区的住宅暖气是必不可少的，但有的暖气的样式不符合用户的审美口味，所以有些人家要把它包起来。其实，任何对暖气的装饰都会影响它的供暖效果。所以，尽量不要把它包裹起来，要包的话也要尽可能多地设置通气孔。

## 7.6 起居室的色彩与照明 >>>

### 7.6.1 起居室的色彩

起居室的色彩风格以高雅、丰富、明快、个性的色调为主，明度反差可大可小。色相运用也有较大的空间。常用的起居室配色有：

1. 暖和温馨的色彩

暖和温馨的色彩使家人有一种归属感，喜欢心平气和地坐在一起享受其乐融融的家庭生活(图 7-42)。

2. 冷艳明亮的色彩

有强烈的时尚感，体现现代生活的魅力(图 7-43)。

### 3. 木本色

色彩效果宽厚、淳朴，接近大自然，使人有安全感和慰藉感（图 7–44）。

### 4. 全白色的配色

给人感觉纯粹、纯净、平和，所有家具、织物、植物都把原来的色彩显示出来（图 7–45）。

### 5. 深色调的配色

让人觉得稳重、包容，些许艳丽的颜色在它的围护下，一个个变得安分守己（图 7–46）。

### 6. 淡肤色

淡肤色是典型的中性色，色彩与人的皮肤接近，是一种很能被人接受的色调，具有高雅的气质（图 7–47）。

### 7. 超纯的红色

有强烈的包围感，个别墙面用这样的色彩有很强的个性和很浪漫的效果（图 7–48）。

图7–42　暖和温馨的色调

图7–43　冷艳明亮的色调

图7–44　木本色调

### 8. 粉色系列

粉色系列具有适度的性暗示和性刺激，对于单身女贵族的起居室非常适宜（图 7–49）。

### 9. 黑白对比的色调

有强烈的男性味，以男性味为主的起居室采用这样的颜色是再恰当不过的了（图 7–50）。

### 10. 纯净的海蓝色调

具有明显的地中海风格，配合白色的墙面和暖色的木构件的色彩，异国情调让人心动不已（图 7–51）。

图7–45　全白色的配色

图7–46　深色调的配色

图7–47　淡肤色

图7–48　超纯的红色

图7-49　粉色系列

图7-50　黑白强烈对比的色调

图7-51　纯净的海蓝色调

## 7.6.2 起居室的照明

### 1. 总体要求

(1) 丰富　灯具的形式和照明方式应多样化，以便造成丰富的照明效。

(2) 动人　采用间接照明，灯罩的作用一定要发挥出来。

(3) 直接　对重点部位采用透射式直接照明，让其有适合的亮度。

(4) 风格　灯具的造型要符合起居室的整体风格。

(5) 情调　有情调的照明是亮度适宜、造型别致、个性独特的照明（图 7-52)。

### 2. 设计手法

(1) 重点区域　解决主起坐区和主题墙及展示照明。

(2) 其他地方　采用局部照明、点式照明，可使用隔离灯、台灯、悬臂灯、造型灯等灯具。

(3) 陈设区域　采用投光灯。

(4) 集中控制　可以控制过道、楼梯、卫生间的照明。

(5) 夜间照明　考虑采用“长明灯”，特别在靠近过道的地带。

(6) 视觉辅助　看电视时要有背景光，否则容易造成眼睛疲劳。

图7-52　沙发背景的照明富有情调

## 7.7 起居室的界面 >>>

### 7.7.1 主题墙

主题墙是从公共建筑装饰装修中引入的一个概念，它主要是指在办公室装修中门厅、主管办公室中，要有一面能反映整个企业精神和文化的墙面。如今，这个概念借用到家庭装饰装修领域，变成了一种常见的装饰装修手法。在起居室中它是最引人注目的一个墙界面。多数家庭把电视、音响组合起来，制成一个视听台与后面的墙面一起组成一道主题墙（图7–53)。以壁炉为中心的家具组成主题墙则是欧美家庭常用的做法（图7–54)。在这面“主题墙”上，可以采用各种手段来突出主人的个性特点。利用各种装饰装修材料在墙面上做一些造型，以突出整个房间的风格。有“主题墙”的起居室，其他地方的装饰装修就可以简单一些，“四白落地”即可。

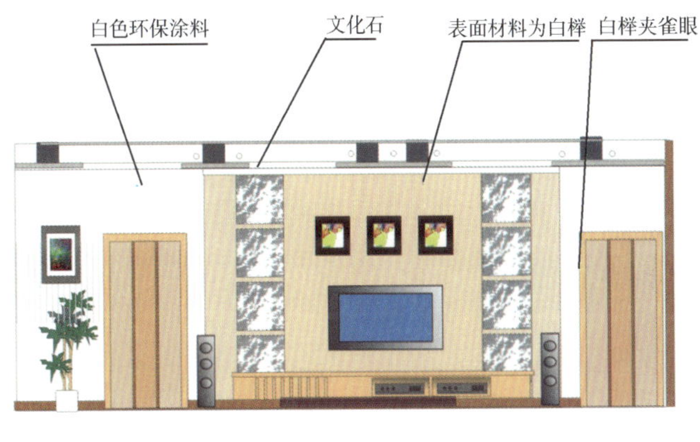


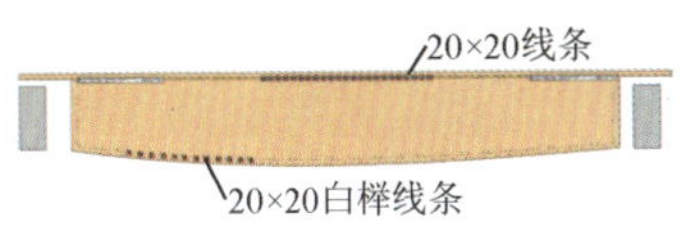

图7-53　以视听设备为背景的主题墙界面设计

图7-54　以壁炉为背景的主题墙在欧式风格中很常见

### 7.7.2 沙发和背景

沙发背景也是一个业主关注的设计重点，因为这个区域是家庭中最主要的形象区域。为沙发配背景可以使沙发看上去更加完美，使空间更加精致。沙发背景要区别于主题墙，但又要与其风格统一。特别是要考虑沙发的风格和色彩。沙发背景的设计方法可采用书画点缀、材料造型、艺术屏风、整体构成等 ( 图 7–55)。

在起居室与餐厅的过渡部分设置过渡背景也能够打破过道的单调感，给人留下愉快的印象。

## 7.8 起居室的家具与陈设 >>>

1. 沙发

应根据家庭的类型和使用要求设置足够数量的沙发。好沙发的标准为：高低适度、软硬适度、透气、冬夏可换季，有可调结构，无锐利的边角，美观、精致、适当的个性表现。

图7–55 沙发背景

沙发按其面料材质不同可分为以下几种

(1) 皮沙发 皮沙发 ( 图 7–56) 的面料有牛皮、猪皮、羊皮等，其表面肌理有光滑光亮的，有光滑亚光的，有颗粒的，也有细小的龟裂纹的。总的说来，皮沙发有种高贵稳重的感觉，又比较耐脏，使用寿命也比较长，但价格比布沙发要高一些。

(2) 布沙发 布沙发 ( 图 7–57) 在色彩和纹样上比皮沙发要丰富得多。材料上可采用天然纤维和人造纤维，如纯棉布、丝、锦缎等，采用印花或提花编织，颜色有原色、间色、黑色、白色等。布沙发有一种天然的亲和力，在视觉上和触觉上都很舒服，但比较易脏。好在许多布沙发的套子是可以脱卸的，脏了可以洗。如果布艺沙发的色彩纹样能同窗帘和地毯等配合、呼应，那么起居室在视觉上会有强烈的整体感。

(3) 藤制沙发 藤制沙发美观大方的造型配合典雅布艺的座垫，精细的生产工艺及藤条特有的轻巧与柔韧性，迎合了当今崇尚自然、崇尚环保的主流，体现了藤制家具的休闲感觉和充满热带田园风情的不凡的品质 ( 图 7–58)。

(4) 木沙发 木沙发是一种硬沙发。颜色有木本色和人工色两类。在风格上中国传统沙发基本上是木质的。明清家具中也有沙发，明代的比较简洁，清代的比较繁琐，但都有很高的审美价值。在选用时要注意与环境协调。在中式古典风格的怀旧环境里，木沙发很适合成为主角。现代沙发有的是曲木成形，有的是用夹板机器模压的，这样的木沙发一般都是人工色的，但与木色很接近。夏天坐在木沙发上感觉很凉爽、透气；到了冬天，木沙发上面需要放上垫子 ( 图 7–59)。

(5) 混合材料沙发 沙发面料采用金属 + 皮 ( 图 5–60)、金属 + 织物、木 + 织物、木 + 皮、藤 + 织物等，特别是钢管 + 皮的沙发面

图7-56　皮沙发

图7-57　布沙发

图7-58　藤制沙发

图7-56　木沙发

图7-60　混合材料沙发

料比较多见。混合材料的沙发一般比较时尚，感觉也很现代。折叠式的沙发、功能比较多，经常配备靠肩、茶几、搁腿架……很实用，这类沙发基本上均为混合材料沙发。

### 2. 个性单椅

在沙发组旁边配一两把个性单椅会给起居室带来丰富的表情。个性单椅的形式很多，可以根据空间的感觉和用户的意愿进行选择搭配。

(1) 扶手椅　扶手椅形式很多，各种材质都有，移动灵活、组合自由。当与沙发一起组合时最好在造型和材质上形成一种协调的对比关系，使起坐区看上去丰富，使人们对于座位和坐姿有不同的选择，还可打破起坐区 3+2+1 的机械呆板的沙发组合形式（图 7–61）。

(2) 躺椅　躺椅是一种类似椅子的非正式睡觉的床。以木、藤、竹为主要材料，有时也用金属和皮质材料（图 7–62）。

(3) 贵妃椅　贵妃椅是一种可躺、可坐、可倚的休闲沙发，各种材质都有（图 7–63）。

(4) 摇椅　摇椅是可以坐着摇动的椅子，主要材料有木、金属、藤、竹等（图 7–64）。

(5) 按摩椅　豪华的按摩椅功能强大，具有多种按摩方式，在起居室放上一把按摩椅无疑是一种高生活品质的体现。只要经济许可，空间许可，可以在起居室放一把造型优美的按摩椅。

(6) 矮椅　矮椅可以坐，也可用来搁腿，它没有靠背，其实是一种多功能的凳子，一般放在沙发旁或沙发的对面（图 7–65）。

### 3. 茶几

茶几体积虽小，但因为摆放在起居室谈话区的中心，所以成为目光的焦点。在家居设计

图7–61　扶手椅

图7–62　躺椅

图7–63　贵妃椅

中，富于美感的茶几能起到点睛作用。不同的茶几能为沙发和居室调配出别样的风情。一般将沙发前面的茶几作为主茶几，沙发旁边的茶几作为辅助茶几。

(1) 茶几的品种　茶几的品种很多，有休闲茶几，它追求轻松写意，摆放随意，功能性较强，材料也更趋于多样化，配衬正规沙发，可以冲淡沙发的呆板，配衬休闲沙发，则更添几分洒脱；有艺术型茶几，以各种不同造型的雕塑为底座，造型独特，品位高雅；有多功能茶几，具有很多功能和机关，旋转打开表层桌面，可以存放零碎小东西，还可作为电话架；有很随意的低矮茶几，更适合坐地沙发或席地而用。

(2) 茶几的材质　现在茶几的材质趋于多样化，石材、木材、玻璃、皮等材料比较多见，特别是钢化玻璃茶几，具有抗冲击性强、耐热性能好等特点，辅以造型别致的仿金电镀配件以及静电喷涂钢管、不锈钢、实木底架，具有典雅华贵、简洁实用等特点。

(3) 茶几的配置　配置茶几时应根据居室与沙发风格、色彩、大小，确定它的尺寸、色调、材料和风格 ( 图 7-66)。

### 4. 块毯

块毯是放在主茶几下的地毯，一方面起装饰作用，另一方面也很实用。特别是在用石材和地砖作为地面材料的起居室，在冬天放一块块毯，可以提高脚感温度 ( 图 7-67)。块毯的图案、色彩有现代风格的也有传统风格的，有的还有浓重的民族色彩，选用的时候一定要注意与起居室的整体风格相协调。

图7-64　摇椅

图7-65　矮椅

图7-66　茶几

图7-67　块毯

图7-68　情趣家具

5. 情趣家具

秋千、贵妃椅、造型别致的沙发等最具浪漫的感觉。只要起居室具有足够的空间，不妨配置一件这样的家具(图7-68)。

6. 文化家具

在起居室放置若干书柜、展柜等文化家具，可以提升起居室的格调。在起居室阅读书刊是一件非常自然的事情，可以让家庭有浓厚的文化氛围。把一些书柜和展柜搬到起居室或定做一个整面墙的书架，把藏书和收藏的古玩、工艺品展示出来，能提升家庭的文化氛围和格调(图7-69)。

7. 实用家具

鞋柜、陈列柜、沙发柜、矮柜等这些生活中不可缺少的家具，除了其实用的功能外，如果造型漂亮得体，也能为空间添彩(图7-70)。

8. 壁炉和吧台

(1) 壁炉　壁炉在起居室中主要有两大功能：一是取暖，二是装饰。

原始壁炉的取暖方式是用木柴为燃料，伴随着“哔剥”声用燃起的火焰取暖。现在的壁炉一般用电热、油热、水热、气热等各种方法来替代木柴取暖。当然有了干净利落的取暖方式，却少了“哔剥”伴响的情调。两全的方法常常是：在壁炉的炉腔里搁一副动态的电子火焰图，伴随音响里播放的柴火燃烧的“哔剥”声，情调有了，暖意也上来了(图7-71)。

在电视、音响、电脑尚未出现的年代里，壁炉首先是一个家庭的视觉中心和活动中心，“围炉夜话”的情景，很令人向往。壁炉的这个功能直至今日依然存在，尤其是在一些新公寓中，壁炉既有装饰性，在冬季又满足了人们心理上的“取暖”要求。

(2) 吧台　起居室里设置吧台也很常见(图7-72)，它给起居室增添华贵的感觉。灯光的配合是营造吧台气氛最佳的方法。只需几盏射灯，起居室一角的小吧台就会变得十分抢眼。此外，名酒点缀和别致的酒杯的摆放自然也必不可少。高脚吧凳是吧台最有风情的一景，如果吧台台面设计在1.2m以上，就要配置高脚吧凳。目前市场上有许多可以升降的吧凳，设计简洁，线条流畅而简单，十分适合具有现代感的居室吧台。

### 9. 乐器

在起居室摆放钢琴和其他乐器，可以加强起居室的艺术氛围（图 7−73）。

### 10. 视听家电

把起居室布置成一个纯粹的视听空间，几何形状的台面上放着尖端的视听设备，实木地板铺上一块纯白的羊毛地毯，背景用声学性能极佳的软木，音响的位置经过专业的设计，可以满足视听“发烧友”的精神需求，进行纯粹的休闲、娱乐（图 7−74）。如果喜欢开家庭 Party，就需要选择带轮子的组合家具，需时将它们推到房间里，将空间留给欢乐。

### 11. 按摩椅、健身器

可以将按摩椅、健身器放置在起居室，给起居室增加一点运动色彩和健康品质（图 7−75）。把它们放在电视机的对面，可以一边看电视，一边锻炼身体。

### 12. 装饰画、工艺品

名贵的装饰画和工艺品可以成为起居室的镇室之宝。名人的书画和精致的工艺品自身价值不菲，如果在恰当的位置配上恰当的灯光，更能显出其非凡的效果（图 7−76）。

### 13. 小摆设

茶具、书刊、乐器、装饰品搁架、制氧机、酒柜、鱼缸、水池等小件物品可以丰富起居室，为起居室增添不少生活情趣（图 7−77）。

### 14. 灯具

漂亮时尚的灯具如大弯度的落地灯、错落有致的吊灯以及精心设置的组合灯光可以为起居室营造不同的视觉氛围和艺术气质（图 7−78）。

图7−69 展柜

图7−70 实用的柜子

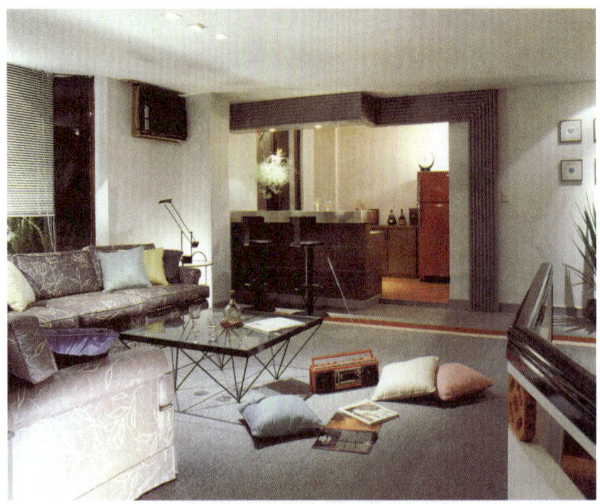

图7–71　壁炉

图7–72　吧台

图7–73　摆放钢琴的起居室

图7–74　视听家具

图7–75　健身器

图7-76 起居室中布置装饰画和工艺品

图7-77 起居室中的小摆设

图7-78 起居室中的灯具

### 15. 植物

装饰植物的选择依据起居室布置格调的不同而有所不同，或典雅古朴，或气派豪华，或浪漫，或轻松。朝南的起居室光线好，可以摆放一些较喜光的植物，朝北的起居室则要摆放耐阴的观叶植物，植物一般可摆放在柜顶、沙发边，也可在角落垂吊，但注意切勿对称放置，以稍偏一侧为佳。注意尽量丰富空间层次，小型植物可放在台面上，大型植物放在地上，垂盆植物悬吊，营造出错落有致而又层次分明的效果。植物的色调、质感也应注意要和室内色调搭配。如果环境色调浓重，则植物色调应浅淡些；如果环境色调淡雅，植物的选择性相对就广泛一些，叶色深绿、叶形硕大和小巧玲珑、色调柔和的都可（图 7-79)。

### 16. 织物、靠垫

织物、靠垫在起居室中的作用非常灵活，它有很好的调节空间效果的作用（图 7-79)。色彩比较沉闷的房间，只要配上色彩合适的窗帘和几个色彩跳跃的靠垫，气氛就会改观。同样，过于活跃的配色环境也可以通过色彩比较沉稳的织物和靠垫使色彩出现统一的效果。所以把它们称为空间效果的魔法师一点也不为过（图 7-80)。

值得注意的是，在进行家具和陈设的安排时要注意留白和色彩。它们能为起居室的家具和陈设的布置带来意想不到的效果。留白看上去好像是一种空白，但“无为”有时是最大的“有为”。居室设计时不一定所有地方都做满背景，应尽量为墙面多留些空白，以供房主根据自己的喜好和家庭情况的变化随意搭配、更新。有些人为了避免“过时”，刻意淡化主题墙，使主题墙变得轻松、随意，形式越来越多样，做法及构思也越来越灵活、巧妙。无论是挂几幅壁画，还是做一些造型，都力求简洁，尽量不留下装修的痕迹（图 7–81）。

家具和陈设的色彩搭配十分重要。色彩给人先声夺人的印象，起居室不允许色彩设计有丝毫的失败。如果色彩搭配失败，就会造成整个起居室设计的失败。因为，色彩无处不在，人们无法不受到它的影响（图 7–82）。

图7–79　起居室中的植物

图7–80　用靠垫调节起居室空间效果

图7–81　沙发对面的墙面预留大面积空白

图7–82　色彩鲜亮协调

## 7.9 起居室设计的新概念 >>>

### 7.9.1 家庭影院

在家里设置一个家庭影院是很多人的愿望。一般新装修的家庭大都会考虑设置不同档次的家庭影院。这个空间应该有适当的面积、适当的形状、适当的材料、适当的空间布局，即要有符合良好的视听效果的空间，才可以放置全套家庭影院的设备。很多音响爱好者经常有这样的感觉，同样一套音响器材，在音响器材销售商店里面试听时，重放效果很好，但购回家再进行试听，感觉重放的声音变差了，特别是重放声中的低音和层次感变差较为明显。究其原因主要是音响器材商店在装修时，考虑到了一些声学方面的因素，采取了一些技术手段，如听音室的内部体形、墙面吸声条件等。当音响重放时，声波的反射、干涉等现象较小，声音保真度较好。而一般家庭在装修时大都忽略了声学方面的问题。

#### 1. 适当的面积

家庭影院用房适当的面积在24m$^2$左右，最低不能低于13m$^2$。因为房间面积如果小于13m$^2$，喇叭放声的速度及其涵盖面积会过量，造成动态失常。

#### 2. 适当的形状

声学空间喜方忌圆，因为圆形的空间容易形成声聚焦，也不要三角形、菱形的空间，这样有部分声音需要通过多次折射才能到达耳朵。家庭影院声音的混响时间需要达到0.3s。听觉空间的三维黄金尺度为：长6m、宽4m、高3m。在我国只有别墅和复式的房型才能达到这个要求。现在我国绝大多数的住宅层高的设计标准只有2.6m左右，其比较理想的空间尺度为长5.2m；宽3.56m；高2.6m。但现在房子的开间或进深能够达到5.2m的也很少。所以，通常的喇叭放置位置是不符合声学要求的。

#### 3. 适当的材料

通常在厅堂装饰中使用的材料对中低频声音是较难吸收的，因而往往造成厅堂混响声过大，所以厅堂声学设计更多地就变为对中低音的吸声处理。

**小贴士**

**气势澎湃的音响效果对主动欣赏者是一种享受，可是对被动欣赏者是一种噪声。理想的家庭影院还需要作良好的隔声处理，以不影响左右上下的邻居。所以开放式的起居室并不十分适宜作为家庭影院。**

#### 4. 适当的空间布局

电视的位置与音响的主声道、左右声道喇

叭之间的距离以屏幕对角线长度的1.5倍为宜。中央声道高于左右喇叭位置不超过0.6m，低音炮应放在房间前方的角落，以发挥最大的质感和冲击性。喇叭与墙的位置距离近远直接影响声场的深浅，喇叭离墙远；声场加深，声底变厚；喇叭离墙近，声场变浅，声底变薄。混响时间不要超过0.3s。喇叭的高度最好高于欣赏者耳朵的高度。这样声场变宽且又有良好的包围感。同时，周围的家具和陈设对声音也有影响，要经过反复比较，选择最佳的位置。图7-83所示为不同材料的吸声系数。

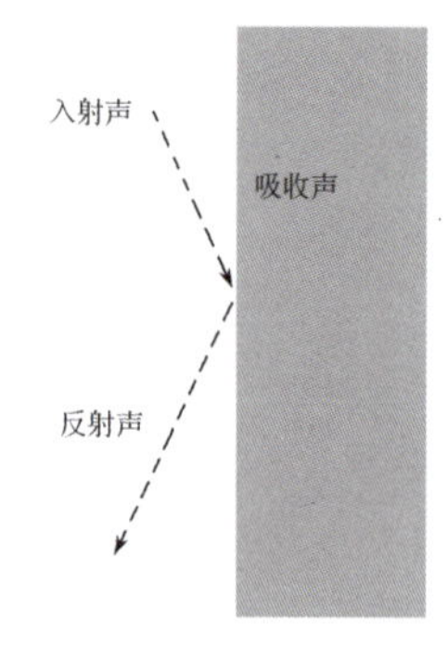


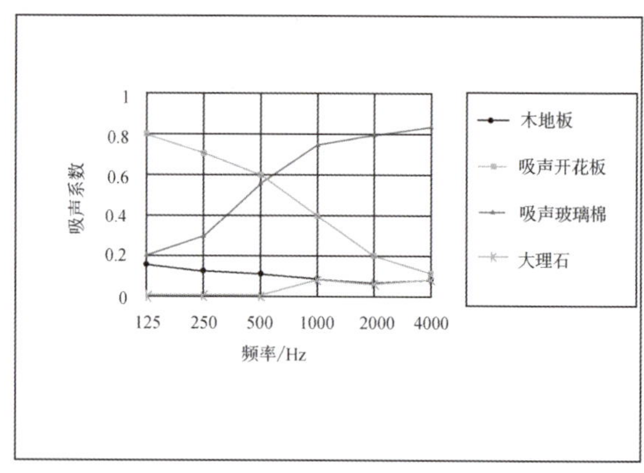


图7-83 不同材料吸声系数

## 7.9.2 家庭咖啡茶吧

面积较大的起居室可以设置一个小型咖啡茶吧。起居室本来就是家庭聚会聊天、休闲娱乐的场所，在此精心打造一个类似咖啡茶吧的环境，与家庭成员或亲朋好友倾心交谈，既充分利用了室内空间，同时又避免使宽敞的起居室显得大而无当；既能巧妙地划分空间，又可以烘托室内的气氛。这种布置能突出咖啡茶吧的功能，又能和居室的整体风格相映成趣，经常会有意想不到的装饰效果。

在不规则的居室内，充分利用凹入的部分设置咖啡茶吧，可以有效地利用室内的空间，还可以使整个室内空间显得整洁美观（图7-84）。例如，复式住宅的房间内有楼梯，可以把楼梯下面的凹入部分充分地利用起来，设置一个小巧玲珑的咖啡茶吧，使这一特殊空间的作用得以发挥。

图7-84 小型咖啡茶吧

## 7.9.3 和室

和室的好处很多，既可会客、饮茶，又可休息睡觉，更可收纳众多物品（图7-85）。

其实，目前我们所说的和室，通常是开放式空间的泛指，它是一种多元化的功能设计，可依照主人需求，设计成喝茶、视听、客房、休闲、书房等空间，其中融合了中日两国的装饰风格的。和室风格的装饰以清雅为主，不宜过于繁复，装饰品、布艺以及家具都应配以日式风格的，并以自然界的材料——木、竹、树皮、草、泥土、石等材质为主材，充分展示其天然的材质之美。木造部分只单纯地刨出木料的本色，体现人与自然的融合。

## 7.9.4 专用客厅

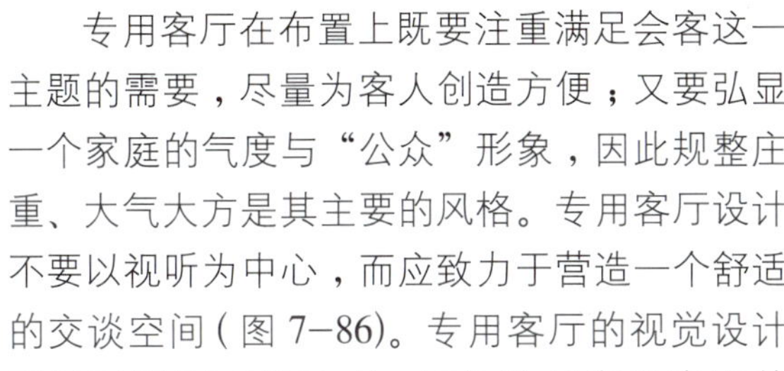

专用客厅在布置上既要注重满足会客这一主题的需要，尽量为客人创造方便；又要弘显一个家庭的气度与“公众”形象，因此规整庄重、大气大方是其主要的风格。专用客厅设计不要以视听为中心，而应致力于营造一个舒适的交谈空间（图 7–86）。专用客厅的视觉设计及材料运用不能马虎，因为这是家里真正的“对外”空间，是家庭的窗口。专用客厅的位置应在离门厅或玄关不远的地方。

## 7.9.5 第二起居室

在别墅或空间大的住宅，为满足多组人群同时会客的需求，有必要营造第二起居室。多层结构的房屋，可以依楼梯间和过道等一些部位设立第二起居室，放上一组休闲沙发和茶几，营造出轻松的气氛（图 7–87）。

### 设计技巧　起居室设计需要关注的细节

1) 在空间足够大的情况下，应该保留一块家庭运动的空间。

2) 沙发与环境一定要协调，风格自然，既引人注目又不突兀孤立。

3) 沙发周围要有茶几和其他放置小东西的柜架。

4) 视听空间的设计一定要科学，主背景要

图7–85　和室

图7–86　专用客厅

图7-87　第二起居室

有视觉魅力。

5) 灯光照明方式要丰富，有各种层次、各种形式的照明。

6) 陈设一定要有品位，画、雕塑、工艺品、器皿一定要精心选择，绝对不能使空间显得空荡荡，也不能满登登。

7) 电视机屏幕一定要位于视线的中间，这样观看起来才不会别扭。

8) 沙发最好不要对着门，更不要对着卫生间的门，应留出回旋的余地。

9) 主题墙不一定是视听墙，可以是壁炉、有特色的家具、高档陈设等。

10) 最好有集中放遥控器的地方，开关可以集中控制或者遥控。

11) 电器不要成为主角，特别是空调要退到次要位置。

12) 色彩一定要明快协调。

13) 文化品位重于材料。

14) 可以根据不同的兴趣点设置相关区域，如视听、聊天、饮茶、健身、运动、观景等区域。

15) 一定不要看到晾晒的衣物。

16) 最好使空间有延伸的感觉。

17) 家具的个性与品位与整体的风格应协调。

18) 设计的重点应该照顾在家时间最长的家庭成员的生活习惯。

19) 充分注重起居室的舒适度，如沙发周围电话、开关、音响控制、碟片、电视、MP3、电脑、手持DVD等要顺手可及，家具配置注意多任务、多姿势，可以满足人的多种动作，坐、靠、半躺、躺、趴、倚、搁等都可以。

20) 注意老人和儿童的安全问题。有老人的家庭起居室要考虑无障碍设施。在适当高度装置扶手。有儿童的家庭，起居室也是他们的活动空间。小孩喜欢热闹，大人在哪里他也要在哪里，所以安全问题就非常重要。要给他们留下涂鸦与游戏的空间。放置玩具的设施也要考虑到。家具和设施最好没有棱角，以免任何伤害的发生。

21) 如果有临江、临街、临山、临广场、临公园的好景色一定要善加利用。空间设计要便于业主观赏美景。

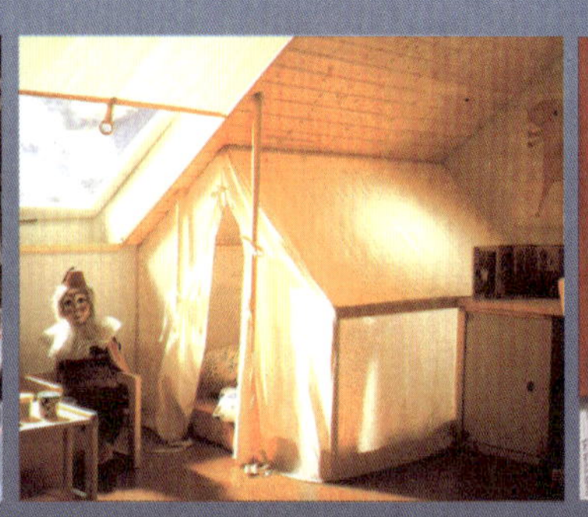

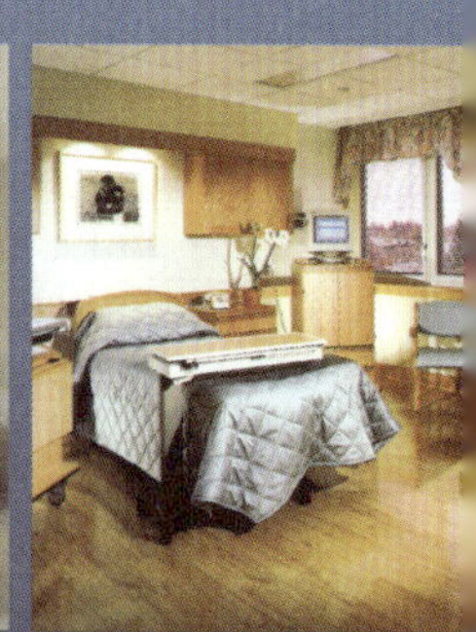

匆忙的生活常常会让人们感觉到疲惫和无助，工作上的挫败或者风雨中的狼狈不堪都会让人们向往家中那温暖和舒适的卧室。因此，舒适的卧室决不仅仅是单纯意义上的房间，它是人们心灵的归宿，是人们在潜意识中无比依赖的避风港湾。

# 8. 温馨港湾 卧室

## 8.1 卧室的概念与功能

### 8.1.1 卧室的概念

**卧室是专门用于睡觉的房间。**

### 8.1.2 卧室的功能

1. 卧室的基本功能

(1) 睡觉和休息　睡觉是卧室需要满足的最主要的功能；休息的形式以半躺、聊天为主。

(2) 夫妻生活　卧室是夫妻生活的主要场所。

(3) 视听　视听是休息的一种主要方式，也是睡前的一个重要精神享受。

(4) 休闲阅读　卧室里的阅读与书房里的阅读是大不一样的，卧室里的阅读以精神享受为主，有人将其作为催眠手段。

(5) 通信　接打电话，电话要伸手就可以够到。

(6) 更衣试衣　女主人的衣柜一般在卧室，内衣储藏一般也在卧室。一边换衣，一边看看效果，直至决定出门的衣服，这一系列的动作多数在卧室里完成。

2. 卧室的扩展功能

(1) 女红　有些女主人喜欢边织毛衣，边看电视，边聊天。

(2) 简单写作　如写日记、便条、备忘录等。

(3) 洗浴　时尚的人士可在卧室里安放浴缸洗浴。

(4) 美容　一边在床上休息，一边美容。

(5) 储藏　人们习惯将衣被的储藏放在卧室。

(6) 家政　如果没有专门的家政室的话，烫衣、缝补、整理等家政可在卧室进行。

(7) 家庭娱乐　亲人间的棋牌游戏可能就在床上进行。

## 8.2 卧室的设计原则与要求

### 8.2.1 卧室的设计原则

**卧室设计的原则是给所有家人一个舒适、温馨、放松的休息空间，除了满足寝居功能之外，一些附属功能也要得到充分的满足。**

小贴士

**主卧室是设计的重点，一般情况下，主卧室尤其要尊重女主人的想法和爱好。其他的卧室（如子女房和老人房）也要根据居住者的特殊情况，满足其寝居及其他生活的要求。**

### 8.2.2 卧室的设计要求

1. 要重视5种特殊功能的设计

(1) 给恋床者特殊的满足　在现实生活中有许多恋床的人，他们把多数时间都花在床上。床上看书、床上写作、床上看电视、床上听音乐、床上聊天、床上幻想、甚至床上吃饭……对这样的恋床者的卧室，设计时就要以床为中心，布置一些方便的家具。如设置可以储存物品的床靠柜，床边设立一个小写字台，设计一个活动的插入柜或床桌等等，尽量为他们的床上活动提供方便（图8-1）。

(2) 理解女性对床的偏爱　多数女性对床有特殊的偏爱。虽然没有到恋床“僻”的程度，但对床的舒适性、功能性有更多的要求。欧式豪华的四柱床，上面“飘”着洁白的帷幔，这样的床就很受欢迎(图 8–2)。能够调节床垫的角度的电动床也是女性心仪的。在软装饰阶段，饱满的床品更是女性关注的焦点。设计师如果在床品的款式和色彩搭配上给出一些专业的意见，就会博得她们的好感。

(3) 考虑上夜班人士的需要　医生、夜班编辑、娱乐场所的工作人员、三班倒的工人等，为了晚上有好的精力，白天必须睡好。可是白天各种生活的声音是免不了的。上夜班人士的卧室在隔声方面要做专门的处理。门窗部位是隔声处理的重点，设置中空玻璃或双层玻璃窗，配置多层厚窗帘；为门设计密封的防撞条，地板也要作隔声处理。

(4) 考虑失眠患者的感受　现在有一大批业主的生活和工作的压力非常大，许多人处于亚健康状态，其中不少人睡眠不好。失眠是一件痛苦的事情，深度失眠更是一种病态。失眠患者对外界的声音干扰非常敏感，对他们的卧室也要在多方面进行环境“治疗”配合，如隔声处理、色彩配合等，从细微之处着手，为他们建立一个“奢华”的睡眠环境。为保证良好的睡眠质量，还应对卧室进行保温处理。大量数据表明，室温 18℃对于大多数人较为理想，可以拥有安稳、深沉且平静的睡眠；当室内温度低于 16℃时，睡眠会有过久且经常醒来的倾向；当室内温度高于 21℃时，则睡眠似乎会提早结束。寒冷的冬日里，保持一个恒久适宜的温度尤为重要。

(5) 调节夫妻情感的空间　“经营婚姻”是如今经常听到的一句话。在卧室设计方面也有“经营”的内容：把床设计成可分可合的结构，添置一些助性的情趣家具，为性感陈设安排位置等。这样，可以经常调节卧室的情爱氛围，有助于夫妻间的“爱情保鲜。”

### 2. 重视卧室的私密性设计

卧室隐藏着秘密、蕴育着幸福、包藏着快乐。这种快乐是内享的，一般不外露，包括视觉的和声音的。

图8–1　满足恋床者需求的卧室

图8–2　上面“飘”着洁白帷幔的床

(1) 设置卧室小玄关　有条件的话最好设置一个卧室小玄关，卧室里发生的所有浪漫都被遮挡起来(图 8–3)。

(2) 善用帷幔　卧室如果有较大的空间，

不妨在床周围设置帷幔(图 8–4)。一方面可以遮挡视线，另一方面也可使床区更加温馨，在视觉上更显浪漫，也有防蚊的作用。

(3) 窗帘　卧室里窗帘是不可缺少的。卧室里的窗帘除了调节光线、调节卧室氛围外，最主要的还是要保护隐私。

(4) 隔声效果　隔声效果主要取决于门、窗、隔墙的质量。如果是在框架结构的房子里，用柜子做隔墙，隔声效果就会比较差。所以，隔墙最好还是按照隔墙的隔声要求独立制作。

3. 储藏设计要整齐有序

储藏是卧室的主要功能，尤其是衣服、棉被类物品，一般都储藏在卧室中。储藏设计大有讲究。

(1) 运用功能齐全的组合式衣柜　延伸性能好的衣柜系列，最适合在同一个地方收存多类衣物，不同宽度、高度与深度的内部配件，如网篮、抽屉或是衣架等，让衣有所属、物有所归。

(2) 分门别类　不管衣柜属于独立式、组合式或是开放式，都该依季节及类别的不同，考虑自己的习惯，将衣服用品分类储放。常穿的衣服存放在伸手可及之处，其他备用的寝具、过季的衣物和不常用的物品，则可收存于上方的层架上(图 8–5)。

(3) 让衣物收纳一目了然　为了方便拿取衣物，可选用镶有雾面玻璃门板的系列衣柜，在衣柜上面向外突出处安装投射灯(图 8–6)。

(4) 充分利用衣柜内侧的收藏空间　在不伤及衣柜面板的情况下，衣柜内侧左右两个柜面，也可运用，如设置领带架等内部配件，用来挂些较轻的物品，如领带、围巾、丝巾等，充分运用每寸空间。

(5) 小道具也有收纳功能　在一些角落，S 形挂钩、挂衣架或小收藏箱等小道具可充分发挥其收纳功能。这类折叠挂钩，平时不用时可将它上扳贴紧墙面，扳下时则可悬挂多件衣

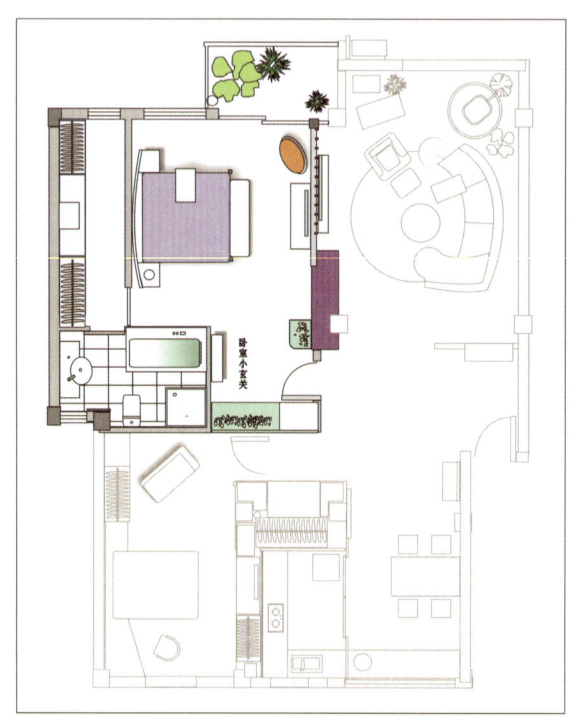

图8–3　卧室小玄关

图8–4　帷幕围出卧区空间，使床更温馨

物，是聪明又不占空间的设计，更是执行卧室收纳时不可或缺的小道具。

(6) 发挥层板的神奇魔力　若橱柜与橱柜之间、橱柜与壁面之间，甚至是梁柱下方，还留有一方小小的置物空间的话，不妨加装层板或放置些矮柜，来增加卧室内的收纳空间，在层板外装上布帘，既美观又实用。

#### 4. 营造恰当的卧室心理环境

卧室设计要注意营造良好的私密性和享受性，各种享受功能应达到比较专业的程度；丰富性和方便性也要得到关注。卧室中要有多功能、多兴趣点，主要功能伸手可及。主卧室最好有独立的卫生间。亲密性和浪漫性也要有所体现，因为卧室中的所有距离都是亲密级的，需要温柔浪漫的氛围。图 8–7 所示就是一个符合行为环境心理的卧室。

图8–5　将衣服用品分类储放

图8–6　让衣物收纳一目了然

图8-7　符合行为环境心理的卧室

## 8.3 卧室的类型与尺度 >>>

### 8.3.1 卧室的类型

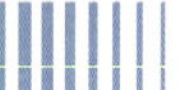

1. 主卧

主人的卧室，一般为已婚夫妻用房，一般要求面积最大，最好有配套独用卫生间。理想的位置是南向。

2. 次卧（子女房）

一般为子女用房，位置相对次要一些，要求面积适中。理想的位置最好朝东南。因为旭日东升，孩子可以吸收朝气，有利于成长。孩子房要作为独立的单元进行讨论。

3. 双亲房（老人房）

退休以后的老人用房。老人房有特殊的要求。如果本来就是主卧，只要根据老人的要求进行一些改造。这样的老人房品质较好。如果是两代或三代同居，一般退居比较次要的位置。要求面积适中，最好有独立卫生间。

4. 客房

为客人准备的房间。一般安排在比较次要的位置，面积适中。如果家中没有双亲同住，那么双亲房和客房可以是同一个房间。

以上的安排强调的是一般情况，具体要根据多方面的因素进行权衡。

图 8-8 所示为某别墅各类卧室布置平面图。

图8-8 某别墅各类卧室平面布置图

## 8.3.2 卧室的尺度

### 1. 卧室的人体活动尺度

卧室的所有尺度要符合人体工学以及使用习惯的要求。

(1) 床区尺度 超大 6000mm×4000mm；大 4000mm×3600mm；中 3000mm×2700mm；小 2500mm×2000mm。

(2) 视听区尺度 电视中心的高度等于坐在床上者的视高，一般离地面 1200mm 以上，宽度根据房间的大小确定。

### 2. 卧室的家具尺度

卧室家具的常见尺度见表 8-1、表 8-2。

**表 8-1 床的尺度**

（单位：mm）

| 双人床 | 尺寸 | 单人床 | 尺寸 |
|---|---|---|---|
| 特大（国王)床 | 2000×2100×500 | 特大单人床 | 2000×2100×500 |
| 大型（皇后)床 | 1800×2000×500 | 单人床 | 1000×1900×500 |
| 双人床 | 1500×1900×500 | 小单人床 | 900×1900×500 |
| 小双人床 | 1350×1900×500 | 折叠床 | 700×1800×500 |

**表 8-2 其他卧室家具尺度**

（单位：mm）

| 家具 | 尺寸 | 家具 | 尺寸 |
|---|---|---|---|
| 床靠 | 床宽×1200 | 单人沙发 | 700×800×450 |
| 床头柜 | (500 ~600)×（400 ~500)×500 | 双人沙发 | 1700×800×450 |
| 床前凳 | 床宽×(400 ~500)×500 | 床头灯的高度 | 1400 ~1600 |
| 电视柜 | (1300 ~1500)×600×600 | 化妆台的高度 | 600 |
| 柜子 | 房间宽度×600×(2200 ~2600) | 写字台 | 1200×600×750 |
| 贵妃椅 | 1700×600×450 | 衣镜的高度 | 500 ~1700 |
| 插入柜 | 500×400×700 | 电视机屏幕中心的高度 | 1200 ~1400 |

## 8.4 卧室的组合与布局

### 8.4.1 卧室的组合

1. 卧室 + 书房

卧室 + 书房是小面积且重视工作的家庭的常见组合（图 8–9）。

2. 卧室 + 阳台

卧室 + 阳台是小面积卧室扩大面积的常见组合（图 8–10）。

3. 卧室 + 起居室

面积较大的卧室还可兼起居室的作用（图 8–11）。

4. 卧室 + 餐厅

居室面积很小时，卧室只能与餐厅布置在一起（图 8–12）。

图8–9　卧室 + 书房

图8–10　阳台延伸了卧室空间

图8–11　卧室 + 起居室

图8–12　小面积居室的卧室和餐厅

## 8.4.2 卧室的布局

(1) 超大卧室　面积 $40m^2$ 以上，开间在 5m 以上，理想房型平面尺寸 6m×8m 左右。

配置：国王床和床头柜组合 +2 把单椅 + 小茶几 + 贵妃椅 + 高配置家庭影院 + 写字桌 + 健身区 + 酒柜 + 浴缸 ( 图 8–13)。

(2) 大卧室　面积 20 ~ $40m^2$，开间不小于 3.9m，理想房型平面尺寸 4.2m×6m。

配置：皇后床和床头柜组合 +2 把单椅 + 视听柜 + 贵妃椅 + 写字桌 ( 图 8–14)。

(3) 中卧室　面积 14 ~ $20m^2$，开间在 3.3m 以上，理想房型平面尺寸 3.6m×5m 左右。

配置：双人床和床头柜组合 + 视听柜 + 单椅 ( 图 8–15)。

(4) 小卧室　面积 13 ~ $14m^2$，开间 2.7m 左右，理想房型 3.3m×4.2m。

配置：床和床头柜组合 ( 图 8–16)。

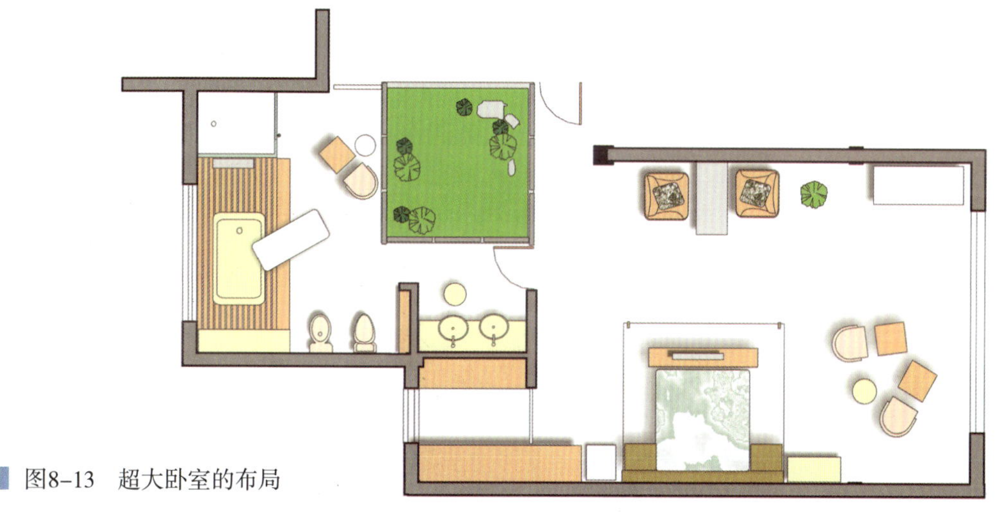

图8–13　超大卧室的布局

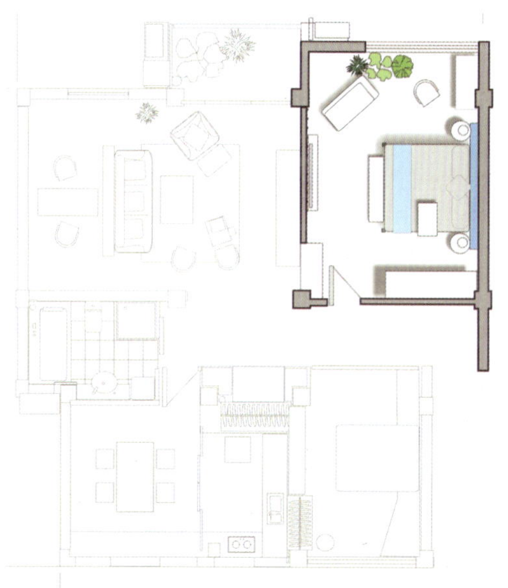

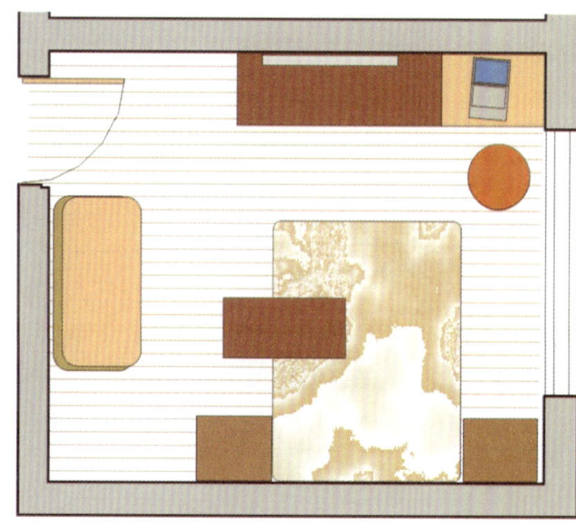

图8–14　大卧室的平面布局

图8–15　中卧室的平面布局

### 8.4.3 床的布局

(1) 两面下布局　双人床或双拼单人床放在中间，两边各一个床头柜。这是经典的布局，使用方便舒适，适合大多数夫妻。

(2) 标准房布局　近似宾馆客房的布局，两张单人床中间间隔一个床头柜，使同在一个房间的人相互影响较小。适合老年夫妻、兄弟、姐妹以及喜欢分床的夫妻。

(3) 一面布局　在空间较小，不能用岛式摆放时，可将床靠一侧墙摆放（图 8–17）。

(4) 架空布局　床采用架空布置，可充分利用床下空间，一般用在年轻人的居室中（图 8–18）。

(5) 多功能的布局　当卧室空间足够大时，床可采用床台式、围栏式、圆形等布局，营造浪漫的氛围（图 8–19）。

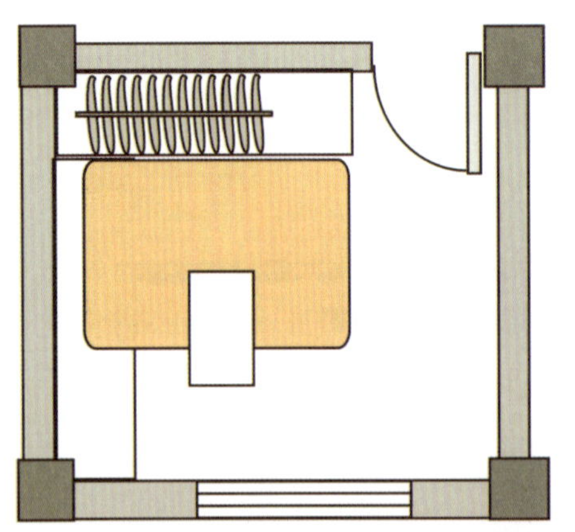

图8–16　小卧室的平面布局

图8–17　床靠墙摆放

图8–18　架空布置

图8–19　浪漫的圆形床

## 8.5 卧室常用的材料与设备 >>>

### 8.5.1 卧室常用的材料

卧室装饰装修材料的材质应以淡雅、细腻、清爽为主（图 8–20）。

**1. 墙面**

石膏板、涂料是墙面装饰装修最基本的材料。墙纸、织物、软包、木夹板也是常见的选择，对营造卧室的气氛十分有利。局部也可采用镜面玻璃、艺术玻璃。

**2. 地面**

实木地板、复合地板不但品种多、纹理美观，脚感也不错，清洗也很方便，是卧室地面的最佳材料。地毯也是比较好的选择，它有良好的保温性，是人们乐于接受的材料。

**3. 顶面**

卧室顶面装饰装修材料可使用纸面石膏板、涂料、墙纸、木夹板等材料。

**4. 门窗**

卧室门窗材料主要有铝合金、塑钢、木材、玻璃、艺术玻璃等。

**5. 固定家具（或构造）、隔断**

其主要材料有木材、夹板、装饰面板、铁艺、艺术玻璃、金属等。

图8–20　卧室的材料以柔软淡雅细腻清爽的材质为主

### 8.5.2 卧室常用的设备

**1. 电话**

卧室里的电话造型要与房间的整体风格相一致，有线电话的位置应比较固定，或者放在床的中间，或者放在床头柜上。

**2. 电视**

卧室里配备数字电视比较适宜，尺寸要根据房间的大小来确定，可以在 29 ~ 40 英寸之间。电视机的中心点应与人坐在床上眼睛的高度相适应。

**3. 音响**

卧室里最好配置迷你类音响，造型应精致，体积小，喇叭也要小一点。要有多种接口，随身听、MP3、MD 等都可以接入。音响如没有遥控装置，最好放在床头柜边上。

**4. 按摩椅和按摩床**

比较大的卧室可以配置按摩椅，需要时可以疏松筋骨、解除疲劳。有条件的家庭可以选择带有按摩功能的床垫。

**5. 旋转衣架**

在卧室里设有衣柜的可以考虑设置一组旋转衣架，既可以节省空间，又方便取拿（图 8–21）。

**6. 放大镜**

有一个台式的放大镜，放在床边非常实用，可以供主人经常端详自己的脸部，并对之进行保养。

### 7. 泡澡浴缸

浪漫的家庭可在主卧室放置一个造型漂亮的独立式的泡澡浴缸，将整个卧室作为家庭SPA(图8-22)。

## 8.6 卧室的色彩与照明

### 8.6.1 卧室的色彩

#### 1. 卧室色彩的基本要求

卧室的色彩应以淡雅、迷朦、浪漫、清洁的色调为主，中性色系是最佳选择，中间偏亮的色调比较适宜；色彩明度应接近、反差小。强烈的颜色要慎用，要用的话也要使其退远，作为背景处理。

图8-21 旋转衣架

#### 2. 卧室的配色方案

(1) 轻柔平和的色调　在卧室运用这样的色调一般不会犯错，它有淡淡的女性味，同时也不失浪漫。可选的颜色有：以白色、米色为主体，局部用艳丽色彩点缀(图8-23)。

(2) 明媚阳光的色调　年轻人的卧室可以适当加强色彩的倾向，运用一些明净纯和的色相，营造明媚阳光的感觉。可选的颜色有：鹅黄、嫩绿、鲜蓝；阳光下青草的颜色；明净的

图8-22 卧室中的独立式的泡澡浴缸

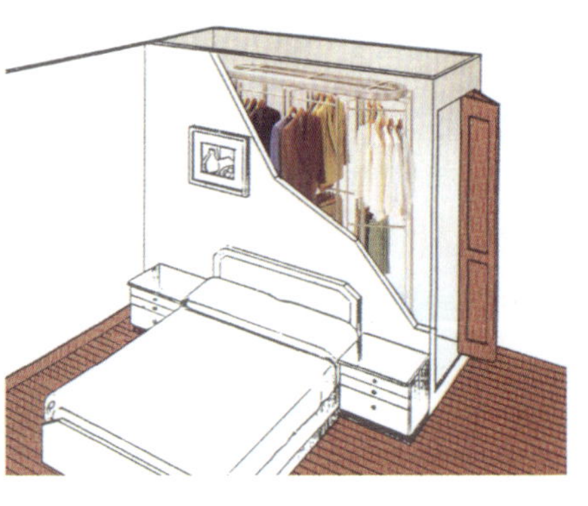

蓝色；淡淡的绿色和白色的组合；青蓝互相交替的色彩等(图 8-24)。

(3) 单纯的色调　男性或者比较内向的人可能喜欢单纯的色彩，简单的黑白灰的组合，视觉上十分单纯。可选的颜色有：黑色、白色、灰色等无彩色；黑、白、灰的组合，最好以白为主，黑白交替；能够形成灰色调的浅色纹样(图 8-25)。

(4) 朴实的色调　朴实无华是相当一部分人的人生准则，这部分人在选择色彩时也会把这样的信念带过来。可选的颜色有本白色、木本色、栗色和枣色等。木本色中木夹板的色彩与白色的配合也可选择(图 8-26)。

图8-23　色调平和的卧室
图8-24　色调明媚的卧室
图8-25　色调单纯的卧室
图8-26　色调朴实的卧室

(5) 激情和浪漫的色调　可选的颜色有：热情兴奋的橙白色；醉人的酒红色；高贵艳丽的紫色等(图 8–27)。

(6) 温暖的色调　冬季特别适宜用温暖的色调，即便春秋季节，在卧室里使用温暖的色调也很自然，并为许多人认可。可选的颜色有：红色、橙色等可以给视觉加温的色彩(图 8–28)。

(7) 清凉的色调　夏季卧室中可使用清凉的色调，如淡蓝色、海蓝色等，它能降低人的心理温度，给人舒适的感受。(图 8–29)。

(8) 沉稳的色调　沉稳的色调能创造特别安详稳定的感觉，内敛而不张扬(图 8–30)。可选的颜色有：泥土色；复色为主的沉着的色调、黑土地般的褐色、幽暗的灯光下特别神秘的深紫色等。

图8–27　色调浪漫的卧室

图8–28　色调温暖的卧室

图8–29　色调清凉的卧室

图8–30　色调沉稳的卧室

### 8.6.2 卧室的照明

1. 总体要求

(1) 丰富　灯具的形式和照明方式应多样化，以造成丰富的照明效果。

(2) 动人　采用间接照明，灯罩的作用一定要发挥出来。

(3) 直接　对重点部位采用透射式直接照明，让其有适合的亮度。

(4) 风格　灯具的造型要符合卧室的整体风格。

(5) 情调　有情调的照明是亮度适宜，造型别致，个性独特的照明(图 8–31)。

2. 设计手法

(1) 重点区域　整体照明和局部照明结合，整体照明以吸顶灯为主，用来照亮整个卧室，局部照明则以床头区域的分散照明为主，可以采用双壁灯或台灯。

(2) 其他地方　采用点式照明为主，可以采用台灯、悬臂灯、造型灯。

(3) 视觉辅助　看电视时一定要有背景光，否则容易造成眼睛疲劳；背景光不要太亮，也不能正对电视屏幕。

(4) 集中控制　房间里的灯具和设备的开关最好集中控制。

(5) 夜间照明　“长明灯”也要考虑，尤其是经常起夜的老人卧室一定要安装小功率的夜灯。

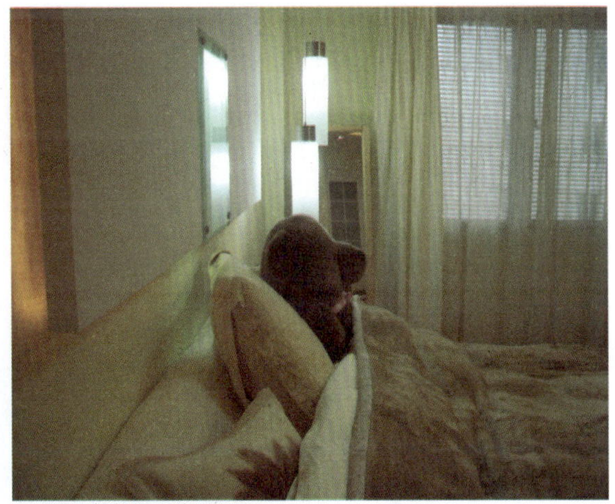

图8–31　卧室的照明

## 8.7 卧室的界面 >>>

### 8.7.1 立面

对称的床背景是重要的立面，一般都要做一个背景(图 8–32)。

### 8.7.2 顶面

顶面设计可以平实，也可以浪漫，这主要根据业主的爱好来设计。图 8–33 所示是浪漫的卧室顶面。

### 8.7.3 地面

卧室的地面一般满铺地板或地毯(图 8–34)。

图8–32　床背景

## 8.8 卧室的家具与陈设

### 8.8.1 卧室的主要家具

#### 1. 床

(1) 床的种类　床是卧室最主要的家具。床分中式床和西式床，两者最大的区别是中式床是从单边上下的，而西式床则是从两边上下的。目前绝大多数的床都是西式床。床的形式很多，可按材料、功能、构造进行分类。

按床的材料不同，可分为：

1) 软垫床。有弹簧＋海绵、纯海绵、棕榈＋弹簧＋海绵、纯棕榈等形式，可以调节角度(图 8–35)。

2) 硬板床。床板为硬木板，不配床垫，适合部分人群。

3) 水床。用水作为填充物，可借助水力和波浪的理论，具有多种功效。

4) 气垫床。用空气作为填充物的床。

5) 竹藤床。采用竹篾、天然藤作为原料，透气(图 8–36)。

6) 金属床。床头、床架为铁、铜、不锈

图8–33　浪漫的卧室顶面

图8–34　温暖的卧室地面

图8–35　可以调节角度的软垫床

图8–36　竹藤床

钢、钛金、铝等金属(图8-37)。

按床的功能不同,可分为:

1) 功能床。根据人体工程学原理设计的按摩床、修养床等床具。

2) 折叠床。床可以折叠起来,适合小面积的卧室。

3) 伸拉床。可以扩大面积的床,或可以拉出另一张床,是床中床。

4) 可拼接床。两张床可拼成一张床,其优点为可分可合(图8-38)。

5) 隐蔽床。床隐蔽在家具之中。

6) 拉网床。休闲时用的床具。

7) 活动床。钢丝床就是一种。

8) 护理床。可以局部升高和调节的床,价格较贵,主要在医院使用。适合在生病修养时或老年人使用(图8-39)。

按床的构造不同,可分为:

1) 一体化床。将很多功能有机组合在床内,如音响设备、电视、灯具、抽屉、按摩器等。

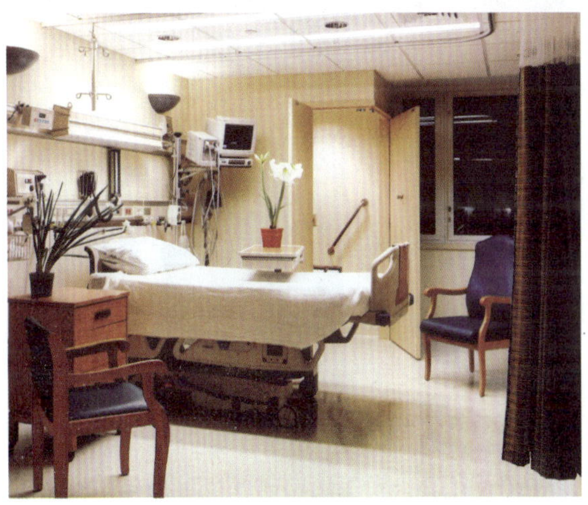

图8-37 金属床

图8-38 拼接床

图8-39 护理床

2) 架子床。在古代这样的睡床是一般绅士人家经常可见的摆设。这样的床过去叫“拔步床”，床三面围合，旁边还有简单的储藏柜和马桶箱，封闭起来是一个比较完整的私密生活空间。繁复的做工、精致的雕刻使这样的床在今天看来具有浓郁的历史文化韵味(图8-40)。

3) 四柱床。四柱床最初的起源，是为了让贵族们保有隐私，所以在床铺四周加挂帘幔以达到遮掩的效果。四柱床在冬天时一般会挂上织物来增加保暖的效果，在夏天时则改挂纱帐，以减低视觉的压迫感。四柱床的体积较一般床铺要大，摆设的位置多居于卧室中央，装饰柱也多用奢靡的金色、银色，柱子花纹雕刻繁复，配搭的布艺采用流苏等装饰物(图8-41)。

(2) 好床的标准　好床具有以下7个标准：

1) 高低适度。根据年龄和身高，床应该有合适的高度。行动不便的老年人起身困难，床要高一点；小孩的床要低一点，防止掉落危险。

2) 软硬适度。床的软硬应符合脊椎骨的曲线，有些人愿意睡硬板床，有些人睡软床舒服，要根据情况作出选择。

3) 透气。可以透气的床有利于健康，对长期卧床的人来说，这一点尤为重要。

4) 冬夏可换季。床垫是两面设计的，一面是棕绷适合夏季使用，一面是席梦思，适合冬季使用。不仅实用，也有利于节能。

5) 有可调结构。如可以调高床的一侧，床就变成了靠背床。有气动装置的床，可以任意调节角度。床的倾斜角度可调，周围辅助设施可调，如旁边有可转动的小桌板等。

6) 无锐利的边角。锐利的边角可能会对人造成伤害。因此，好的床应无锐利的边角。

7) 汽车设计和飞机设计的理念。有过高级汽车驾驶经历和飞机乘坐经历的人对汽车飞机顺手紧凑、无微不至的设计一定会留下深刻的印象。在不大的空间内，可以实现许多功能(图

图8-40　中式架子床

图8-41　带漂亮帷幔的四柱床

8-42)。如定向照明、定向送风、多向调节等。这些理念如果用到卧室床头部位的设计就会大大提高使用的舒适性。开关的位置、功能的设计、照明的安排、通信设计的应用、视听设备的操控等如何舒适方便，对共同使用者怎样做到互不影响、各得其所等，可以作很多探索。

(3) 床位的讲究　床在卧室里应该摆在什么位置？比较小的卧室，例如在不大于 $13m^2$ 的房间，床位的选择余地并不大，一般门窗位置及空间大小已经暗示了放床的位置，一般人都能作出正确的选择(图 8-43)。所以，许多人认为卧室设计并没有太多文章可做，因此比较轻视。但是面积比较大的卧室床的方位还是有很多讲究的，可以从下面几个方面考虑。

1) 视线位。床最好不在视线位上，进门以后有一个转折再看到床是比较好的。

2) 门位。床最好不正对着卧室门和卫生间的门。

3) 通风位。通风对睡眠中的人有利有弊，最好的情况是有轻微的风缓慢地循环。无风或者风量过大，循环过快，对睡眠都不利。睡眠的时候最好不要直接受风，否则容易受风寒，着凉感冒。所以，床要避免放在过强的风位处。

4) 相邻位。相邻位指的是靠近隔壁房间的那面墙处。房间在很多情况下都有相邻关系，有的是与自家相邻，有的是与邻居相邻。床最好不要靠在与邻居相邻的那面墙上，这样既有利于保护隐私，又不会受到邻居的影响。

## 8.8.2 卧室的其他家具

(1) 床头柜　床头柜实际是床的延伸，为人们提供各种方便(图 8-44)。床的两边有床头柜造型上也显得稳定安全。有的床的设计与床头柜是一体化的。床头柜有抽屉式和茶几式的。床头柜的高度要么与床面齐平，要么略低一点，千万不能高于床面。防止一不小心“碰头”。床头柜的造型和色彩要与床相统一。

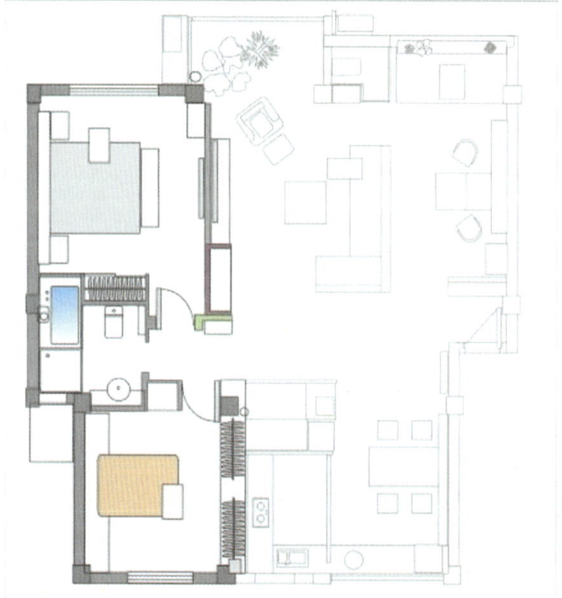

图8-42　私人飞机的内舱

图8-43　小卧室中的床位

(2) 床靠背　床靠背是组合床中的一个部件，但现在也有不少是单独设计的。床靠背与床背景一体化的设计也很常见，为许多人所喜欢。它们实际上构成了卧室的背景，是卧室设计中的重头戏。设计上更多地运用了点、线、面等要素及形式美的基本原则，使造型和谐统一而富于变化(图 8-45)。

(3) 床前几　放在床前的与床差不多同宽的桌几，在功能上比较实用，可以放脱下的衣物，也可以当坐椅使用(图 8–46)。设计风格应与床保持一致。

图8–44　床头柜

图8–45　床靠背

(4) 电视柜　电视柜的设计高度应根据人在床上的视高来确定。功能上应考虑放置 DVD 或 VCD 以及音响之类的设备(图 8–47)。

(5) 化妆柜　在卧室里化妆，是人们多少年来的习惯。因此传统的卧室家具一般是五大件：衣柜、电视柜、化妆柜、床头柜、床。沿用此习惯的人仍然可以保留化妆柜(图 8–48)。但独立设置化妆柜现在越来越少了，因为这个功能已经转移到卫生间了。如独立设置化妆柜，其位置一般应靠近床头柜。所以，现在的化妆柜有许多是和床头柜连在一起的。

(6) 床边桌或床上桌　床边桌或床上桌可以满足那些喜欢在床上做事情的人的需要。这种桌有两种形式：一种是插入式的。它靠在床的旁边，装有轮子，需要时可以拉过来将桌板插入床上，不需要时可以推开，方便灵活。还有一种是折叠式的床上桌。支脚收起来时，就是一块面板，展开支脚，就是一张床上桌。这种桌子比较轻便，但使用时不如插入式床边桌方便。

(7) 衣柜　衣柜分为墙外柜和入墙柜。

墙外柜一般在各类家具市场上选购。如今市场上的墙外柜主要分为两类，一类是有门的，一类是开放的(无门)，实际上是由无门的衣柜组成的衣帽间。开放式的衣柜将花花绿绿的美衣全部尽收眼底，很适合年轻人的家居氛围。但这样的衣柜一般是要根据卧室的实际条件定制。

入墙柜可在家装现场制作，也可在市场上定制。其重点要在门上做好美丽的文章，它能够决定衣柜的外观效果(图 8–49)。衣柜门的材料有木板、玻璃、镜子及其他材料。木板门朴实、自然，比较大众化；磨砂、布纹玻璃门则有朦胧的效果，在灯光映射下感觉甚为曼妙；镀银玻璃门有一种高档豪华的感觉；透明的玻璃门晶莹剔透；百叶门新颖、独特。入墙柜的内部构造也颇有机关（图 8–50)。柜身可为多种分柜，根据室内空间大小及个人喜好，挑选若干分柜进行自由组合，一些活动层板、抽屉数量也可适当增减。还可以在柜中配有弹性拉伸设备，简洁实用。一些入墙柜还设置有带滑轮的裤架，可以整齐地挂上十几条裤子，保持通风，不会皱褶，一目了然，而且拿取方便，体现出匠心独运的设计思想。所以在入墙衣柜设计中，哪里是抽屉，哪里是隔板，都要精心安排好。

(8) 走入式衣柜　可以利用推拉门在卧室中隔出一个空间，做一个“走入式衣柜”（图8-51）。

图8-46　床前几

图8-47　卧室电视柜

图8-48　卧室化妆台

图8-49　漂亮的衣柜门

图8-50 入墙柜的内部构造也是颇有机关

图8-51 走入式衣柜

## 8.9 卧室设计的新概念

### 8.9.1 全功能卧室

“全功能卧室”最主要的是与现代生活的融合。因为，人的大部分时间是在卧室里度过的。使用卧室是不是方便很大程度上决定着生活的品质。“全功能卧室”就是把卧室的功能最大化，凡是卧室里要碰到的各种需求都要有所考虑。在卧室里，不但可以寝卧休息、看电视和家庭影院、听音乐，可以休闲阅读、按摩健身、上网冲浪、办理简易商务，还可以享受冲浪浴，化妆更衣，并有足够的空间收纳大量衣物。这样的全功能卧室成为人们的生活重心所在。当然这样的全功能卧室，空间要求比较大。

### 8.9.2 子女房

不同成长阶段的孩子有不同的生理和心理的需求，所以子女房设计的最大要点是要区分子女的成长阶段，并进行有针对性的设计。

1. 0～1 岁婴儿“卧室”

刚到人世的婴儿，一般没有独立的婴儿房，婴儿床就是他们的“卧室”。选择一张合适的婴儿床是最为关键的。其款式和安全是关注的重点。由于婴儿处于感觉的发展期，富有爱心的父母要在婴儿床周围为孩子的感觉发展创造优越的条件。对卧室而言，尤其要重视为色觉的迅速发展创造条件。在婴儿床周围最好布置父母期望的鲜艳色彩，也可以通过测试，判断孩子喜欢的色彩。婴儿的皮肤非常娇嫩，因此婴儿床的材质必须非常柔和，绝对不能有任何伤害的隐患（图 8–52、图 8–53）。

2. 2～3 岁幼儿卧室

这个时期的孩子是动作高速发展的时期，同时也是不断接受新知识的重要时期，游戏是他们人生的主要任务。这个阶段孩子脱离了婴儿床，开始有自己独用的家具。要注意家具的材质和尺度，材质尽量要轻，家具尺度要小，便于孩子搬动。要培养孩子良好的习惯，因此，玩具储藏和整理的家具特别重要，还要为孩子的学习创造条件。图 8–54、图 8–55 就是按照这样的理念设计的儿童房。

3. 3～6 岁幼儿卧室

这个时期的孩子进入了学前期，游戏仍然

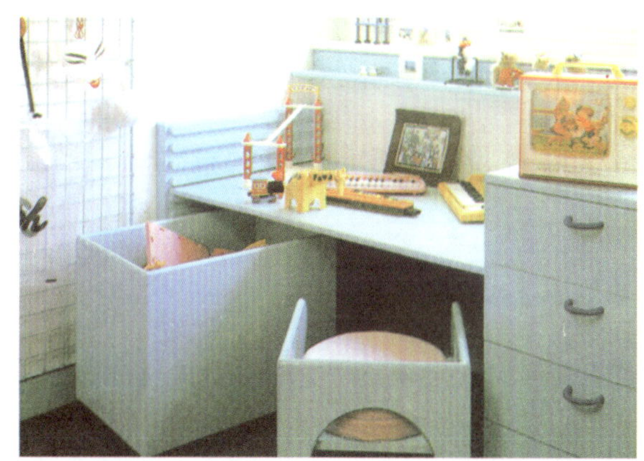

图8–52　0～1岁“婴儿”卧室婴儿床柔和的材料

图8–53　0～1岁“婴儿”卧室的色彩设计

图8–54　2～3岁幼儿卧室中要考虑学习的空间

图8–55　2～3岁幼儿卧室中的储藏空间非常重要

是他们的主要生活，同时学习的量也大大增加了，这个时期的孩子容易生活在童话世界中，所以卧室设计要刻意地营造他们喜欢的童话氛围，同时为他们的学习创造良好的条件。要给他们涂鸦的空间，也要给他们学习的空间（图 8-56、图 8-57）。

#### 4. 7～12 岁少年卧室

这个时期的孩子进入了学龄期，自主意识也大大增强了，他们的卧室应该倡导独立的空间。条件许可时最好为他们安排专用的空间（图 8-58、图 8-59）。虽然学习替代游戏成为

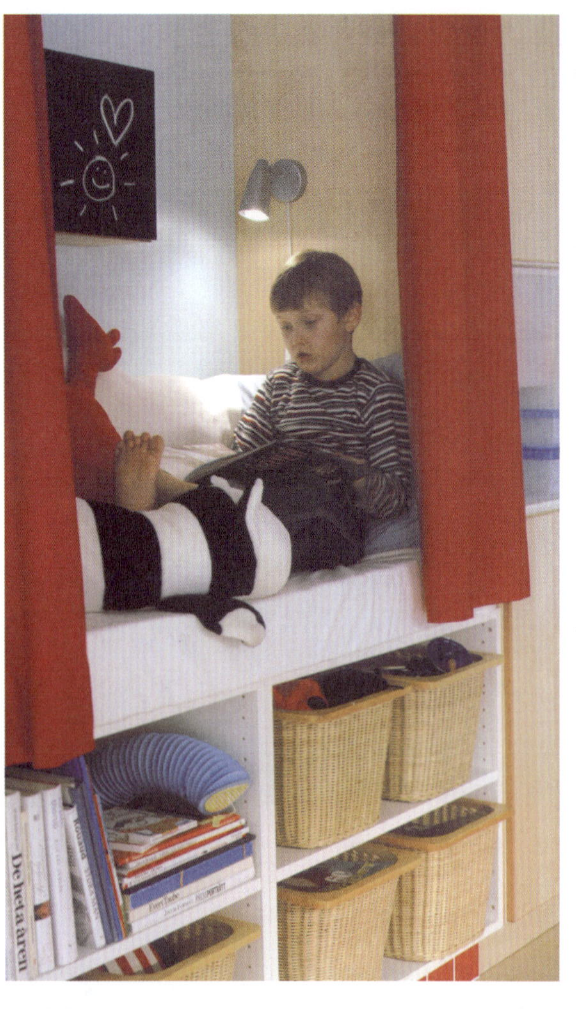

图8-56　3～6岁幼儿卧室具有童话效果

图8-57　3～6岁幼儿卧室要考虑涂鸦的空间

图8-58　7～12岁少年卧室最好独立

图8-59　7～12岁少年卧室学习与游戏有机结合

了他们的主要生活，但游戏的空间仍然十分重要，最好的办法是将学习与游戏统一起来，家具要有玩的要素。同时要照顾到他们身体的迅速成长，设计的家具最好有可调的结构。

5. 13～17岁青少年卧室

这个时期的孩子自我意识开始觉醒，逆反心理开始显现，第二性征逐渐体现，“我的空间我作主”开始成为他们的口号，追星行为非常普遍，有自己的偶像，是追随流行的主力军。时尚和个性是他们的卧室设计的主题（图8–60、图8–61）。他们讨厌俗套的款色，讨厌被大人安排，所以卧室设计一定要征求他们的意见。男女有别也是一个重点。励志的内容可以成为他们卧室设计的一个主题。

6. 18～20岁青年卧室

这个阶段孩子已经成人，思想和爱好都比较成熟了，兴趣爱好也开始固定下了。追求新事物，张扬个性，有自己明确的主张，不妥协，朦胧的爱情开始产生，这些都成为这个年龄段的明显特点。独立的卧室是他们强烈的要求，个性和风格成为他们最看重的东西，“不拘一格”是他们的口号，时尚和流行也是他们最敏感的设计元素，创新是设计的主题（图8–62、图8–63）。因此，这个年龄段的孩子的卧室设计对设计师而言最具挑战性。

图8–60　13～17岁青少年卧室要强调个性

图8–61　13～17岁青少年卧室可以有励志的内容

## 8.9.3 双亲房

双亲房就是老人房。我国已经进入了老龄化社会，老年人已经成为一个很庞大的群体。对老人房的设计也要注重年龄的分区。低龄老人和高龄老人的卧室设计具有明显的区别。

1. 低龄老人的卧室

低龄老人一般应从退休开始算起，到能够自理生活为界。这样的老人身体健康，时间充沛，只要没有生活的压力，生活应该是很美好的。他们的卧室一般与正常的卧室没有什么区别。如果非要说区别，最好卧室在南面，以便有比较好的日照条件。因为日照条件对老年人的健康来说是非常重要的。其次要为向高龄老人时代的过渡做好准备。安全因素也要得到强调，家装材料方面尽可能地用绿色环保材料，风格方面尽量采用自然风格，给人一种轻松休闲没有压力的感觉（图8–64）。

2. 高龄老人的卧室

高龄老人由于身体机能的退化，自理生活

发生一定的困难，他们的卧室设计要更多地考虑无障碍设施，更多地考虑护理的设施，更多地考虑求助的设施。图 8–65 就是一个具有很好的护理条件的老人房。

图8–64　低龄老人的卧室

图8–65　高龄老人的卧室

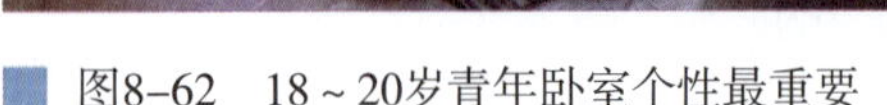

图8–62　18 ~ 20岁青年卧室个性最重要

图8–63　18 ~ 20岁青年卧室不拘一格

## 设计技巧　卧室设计需要关注的细节

1) 床一定要有靠背，给人稳定感。

2) 床边最好有床头柜，方便日常起居。床头柜与床之间要有整理床单的空间。如果能配置床边桌最好。

3) 床顶一定不要有尖尖的吊灯或刺眼的射灯。灯光最好可以调节亮度。

4) 床边要有电控器。开关和电话最好两边都有，要不然放在中间。

5) 灯光最好来自背后，这样阅读起来不刺眼。

6) 电视机一定要放在视线的中间。

7) 床最好不要对着卧室门，也不要对着卫生间的门。

8) 床不宜放在窗口，这样容易着凉。

9) 床上方一定不要有梁状物，否则会产生压抑感。

10) 床对面不要放画，容易影响休息。

11) 空调不要安装在床头上方。

12) 卧室内色彩一定要淡雅。

13) 卧室里最好设置衣柜。

14) 床下一定要通透。

15) 要关注卧室的舒适度设计，所有的设置都要方便顺手。床头顺手可及的东西都要有恰当的位置。

16) 卧室的家具绝对不要出现尖锐的棱角，确保没有任何会伤害到人的尖硬的构造。

17) 如果有好景色一定要善加利用，使卧室成为“看得见风景的房间”。

拥有一个书房是许多文化人的梦想。一篇《好想有间书房》的文章中表达了作者对书房的念想："我在文中用了一个词语：梦寐以求，并对未来的书房做了一些畅想：不必太大，但必须放得下两个大书柜和一张大书桌……，通往阳台的一排落地长窗使书房在白天有极好的采光和通风放果；而在夜晚，一壁的长窗帘又将书房与外界隔离，让我与一盏孤灯相伴，安静地读书、安静地写字，安静地思想。夜深时，还可以拉开窗帘，走出长窗，在阳台仰望星空，作一番关于历史、关于宇宙、关于永恒的遐想。"

# 9. 事业领地 书房

# 9.1 书房的概念与功能 >>>

## 9.1.1 书房的概念

**就家庭而言，所有用于学习和工作的房间一般都通称书房。**

观察当今家庭书房的形态，绝大部分还是传统的书房形式，但也有不少职业或兴趣爱好比较特殊的专业人员其书房的形态比较特别和专业。因此，也有不少人将这样的空间称为工作室，工作室实际上是书房的一种特殊表现形式。

### 1. 什么样的房间可以称为书房

书房就是一个可以看书、写字、写文章、放书、使用电脑的专门的房间；一个有品味的，可以待客的商务空间；一个满足自己兴趣爱好的空间。

### 2. 什么样的房间可以称为工作室

比较专业的家庭工作空间也可以称为家庭工作室。这样的空间既满足业主自己的兴趣爱好，同时又可以从事文化、科技、艺术等专业工作，进行谋生或从事第二职业。

这里“专业工作”和“谋生”是两个比较重点的概念。有时书房和工作室的概念比较模糊，尤其是对作家、法律工作者、教师等人员而言，他们的书房和工作室的概念和形态有时是相同的；而一些艺术家、科技工作者、从事手工艺工作的人员的工作室与书房的形态就会很不相同。

## 9.1.2 书房的功能

### 1. 书房的基本功能

(1) 工作　需要配备写字台、电脑桌及办公设备，如电脑、复印机、碎纸机等。

(2) 观赏性储存　需要配备展示柜，有放书、放物品的地方。

(3) 视听　需要配备获取信息、放松精神的必要设施，如电视，音响等。

(4) 休闲阅读　配备沙发、躺椅、茶几、杂志架、报刊架等，工作室里的阅读不一定非常正式，也可以是一种休闲的状态。如在窗前可以放一张小沙发床，旁边配小茶几和小立灯，使人们可以半躺半坐地阅读一些轻松的东西。

(5) 通信　需要配备传真机、电话，手机充电设施也要考虑在内。

(6) 会客　需要配备沙发、茶几等。

### 2. 书房的扩展功能

(1) 娱乐　主要是工作间隙的娱乐，需要配备小型的娱乐设施。

(2) 储存　主要是收藏性储存，需要配备大储存量的柜子。

(3) 健身　需要配备必要的健身设备。

# 9.2 书房的设计原则与要求 >>>

## 9.2.1 书房的设计原则

**书房的设计原则有两点：一是营造氛围，二是提高效率。**

书房的氛围就是“书香天地”，这是书房有别于其他房间之处。宁静的空间，与书为伴，墨香飘飘，进入了这个地方就能静下心来，专心读书、工作。

书房的效率就是能够在这里顺利地进行学习和工作，尤其是对书房有依赖的文化工作者，各种工作需要不同的工作条件，在这里应该甚至比工作单位有更好的工作条件。因为这里是无人打扰的专用空间。

## 9.2.2 书房的设计要求

### 1. 营造恰当的书房环境心理

书房的环境心理可以概括为：

(1) 自我性　书房是家庭中的自我色彩比较浓的地方，可以适当彰显个性。

(2) 专业性　符合主人的专业工作的要求。各种功能的满足必须达到专业的程度。

(3) 随意性　在这里可以做很多事情。

(4) 方便性　工具及工具书的放置要符合使用要求，经常用的物品要伸手可及。

(5) 文化性　书房是满足精神需求的空间，应当有浓郁的文化氛围。

(6) 形象性　对需要经常接待客人的书房或家庭工作室，品位很重要，它是主人专业水准的体现，其设计应能体现主人的形象。

### 2. 营造书房应有的氛围

书房应有的氛围可以用四个关键词来表述：明亮、安静、雅致、有序。

(1) 明亮　明亮是书房和家庭工作室应有的感觉（图 9–1）。书房作为读书写字的场所，对于照明和采光的要求很高，因为人眼在过于强和弱的光线中工作，都会对视力产生很大的影响，所以写字台最好放在阳光充足但不直射的窗边。这样，在工作疲倦时还可凭窗远眺休息眼睛。书房内一定要设有台灯，书柜配射灯，便于阅读和查找书籍。但应注意台灯要光线均匀地照射在读书写字的区域，不宜离人太近，以免强光刺眼。

(2) 安静　安静是修身养性之必需，对于书房来讲十分必要，因为人在嘈杂的环境中的工作效率要比在安静的环境中低得多。所以书房装饰装修要选用那些隔声、吸声效果好的材料。顶棚可采用吸声石膏板吊顶，

图9–1　工作室应有的氛围——明亮

图9–2　工作室应有的氛围——安静

墙壁可采用 PVC 吸声板或软包装饰布等装饰，地面可采用吸声效果佳的地毯（图 9–2）。窗帘要选择较厚的材料，以阻隔窗外的噪声。

(3) 雅致　清新淡雅可以怡情。在书房装饰装修设计中，应将主人的情趣充分融入，一件艺术收藏品，几幅主人钟爱的绘画或照片或其亲手写就的墨宝，哪怕是几个古朴简单的工艺品，都可

以为书房增添几分淡雅和清新(图9–3)。

(4)有序 有序是工作效率的保证。书房，顾名思义是藏书、读书的房间。书一般可分为几类：随时要看的、经常需要查阅的、偶尔翻一下的、基本不看只用来收藏的，对不同的书的存放位置应予以适当的区分。随时要看的书放在写字台旁边的书写工作区；经常要查阅的书放在写字台附近的书柜；偶尔翻一下的书、基本不看的书放在书柜上下格的储藏区。这样既使书房井然有序，还可提高工作的效率(图9–4)。

图9–3 工作室应有的氛围——雅致

图9–4 工作室应有的氛围——有序

### 3. 提高工作效率

书房是家庭工作的专用空间，因此也有提高效率的问题。如何提高效率？书房的位置选择和内部布局很重要。一定要根据工作的性质和需要来安排，要使工作能够有序、专业地开展。特别是那些不是以写为主的工作，如绘画、音乐制作、裁剪、科技发明、小制作、陶艺制作等，需要比较大的工作面和特殊的工作台。同时，还要注意减少外来干扰对书房的影响。例如，如果进入其他房间需要穿越书房，自然会影响工作效率。

### 4. 针对设立书房的动机提出设计方案

这里有必要讨论一下设立书房的动机。因为书房对不同的人来说地位大不相同。对有些人来讲书房是可有可无的，而对另一些人来讲，书房是必不可少的，甚至还要拿出最好的房间作为书房。对设计师而言，弄清业主在家庭中设立书房的动机，就可以设计出符合其需要的书房。设立书房常见的动机有：

(1)随大流的应景之作 对一些家庭来讲，书房并不是十分重要，虽然安排一个单独的房间作为书房，但这个房间往往是朝向不好、面积较小的房间，同时书房也作为家中的应急的房间。但不管怎样，家里有了书房毕竟增加了配置，提高了品味。

(2)营造一个书香园地 一些知识分子家庭，对书房会特别关注。会做一大排书柜，把多年积累的书刊有序地摆放起来，有一张有品味的写字台。有一把舒适的椅子，旁边有一台电脑，墙上有一幅墨宝。不求大，但求雅（图9–5）。

(3) 办公室的延伸　现在很多业主都是单位的骨干，工作非常忙碌，单位里做不完的事，自然带回家里继续做。所以书房成了办公室的延伸（图 9–6）。

(4) 为孩子提供好的读书环境　望子成龙，望女成凤是绝大多数父母的心愿，因此，只要条件许可，一定要给孩子准备一间学习的房间（图 9–7）。

(5) 商务会客　对于一个交友广、商务活动频繁的成功人士来说，在家里接待商业客人的事情并不少见。一个敞亮的书房，便是高级的谈话空间（图 9–8）。

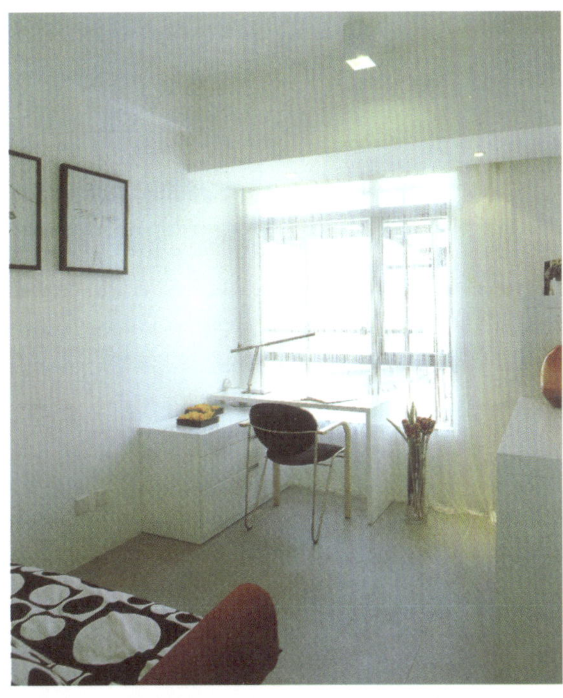

图9–5　营造一个书香园地

图9–6　办公室的延伸

图9–7　为孩子提供好的读书环境

图9–8　商务会客

图9-9 为电脑配一个书房

图9-10 自己的事业空间

(6) 设置一个电脑房 现在许多家庭都有了电脑，人们一般习惯把电脑桌放在书房。于是为很多人愿意为电脑“配”一个书房（图 9-9）。

(7) 成为自己的事业空间 很多人精力特别充沛，除了完成主业工作，业余时间还有许多兴趣爱好，不少人还有第二职业、第三职业。书房或工作室就是其事业的另一个天地（图 9-10）。

## 9.3 书房的类型与尺度 >>>

### 9.3.1 书房的类型

#### 1. 普通书房

满足简单的书写、阅读、电脑操作等需要（图 9-11）。

#### 2. 客房型书房

除了有书房的功能外，还需要有客房的功能。应设有床或是沙发床（图 9-12）。

#### 3. 独用书房

一个人使用为主，可以依使用者的个性表现很强的个人风格（图 9-13）。

#### 4. 共用书房

家庭成员共同使用，设计应满足成员的不同的使用要求（图 9-14）。

#### 5. 摆设型书房

典型的做法是在整面墙上设置规整的书橱，以展示主人对文化的偏好。这是一种功能的偏移，这种书房具有陈设的形态（图 9-15）。

#### 6. 商务型书房

满足处理商务的要求，并能显示主人的经济实力（图 9-16）。

#### 7. 家庭工作室

(1) 无客工作室 只满足主人工作需要，不

需要在工作室会见业务对象的工作室(图9–17)。

(2) 有客工作室　主人需要在工作室与客户沟通，如心里咨询、理财顾问、家庭医生、家庭教师的工作室(图9–18)。

(3) 联络型工作室　在工作室内主要进行信息交换工作。传真、电脑、电话是需要配备的主要的设备。

(4) 平面型工作室　能满足文字写作、平面类设计工作要求的工作室(图9–19)。

(5) 工场型工作室　能满足绘画、雕塑、陶艺制作、服装设计、录音、音乐制作等工作的需要(图9–20、图9–21)。

(6) 展示型工作室　收藏展示、手艺展示、作品展示(图9–22)。

(7) 休闲工作室　休闲型工作室主要满足家人的兴趣爱好(图9–23)。

图9–11　普通书房

图9–12　客房型书房

图9–13　独用书房(一整面墙的木质版画，成为最抢眼的装饰品)

图9–14　共用书房

图9-15 陈设型书房
图9-16 商务型书房
图9-17 无客工作室
图9-18 有客工作室
图9-19 平面型工作室

## 9.3.2 书房的尺度

### 1. 书房的人体活动尺度

书房的人体活动尺度应符合人体工学和作业的要求。要满足人体活动尺度的需要，关键是工作台和坐椅的尺度要合适，工作台的位置要考虑行动方便和采光的需要。

图9-20　音乐制作者的工场型工作室

图9-21　画家的工场型工作室

图9-22　展示型工作室

图9-23　休闲型工作室

#### (1) 工作台尺度确定的依据

1) 工作台台面的高度不是以地面为相对标准，而是以人的肘部高度为相对标准。通常认为肘下 50mm 为最佳工作台台面的高度。

2) 搁腿空间必须满足坐姿的舒适条件。如果工作台台面的高度大于舒适坐姿的两腿顶部的高度，那么大于空间可以考虑设制抽屉。

3) 舒适的坐姿必须有宽敞的搁腿空间，其姿势是两大腿近乎水平，两脚有稳定的支撑。

4) 工作台台面的形状一要根据工作物的形状而定，二要根据人的手臂运动范围来确定。根据美国 1960 年测得的男女平均身高统计（男 1735mm，女 1610mm），男女手臂运动的轨迹取值范围最好在 500mm × 1200mm 左右，这个数据与我国目前男女平均身高相近，故对我们有一定的参考价值。

(2) 坐椅尺度确定的依据

1) 坐位高度一般根据坐者小腿的长度确定，使坐者的脚能自然地平放于地面。按照我国男女的平均身高，成年女性的小腿长度约为 382mm，加上鞋的后跟 20 ～ 50mm，一般坐椅恰当的高度为 402 ～ 432mm；工作用的椅子高度要减去 5 ～ 10mm，沙发坐面的高度为 350mm 左右。

2) 座位的深度一般略大于坐者大腿的长度。座位的前端要避免膝关节后面的压迫感，我国男性平均的大腿长度为 445mm，减去膝盖的尺寸，420mm 的座位深度比较得当。座位的深度决定人的坐姿。深度越大，人的坐姿变化越大。例如，沙发的坐深一般大于工作椅的坐深。所以，人在沙发上的坐姿就比较丰富，有的甚至可以半躺。

3) 座位宽度必须大于臀部的宽度，一般不能小于 450mm。肩宽与座位的宽度也有一定的关系，扶手椅的扶手尺度就是根据肩宽来确定的。坐面如果设计得太宽了，手就不能自然地搭在扶手上。

4) 坐椅背的高度及倾斜度要根据不同的椅子性质来确定。其倾斜的曲线要根据人的脊椎弯曲的曲线来设计。适当的倾斜会使人产生不同程度的舒适感。工作椅一般是低靠背的，靠背的弯曲程度最好能把腰部托住。

5) 靠背的宽度一般在 350mm 左右，不能设计得太宽，否则要影响人的自由转身。

6) 靠背与坐面要形成一定的角度，115° 这个倾角常被采用。坐面要适当向后倾斜，倾角一般为 3° ～ 5° 。

7) 扶手的高度以手臂自然搁在扶手上为宜，一般以坐面以上 200 ～ 240mm 为宜。

8) 座位必须有合适的弹性。根据不同性质的椅子来确定。坐面还需要适当的弧度，以均匀分配臀部的压力。

### 2. 书房的家具尺度

书房常用家具的尺度见表 9–1。

**表 9–1 书房常用家具的尺度** （单位：mm）

| 家具 | 尺寸 |
|---|---|
| 写字台 | 大：2200 × 1200 × 750<br>中：1800 × 800 × 750<br>小：1200 × 600 × 750 |
| 茶几 | 高度50mm 左右，大小比较随意 |
| 沙发组 | 大：4000 × 3000<br>中：3000 × 2000<br>小：3000 × 1500 |
| 书柜 | 每组：2000 × (500 ～600) × 400 |

## 9.4 书房的组合与布局 >>>

### 9.4.1 书房的组合

(1) 纯工作室 + 卫生间　适合于 SOHO 型家庭、爱好多的家庭、艺术型家庭。

(2) 工作室连接玄关　这是一种有客型工作室可以考虑的组合。

(3) 工作室 = 书房　知识型家庭的常见组合。

(4) 书房或工作室 = 会客室　两室合一，书房或工作室成为家庭的第二客厅。

(5) 书房 + 和室 + 卫生间　有情趣，不同的起坐方式，调整心情，休闲舒适。

(6) 书房设于阳台、庭院中　自然亲和，家庭空间小的家庭可以采用。

(7) 书房或工作室设于花房中　喜欢自然的家庭、老人家庭、有阳光室的家庭可以来用。

(8) 书房或工作室＋酒吧　注重交往，喜欢品酒的业主可以考虑。

(9) 书房或工作室＋厨房　一般很少出现，除非是厨艺工作室。

(10) 书房＋卧室　居室比较小的家庭、单身公寓常见这样的格局。

(11) 书房或工作室＋健身房

(12) 书房或工作室＋弹性空间　大和丰富的感觉，模糊的功能，多种需要组合在一起，可以既是书房，又是琴房、餐厅、茶室、健身房……

## 9.4.2 书房的布局

### 1. 书房的空间分区（图 9-24）

(1) 工作处理区　可以细分为三个区域：一是主写字区，以主办公桌和工作椅及交谈椅为主。二是辅助操作区，可以将辅助用品组合在一起，成为一个专门的区域。在有限的空间内，将电脑、打印机、复印机、传真机等办公设备进行合理的布局，结合电脑桌进行巧妙摆放。这要根据工作者的工作性质进行专门的设计。三是交流讨论区。

(2) 休息休闲区　工作之余的适当休息场所。

(3) 展示储藏区　工作室的储藏往往带有展示性，特别是有客的工作室。那些能够证明自己业绩的奖牌、引以为豪的作品、有品味的陈设、权威的参考书是展示的主角。这些一方面无言地向客人说明着什么，同时又是工作室的最佳装饰。

### 2. 书房的常见布局

(1) 沿墙式　适合小书房，家具和写字台都沿墙展开，活动空间比较大，但交流比较困难（图 9−25）。

(2) 岛式　适合大中型书房，写字台岛式布置，书柜沿墙，交流比较方便（图 9−26）。

(3) 散点式　适合大型书房，写字台、会客区家具分散而置，各得其所（图 9−27）。

(4) 阁楼式　适合层高比较高的房间，上下分区（图 9−28）。

按书房面积的大小，可将其分为大型书房、中型书房。不同面积的书房，应采用不同的布局。

大型书房面积在 20 ~ 50$m^2$，一般的平面尺寸为 (4.2 ~ 6)m × (6 ~ 8)m 左右，主要适合起居室型书房、家庭工作室、商务型书房，空间布局主要采用散点式（图 9−29）。

图9−24　书房的空间分区

图9−25　沿墙式布局的书房

中型书房面积在 14 ~ 20m$^2$，一般的平面尺寸 (3.3 ~ 3.6)m×(4.2 ~ 5)m 左右，主要适合摆设型书房、储藏型书房、共用型书房、客房型书房，空间布局主要采用沿墙式和岛式 ( 图 9−30)。

小型书房面积在 6 ~ 14m$^2$，一般的平面尺寸为 (2.7 ~ 3)m×3.2m 左右，主要适合独用书房、客房型书房。空间布局主要采用沿墙式和阁楼式 ( 图 9−31)。

图9−26 岛式布局的书房

图9−27 散点式布局的书房

图9−28 阁楼式布局的书房

图9−29 大型书房

图9-30　中型书房

图9-31　小型书房

## 9.5 书房常用的材料与设备 >>>

### 9.5.1 书房常用的材料

1. 墙面

书房墙面装饰装修材料常用涂料、墙纸、织物、玻璃、石膏板、木夹板等。

2. 地面

书房地面装饰装修材料常用地板、地毯等。有客型工作室可以选用抛光砖等美观同时易于清洗的材料。

3. 顶面

书房顶面装饰装修材料常用纸面石膏板、涂料、墙纸、布艺或木夹板。

4. 门窗

书房门窗材料常用铝合金、塑钢、木材、玻璃。

5. 固定家具（或构造）、隔断

书房中的固定家具（或构造）、隔断常用材料有木材、夹板、装饰面板、艺术玻璃等（图9–32、图9–33）。

### 9.5.2 书房常用的设备

书房中配备的常规设备有电脑及外设、电视、音响设备、空调等。专用设备需要根据业主情况具体确定。

## 9.6 书房的色彩与照明 >>>

### 9.6.1 书房的色彩

书房的色彩要柔和，使人平静，最好以冷色调为主。一般来说，书房的墙面、天花板色

调应选用典雅、明净、柔和的浅色，如淡蓝色、浅米色、浅绿色，尽量避免跳跃和对比的颜色（图 9–34 ~图 9–36）。

图9–32　以夹板为主材的书房

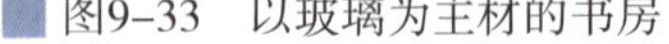

图9–33　以玻璃为主材的书房

图9–34　浅色的书房使人感觉清爽

图9–35　色彩浓烈的书房针对特别的人群

图9–36　冷色调的色彩比较符合书房的要求

## 9.6.2 书房的照明

### 1. 设计要求

书房对照明和采光要求较高，因为人眼在过强或过弱的光线中工作，都会造成视觉疲劳。写字台最好放在光线充足但阳光不直射的地方。这样不仅可保护眼睛，伏案间歇还可凭窗远眺，放松自我。书柜玻璃最好能选择有色的，这样，既能方便地选择书，强光线又不能直射到书上，从而有利于保护书籍。其具体设计要求为：

(1) 明亮　有适合的照度和光质，光线最好从左侧后方射入，以利书写、阅读等活动的进行。照明不能用有色灯光，否则就会产生偏色。

(2) 多重　有直接采光，也有间接照明，有重点照明，也有环境照明。工作时可用直接照明和重点照明，休息时可用间接照明和环境照明。

(3) 局部感性　在展示区、休闲区，灯光形态和灯具可以感性一些，可以使书房富有情调和想象力，具有更多的艺术感觉。

(4) 重点解决工作台的照明　工作台的照明是书房照明的重点。首先要有正确的亮度，其次要便于控制和调节。最好工作台边就有控制整个书房灯光的装置，不仅能控制工作区的直接照明，也能控制书房其他区域的间接照明。

### 2. 设计手法

(1) 自然采光　尽可能利用自然光——拥有自然光的工作室是最理想的，不但可以节电，而且保证光与色不失真。自然光有很强的表现力，也有生机勃勃的感觉。一般为侧面采光，最好的为顶面采光。要尽可能地使光线从左侧后方射入，如果有高窗采光的条件，一定要充分利用（图 9-37）。

(2) 人工照明　书房的人工照明宜采用整体照明。所谓整体照明就是直接照明、氛围照明、局部照明、安全照明相结合的照明方式，注意主灯最好可调节亮度，同时应以直接的工作照明为主（图 9-38、图 9-39）。

书房的照度要求为 140 ~ 300 lx。

图9-37　很好地利用自然采光的书房

图9-38　人工照明的书房

图9-39　工作区的照明

## 9.7 书房的界面 >>>

**书房的界面设计一定要体现书香气息和文化品味。**

### 9.7.1 立面

书房的立面装饰应有书房的特点，可以以书柜为界面，也可以以展示品为界面。书房以书画为界面很自然得体。图9–40所示是以书柜作为书房一侧的界面。图9–41所示则是将书架与乡土风格的背景造型融为一体，很有特色。临窗处也可以用窗帘做界面，如百叶窗形成的界面，既简洁又能调节光线，很符合书房需要的氛围。

### 9.7.2 顶面

书房的顶面一般以简洁为主，工作室的顶面适当考虑照明的布局，为了强调工作氛围，一般以直接式顶棚为主。商务型的书房可以讲究一些。

### 9.7.3 地面

一般的书房地面处理与其他房间没有什么区别，工作室的地面则要注意防污染。

图9–40　以书架为界面的书房

图9–41　乡土风格的墙面

## 9.8 书房的家具与陈设 >>>

### 9.8.1 书房的家具

(1) 写字台　一般由主写字台和辅助写字台组成。要求必须满足使用功能，有特色。一般书房可以选择小巧玲珑的写字台。有客的工作室和商务型工作室的也要考虑有足够的气派。现在，书房写字台的形态非常丰富，并且更有设计感（图9–42、图9–43）。

(2) 写字椅　写字椅基本有两类，一类是功能类转椅（图9–44），另一类是时尚文化类转椅。

(3) 电脑桌　多数人的工作离不开电脑，电脑桌是现代书房不可缺少的角色，市场上售卖的主要有：新锐风格的玻璃和金属电脑桌；酷派的密度板和金属组成的电脑桌；经典的全木结构电脑桌；实用的全密度板电脑桌等。年轻人可以选择造型新颖、体现个性、能满足多种使用功能的电脑桌，中老年人可以选择端庄、大方的电脑桌。电脑桌一般以固定的居多，也有特别轻巧的可移动的电脑桌(图 9-45)。

图9-42　一块玻璃就是一张写字台

图9-43　稳重的写字台

图9-44　书房椅子

图9-45　电脑桌

(4) 书柜

1) 联体书桌柜。书柜和书桌合二为一，小巧灵便。

2) 抽拉式大书柜。这种大书柜可设置为多层，适合于居住面积有限，又藏书甚丰的人士。

3) 双层活动式书柜。这种书柜既美观实用又可放置很多图书，适合找家具厂量房订做。需注意的是这种书柜因为分为前后两层，因此前面书柜的五金滑道的选择就显得十分重要，必须选择高档的滑轨才能使书柜的滑动更自如。这种书柜嵌入墙内，既美观又有效利用了空间。

4) 自由拆装式书柜。可根据需要随时拆装，常见松木制的或铁木结合的，价格也比较便宜。

5) 通透的书柜。通透的书柜可作为隔断使用，适合较大空间，既可放置书籍又可摆放收藏品，一举多得。

书柜的搁架和分隔可做成可调节型，根据书本的大小，按需要加以调整。如藏书太多，可将书柜做得高一些，取书时借助一把小扶梯。书柜的深度宜以30cm为好，过大的深度浪费材料和空间，又给取书带来诸多不便。书柜的风格、色彩应与整个房间的其他家具的风格、色彩相协调。

书柜可设计成开敞式的(图9-46)，也可以设计成封闭式的(图9-47)；可以设计成多格子的(图9-48)，也可以调计成抽屉式的(图9-49)。

图9-46 开敞式书柜

图9-47 封闭式书柜

图9-48 多格子的书柜

(5) 工作台　通常尺寸较大，可根据工作性质选用（图 9–50）。

(6) 会客椅或沙发　如需在工作室里会见生意伙伴或比较亲密的客人，可设置会客椅或沙发（图 9–51）。

(7) 折叠家具　典型的有折叠床和折叠沙发，以备不时之需。

2. 书房的其他家具

在书房中还可配置躺椅、小茶几等休闲家具。在比较大的书房可放置一两件健身设施。

## 9.8.2 书房的陈设 

书房和家庭工作室的品味比其他房间更重要，应予特别强调，它是家庭品位、格调、底蕴的集中体现。因此，应特别注意其陈设，专业工作室最好要有“镇室之宝”。

1. 字、画、工艺品、器皿

有感情痕迹的摄影、字画要着重体现品位和个性；工艺品要有民族感觉，小器皿、镜子要精致有情趣（图 9–52）。

2. 植物

植物配置要强调空间的高低错落与形态对比，体现绿色生命力，注重调节氛围，增加自然的感觉（图 9–53）。

图9–49　抽屉式的设计

图9–50　工作台

图9–51　会客的沙发

### 3. 织物

书房（设计室）内的织物具有很大的设计余地，能够在很大程度上影响书房（工作室）的氛围。织物、挂毯可选择有艺术感觉的，窗帘、地毯的风格要与其他房间协调。

窗帘选用既能遮光，又有通透感觉的浅色纱帘比较合适，高级柔和的百叶窗帘效果更佳，因为强烈的日照通过窗幔折射会变得温婉舒适。

图9-52　书画装点书房

图9-53　书房里的植物配置

## 9.9 书房设计的新概念 >>>

### 9.9.1 起居型书房

在这里家庭成员都可以找到自己的位置，不仅可以工作，也能进行交流和一定的娱乐。它是家庭的第二起居室，是家人使用较多的地方（图 9-54）。

### 9.9.2 休闲型书房

设置这样的书房不是为了工作，而是为了生活。休闲型书房中不一定以书桌为主角，而是以休闲家具来营造一个舒适的阅读空间（图 9-55）。在这样的书房里放上一张迷你乒乓球桌或者一个精致的泡澡浴缸也不是一件出格的事。

图9-54　起居室型书房

## 9.9.3 储藏型书房

对于积累图书资料较多的人来说，书房需要很大的储藏量。多功能的暗格、活动拉板十分实用，还可充分利用各个角落和空当，在里面安置分门别类的书籍与资料（图 9–56）。

图9–55 休闲型书房

图9–56 储藏型书房

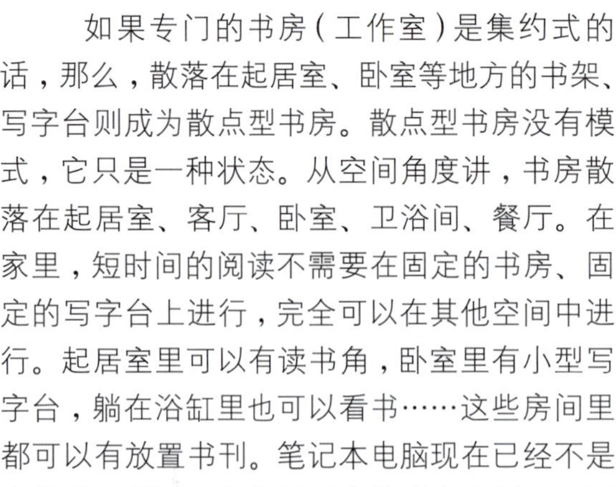

## 9.9.4 散点型书房

如果专门的书房（工作室）是集约式的话，那么，散落在起居室、卧室等地方的书架、写字台则成为散点型书房。散点型书房没有模式，它只是一种状态。从空间角度讲，书房散落在起居室、客厅、卧室、卫浴间、餐厅。在家里，短时间的阅读不需要在固定的书房、固定的写字台上进行，完全可以在其他空间中进行。起居室里可以有读书角，卧室里有小型写字台，躺在浴缸里也可以看书……这些房间里都可以有放置书刊。笔记本电脑现在已经不是奢侈品，所以，人们可以在餐桌上上网，可以在茶几上点击页面，可以在床上发送电邮……

## 9.9.5 SOHO 型书房

SOHO 是家庭办公室的意思，是网络时代发展出来的一种新的办公形态。这种家庭办公的形态能够实现公司和员工的“双赢”，因此受到大家的欢迎。在家装中经常有业主提出这样的设计要求。SOHO 型书房的布置完全按照业主自己的意愿，而不像单位办公室要根据领导的意愿和多数人的意愿来布置。SOHO 型书房可以占用居室内最好的位置，在单位办公室则要平衡对待。SOHO 型书房可以设计得非常人性化，工作台边可以布置休闲的生活设施，甚至可以有沙发床或躺椅，累了可以躺下休息一下。SOHO 型书房氛围可以非常放松、简洁、随意，也可以开着电视，听着音乐。由于 SOHO 型书房的设计全凭业主的爱好，因此形态越来越多，格局越来越丰富，它们代表着业务外包和远程办公的潮流。

## 设计技巧　书房设计需要关注的细节

1. 书房的舒适度设计

方便顺手是书房设计的一个重要细节，想要办的事情都在工作椅周围手臂可及的范围内，或在很短距离内，欠一下身体、走一步路即可到达，十分方便（图 9−57）。

2. 主要功能考虑周到

对于信息处理比较多的使用者，网络布线要考虑多路传输、多处接口，适应固定电脑、移动电脑的使用；电话线也要考虑多处接口。

3. 书房的环境

书房要保持安静的环境和适宜的温度。由于书房里多配有电脑、打印机、扫描仪以及一些网络设备，因而书房对温度的要求较高，应该安装空调。同时还要注意，不要将电脑等设备放置在空调的风口下、阳光直射的窗口旁以及暖气片或取暖器的旁边。从另一个角度说，保持适宜的书房温度，也会使人感到舒适，从而提高工作效率，同时也有益于保护书籍。

书房要有适宜的空间和通风条件，这不仅是因为健康的需要，也因为电脑等设备工作后需要通风散热。此外，空气流通还有利于调节书房的湿度，从而有利于保护书籍。所以设计和装修书房时不要选择无法进行空气对流的空间作为书房。考虑了通风，还要考虑防尘、防虫，纱窗也是必不可少的。

4. 书房的大小与位置

对一般的家庭来说，书房的面积不宜太大，以 12m² 左右为宜。但对那些把书房当作“工作室”的作家、艺术家、收藏家来说，书房的空间必须大一点，相应的橱、柜、台等家具也应该更多、更大。最好选择家庭成员不经常走动的房间为书房。

图9-57　手臂可及的范围内

社会的变迁也影响着厨房的变迁：家庭成员不断减少，厨房空间不断增大，丰富的新材料和整体规划的现代厨具不断开发出来……人们愈来愈重视居家厨房的品质，除了追求厨房的温馨、舒适之外，对下厨乐趣和厨房品味的追求更是不遗余力。今天厨房已经变成了除起居室之外，另一个家人日常生活的重心，它不但是烹饪食物的地方，更是家人进餐、聊天的地方。

# 10·厨餐乐趣 厨房与餐厅

# 10.1 厨房与餐厅的概念及功能 >>>

## 10.1.1 厨房与餐厅的概念

**厨房是用来准备一日三餐和储藏日常食品的空间。餐厅是专门用来进餐的空间。**

## 10.1.2 厨房与餐厅的功能

### 1. 厨房与餐厅的基本功能

(1) 清洗、清理蔬菜、水果　这是厨房的主要功能，龙头和洗槽是主要的设备（图 10–1）。

(2) 备料、烹调饭菜　这是厨房的核心功能，炉灶、案板是主要的设备和用品（图 10–2）。

(3) 储存　主要储存生熟、干湿食品，烹饪用具，料理，冰箱和厨具是主要的设备和用品（图 10–3）。

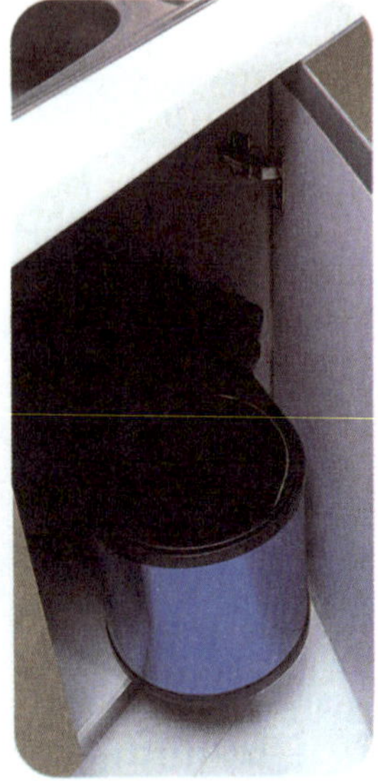

图10–1　现代厨房里的清洗

图10–2　现代厨房里的备餐

图10–3　现代厨房里的储存

(4) 用餐　厨房中可设置(图 10–4)简易的就餐空间，餐厅则是正式的用餐空间(图 10–4)。

2. 厨房和餐厅的扩展功能

(1) 起坐休息　厨房和餐厅的好环境使家人可在这里休息起坐(图 10–5)。

(2) 视听　厨房和餐厅里设置视听设备是厨餐乐趣的一个重要来源(图 10–6)。

(3) 家人聊天、休闲　节日、休息天、孩子来访、老人来看望、亲戚会面，在厨房和餐厅里聊天、喝茶，那种快乐也很诱人。饭后在厨房及餐厅浏览一下新到的时尚杂志；母亲和孩子一起拿着脑筋急转弯，互相做着智力游戏……(图 10–7)。

(4) 家政　家里的许多杂事、譬如日常修理、清理、整理也可以在厨房及餐厅进行。

图10–4　现代厨房里的用餐空间

图10–5　现代厨房里的起坐休息空间

图10–6　现代厨房里的视听设备

图10–7　现代厨房里可供家人聊天、休闲

# 10.2 厨房与餐厅的设计原则及要求 >>>

## 10.2.1 厨房与餐厅的设计原则

### 1. 符合操作流程

厨房布局应便于食品的储存、准备、清洗、烹调这一操作过程，在厨房设计中应体现科学的操作流程，图 10–8 列出了厨房的操作流程。一般储存、清洗、烹调这三大功能区应设计成带拐角的三角区，按照人体工程学的原理和操作者在厨房工作要“顺手、省力、省时”的原则，三大功能区三边之和在 4.57 ~ 6.71m 为宜。为方便使用，存放蔬菜的箱子、刀具、洗涤剂等应以洗涤池为中心存放，在炉灶旁两侧留出足够空间，便于放置餐具。对厨房工作区的布置，应根据厨房的大小、形状来设计。厨房较小，工作台可沿一面墙一字形布置；较宽敞的厨房，则可沿两面墙布置成走廊式，这种形式可容几个人同时操作；也可以把工作区沿墙作 90° 双向展开的 L 形，可方便各工序连续操作。厨具中的台面、吊柜必须依人体工学原理设计。以东方人的体形而言，厨房中的工作台面高度一般应为 850mm、宽度 600mm，吊柜高度为 370mm；长度方向则可依据厨房空间确定，将厨具合理地配置，让使用者感到舒适。

### 2. 设计现代的厨房

现代人使用现代的厨房。因此，设计师必须充分理解现代人物质层面、操作层面、技术层面、心理层面甚至是社交层面的各种需求，设计出符合现代人功能要求和审美要求，反映最新科学技术水平和精神风貌，具有时代特色的现代厨房。

现代的厨房完全不同于过去的厨房。过去的厨房满室的油烟，又湿又暗又挤，在国人的居住空间中总是位于最不起眼的地方。30 年前厨房是由烧柴灶或煤球炉以及简陋的水泥、砖堆砌而成的，伴随着家庭主妇的是油腻的环境及昏暗的灯光；后来演进到以拼花磁砖的灶台搭配煤气炉及抽油烟机的厨房，但居家的空间规划设计仍是以起居室、餐厅、主卧室为重心，厨房还是属于被忽略的空间；现代的厨房发生了巨大的变化，不但拥有现代化、多功能的厨具及宽敞明亮的空间，而且愈来愈重视美

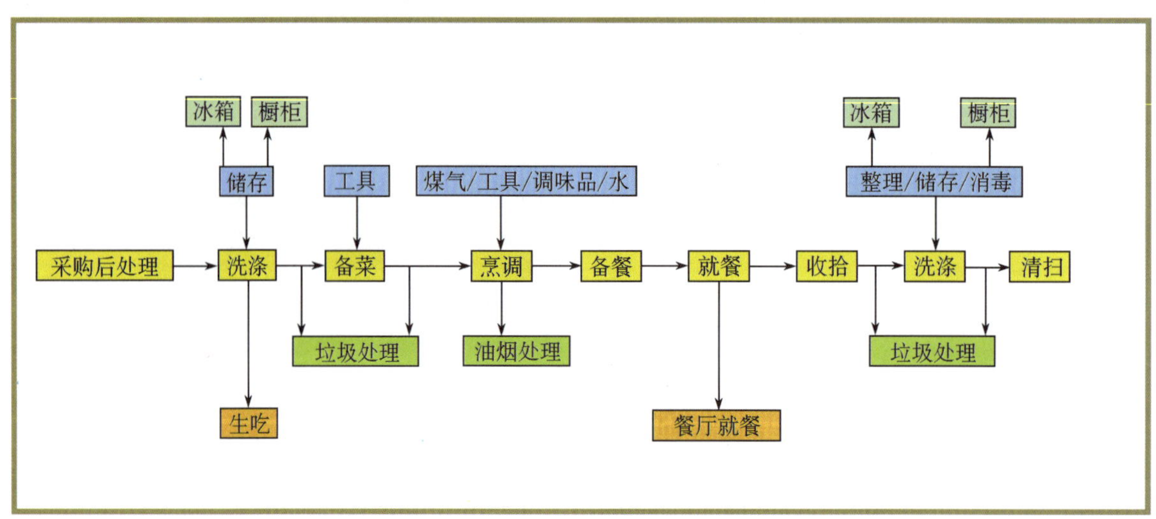


图10–8 厨房的操作流程

学品位的追求和温馨氛围的创造。多功能及整体规划的现代化厨具，满足现代人追求生活品位的需求，厨房不再是油腻、昏暗的代名词。厨房在今天不但是主妇烹饪食物的地方，更是家人进餐、聊天的地方。

让我们从感性的角度看一看现代的厨房究竟是什么状态，请看下面一段描述：

终于捞到一个没有应酬的工作日了，准点下班不说，疲劳的身体、繁忙的胃都可以稍稍休息了，外面的饭馆靠边站，今天自己下厨！

下班前十分钟，给智能压力锅打个电话，通过遥控完成烹饪全过程，回家即可开饭。这种智能压力锅的“电话煮饭”功能将大大节省人们在厨房里的“工作”时间。在它的后端设有电话接口和电脑接口。上班之前，把烹饪的食物按照一定比例放入锅内，连接上电话线。由于智能锅内设置了安全警报功能，食物煮熟后会自动断电，从而根除了安全隐患。另外，由于智能压力锅的内锅采用了新型“硬质氧化技术”，从而使清洁工作也有了新的突破。在厨房炊具上的革新，对单身男性是非常适用的。

到家后，从超大的双开门冰箱中取出新鲜的冰橙汁，先补充一下维生素，再过过口瘾。随手打开冰箱的内置音响设备，欣赏从冰箱里“流淌”出的优美的旋律。这种冰箱空间很大，可以放下一个星期的储备，同时制冷效果也非常好。另外它也是个智能化的冰箱，可以用它听音乐，在冰箱里放上心爱的古典音乐，一边欣赏一边做饭。它超大的空间，可满足放置“任意多”的饮料、牛奶。同时可满足听觉享受，储藏美食，也制造美乐。

虽不是烹饪高手，但如果有几件像样的工具，一样能调出美味。这个灶是电磁的，做饭非常方便，它现在几乎能取代所有煤气灶做的事情，火锅、烧烤、煮饭、蒸饭、炖菜、煲汤样样精通。6档温度控制，120min以内以16min为单位任意定时，24h预约，1min自动停机保护……这些先进的智能操作都是煤气灶所不能比拟的。电磁炉智能操作，节能环保，安全性高，且容易清洁。

今晚有场足球赛直播，球迷可绝不会错过。在厨房里特意安了一台小型电视机，甭说看足球赛，就是看DVD也没有问题！可以在厨房一边为自己的支持者加油，一边操作，真是“工作”、娱乐两不误。随时随地进行视觉享受。

谁说一人吃饭可以将就？在时尚的家用吧台边吃点自己做的拿手小菜，品点红酒，一个人的晚餐也很浪漫。吧台是连接厨房与客厅的一个中间地带，既带来了设计上的愉悦，在使用中也非常便利，不用穿行于厨房与餐厅之间；既能有效利用空间，又可感受酒吧的氛围。

做完饭后洗碗一直是单身汉最烦心的事儿，装上洗碗机后，一切就变得省事了，插上电源，把脏碗放进去后就不用管了，几分钟后，取出碗或者干脆放在洗碗机里也无所谓。若想安装洗碗机，一定要事先为它留好位置，同时留好电源插头，最好设计成内嵌式的，有利于厨房空间的利用。

打开水龙头就能喝水，不用担心水质不好或不卫生。在整体橱柜的用水位置嵌入净水处理装置就能实现这个愿望。这是一种新型净水装置，俗称“水家装”，它主要是整体改变局域用水，提高水质，过滤出满足家庭生活使用的软水，使保洁过程轻松简单；还可以过滤保留微量元素的纯水，让人们直接饮用。

从上述描述可看出，厨房的现代化设备越来越多，使实现厨房信息化、自动化、多媒体化成为可能。因此现代的厨房设计必须符合现代社会科技发展的水平，符合人们对现代生活的期待。设计师对这些代表先进的事物要高度敏感，并及时应用在设计中，引领时代的潮流。

## 10.2.2 厨房与餐厅的设计要求

### 1. 处理好厨房的收纳

厨房的设备很多，又有流程的限制，所以厨房的收纳是需要精心设计的。在设计前，首先要确定厨房中各种设备的型号、色彩、尺寸以及五金拉篮的形式、型号、安装要求，然后按照使用习惯、操作流程及美学要求分别设计合适的位置和合理的分隔。厨房用五金形式很多，有抽拉式、拉翻式、折叠式，尤其是一些组合的设计，不仅可以使储存的物品井井有条，而且有使用的快感和视觉的美感。熟悉五金拉篮的功能和尺寸配合是强化收纳的主要技巧。好的设计不仅使用方便、收藏量大，而且美观时尚，十分有魅力，见图10-9。

### 2. 处理好厨房和餐厅的环境

厨房和餐厅是产生大量废气的油腻的地方，还产生大量的垃圾。所以控制厨房和餐厅的环境要从四方面着手。

(1) 自然通风　厨房和餐厅的空气环境主要靠通风来保证。自然通风是保证室内卫生的重要条件，同时也是最健康最廉价的通风措施。所以厨房最好能够有自然通风的条件。窗户要大，有对流风就更好。

(2) 机械通风　集中产生废气的地方必须有性能优越的排烟设备。排气扇、抽油烟机一般安装在煤气灶上方0.7m左右处，抽油烟机的造型、色彩应与橱柜的造型、色彩相统一。与厅、室相连的开敞式厨房要搞好间隔，可用吊柜、立柜做分隔，装上玻璃移门，尽量使油烟不溢入内室。

(3) 经常人工清洗　油污是无处不钻的，再好的排烟设施也不能完全防止油烟的散发，所以定期进行人工清洗是保持厨房环境质量的必要措施。

(4) 人工改善空气条件　可采用摆放植物、摆放消除异味的介质、设置人工消毒设备等方法改善空气条件，家装设计时要预先为它们的使用提供方便。

### 3. 处理好厨房的各项功能

(1) 方便性　流程合理，主要功能伸手可

图10-9　厨房收纳形式

及。

(2) 安全性　厨房设备多、线路多，是比较容易产生危险的地方，所以安全性特别重要。

(3) 技术性　烹饪技术要求各种设备的功能达到专业的程度。

(4) 形象性　对现代人来讲，厨房和餐厅的形象也至关重要。

(5) 随意性　在厨房和餐厅可以做更多的事情。

(6) 综合性　许多功能综合在一起，这代表着一种发展方向。

#### 4. 营造好厨房和餐厅的视觉氛围

对现代人来讲，厨房和餐厅的视觉氛围至关重要，厨房和餐厅的空间布局、家具款式、设计风格、色彩效果等能够在很大程度上影响备餐者的工作效率和就餐者的就餐心情。

## 10.3 厨房与餐厅的类型及尺度 >>>

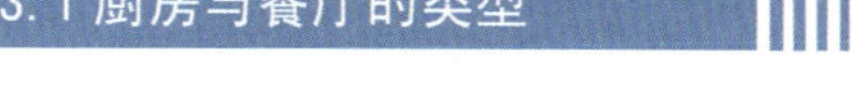

### 10.3.1 厨房与餐厅的类型

#### 1. 按开放与封闭分类

(1) 封闭式厨房　厨房在空间上自成一体，关门以后与外界分开。功能比较单纯，操作者与外界也没有交流。封闭式厨房对外界影响小，适合中式厨房。

(2) 开放式厨房　空间上与餐厅甚至起居室连为一体，没有硬的界限。所以操作者在操作时可以同房间里的其他成员交流。这样的厨房看上去很宽敞、美观，适合西餐的操作，但对中餐的加工非常不利。因为油烟没有了控制，就会到处飘散，时间长了，餐厅、起居室都会变得油油腻腻的。

(3) 半开放式厨房　半开放式厨房利用玻璃、窗洞、大面积移门等在空间上将厨房和餐厅打造成既可以封闭，又以可开敞的空间。

#### 2. 按功能分类

(1) 独立厨房　单一功能的厨房，例如传统的中式厨房（图 10–10）。

(2) 厨房+ 餐厅　厨房与餐厅设计在一起，是开放式的设计（图 10–11）。

(3) 厨房+ 餐厅+ 起居室　采用西式生活方式的家庭可采用完全开放式设计的厨房，厨房成为餐厅的背景和起居室的景观，不过厨房是隐蔽的（图 10–12）。

(4) 隐藏的厨房　房子较小，同时理念又比较超前的白领阶层，一般不在家里做饭，但配备有简单的食品加工设施，并且将其巧妙地隐藏起来，外面看不到厨房，只有一个整洁的柜子（图 10–13）。

(5) 独立餐厅　有宽敞的空间时可设立独立的餐厅，这样就有更好的就餐环境和就餐气氛（图 10–14）。

(6) 附属餐厅　餐厅设在厨房或客厅内，一般餐桌椅比较小，能够满足 2 ~ 4 人即可（图 10–15）。

#### 3. 按饮食习惯分类

(1) 中式厨房　中式厨房都是封闭式的，不太注重厨房的精细设计，也不注重厨房的休闲机能，只要求可以做出丰盛的菜肴即可。中式厨房操作台面要求比较大，炉灶区要求调味料、切削工具、水等必须在伸手可及的地方。传统的中式厨房只要有灶台、灶具、炊具、水池、操作台、排烟设备、冰箱就可以了。新型的中式厨房则吸收了西式厨房的优点，注重厨房的操作流程，橱柜的设计时尚、实用、精致。但在空间上仍然是独立的，柜门以封闭为主（图 10–16）。

(2) 西式厨房　西式厨房的食品加工以煮、烤为主，多数需要器械辅助，如烤箱、微波炉、烤面包机、热狗机、三明治机等，加工的工艺也比较程式化，有一套明确的甚至标准的流程。所以西式厨房的食品加工设备比较多，油烟比较少。同时，由于这些厨房设备经过工业设计师的设计，外表比较漂亮时尚，炊具也相当精致、讲究。现在，年轻夫妇的小家庭已能接受西式料理方式，而且厨房小家电已越来越普及。因此，厨房的设计更加讲究多功能、使用的方便，而且应将生活休闲的功能也考虑在内。厨房不但要适合现代家庭形态与生活趋势，更要进一步追求干净、美观的厨房空间（图 10–17）。

(3) 中西合璧厨房　厨房是开放式的，适合制作西餐，只在一个角落里保留一个独立且封闭的中厨区域，配置有烧烤、煎炸功能的多功能灶具。在中式和西式厨房之间取得一个平衡和调和。

图10–10　独立厨房

图10–11　厨房+餐厅

图10–12　厨房+餐厅+起居室

图10-13　隐藏的厨房

图10-14　独立餐厅

图10-15　附属餐厅

图10-16　中式厨房

图10-17　西式厨房

### 10.3.2 厨房与餐厅的尺度

在厨房里干活时，操作平台的高度对防止疲劳和灵活转身起到决定性作用。所以，一定要依使用者的身高来确定操作平台的高度。

灶台与抽油烟机的距离一般为700mm。排气扇、排气罩一般安装在煤气灶上方700mm左右处。

厨房内橱柜、餐桌的尺度见表10−1、表10−2。

**表10−1 厨房内厨柜的相关尺度** (单位:mm)

| 部位 | 尺寸 | 说明 |
|---|---|---|
| 厨柜下柜的尺度 | 房间长度×850（高度）×600（深度） | 1. 操作台台面长度至少达到4m，才有可能放下众多的厨房设备<br>2. 岛式台面尺寸根据房间的大小确定，但如果操作台面小于800×600就没有必要设计成岛式了。比较理想的尺度是1200×800及以上。 |
| 厨柜上柜的尺度 | 房间长度× 高度×370（深度）<br>距离下柜台面800 | |
| 厨柜的深度 | 600 | |

**表10−2 餐桌的一般尺度** (单位:mm)

| 餐桌大小 | 圆形（直径） | 方形 | 长方形 |
|---|---|---|---|
| 3人餐桌 | 600 | 600×600 | |
| 6人餐桌 | 1200 | | 800×1200 |
| 8人餐桌 | 1400 | (1000～1200) ×1000～1200) | (800～1200) ×（1200～1500） |
| 12人餐桌 | 1600 | | 1200×（1200～1500） |

## 10.4 厨房与餐厅的组合及布局 >>>

### 10.4.1 厨房与餐厅的组合

**1. 厨房＋餐厅**

厨房＋餐厅是比较常见的组合(图10−18)。

**2. 厨房＋餐厅＋起居室**

这是一种理想的被多数家庭采纳的组合(图10−19)。起居室与餐厅的过渡要宽敞一些。

**3. 厨房＋餐厅＋阳台**

有景观的阳台如与餐厅组合是千金难买的空间(图10−20)。

**4. 厨房＋阳台**

可以有效利用空间，阳台成为一个明亮的厨房(图10−21)。

图10−18 厨房+餐厅

## 10.4.2 厨房及餐厅的布局

### 1. 厨房空间布局类型

厨房布局的常见类型有I形、双I形、L形、U形、E形、岛式，见图10-22。

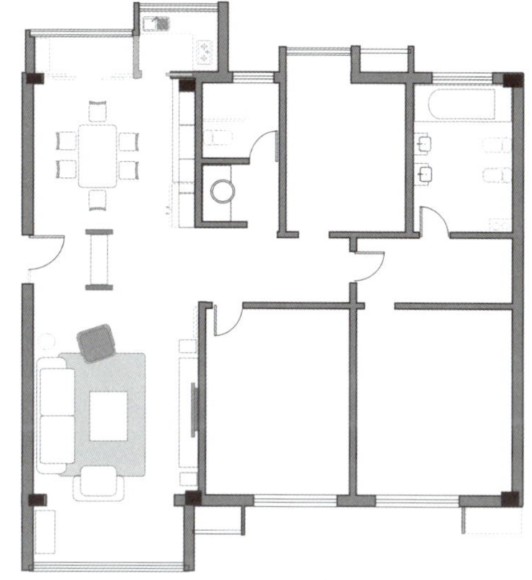

(1)I形　I形布局参见图10-23。其优点是靠墙而置，一字展开，流程顺畅，节省空间，投资低；缺点是操作空间比较小，来回走动比较频繁。适合面积小的厨房。

(2)双I形　双I形布局参见图10-24。其优点是靠墙而置，双一字展开，流程顺畅，节省空间，投资低；缺点是空间形式比较呆板。

图10-19　厨房+餐厅+起居室

图10-20　厨房+餐厅+阳台

图10-21　厨房+阳台

图10-22　厨房厨房空间布局类型

适合面积比较小的厨房。

(3) L形　L形布局参见图10–25。其优点是靠墙而置，流程顺畅，节省空间，操作行动路线短，投资低；缺点是操作空间比较小，适合面积小的厨房。

(4) U形　U形布局参见图10–26。其优点是靠墙而置，操作空间大，流程顺畅，节省空间，操作行动路线短；缺点是投资大。适合中等面积的厨房。

(5) E形　E形布局参见图10–27。其优点是靠墙而置，操作空间大，流程顺畅，节省空间，操作行动路线短，带拐角设计可形成就餐台，有时尚感；缺点是投资大。适合中等面积的厨房。

(6) 岛式　岛式布局参见图10–28。其优点是操作空间比较大，使用方便，交流性好，时尚感强；缺点是空间比较浪费，投资大。适合大面积的厨房。

图10–23　I形布局

图10–24　双I形布局

图10–25　L形布局

图10–26　U形布局

图10-27 E形布局

图10-28 岛式布局

### 2. 餐厅空间布局类型

(1) 靠边布置 其优点是空间和投资都比较节省；缺点是不是很舒适。适合面积小的餐厅。

(2) 岛式 优点是比较舒服气派，就餐环境和氛围好；缺点是所需空间大，投资也大。适合面积大的家庭。

### 3. 不同规模的厨房和餐厅的布局

(1) 厨房

1) 大厨房。面积不小于 $12m^2$，有的甚至达到 40 ～ $50m^2$。这样设计的空间就很大了，可以采用岛式的布局（图 10-29)。

2) 中厨房。面积为 5 ～ $16m^2$。这样的面积可以比较自如地满足家庭厨房的主要功能，比较适宜采用封闭、半封闭的格局。如果能设计成开放式，视觉上的面积会大大增加。可以采用双 I 形、L 形、U 形的布局（图 10-30)。

3) 小厨房。面积为 3 ～ $4m^2$。设计紧凑，能放下最基本的厨房设备，可以采用 I 形、L 形布局（图 10-31)。

4) 超小厨房。面积在 $2m^2$ 左右，只能放下简单的厨房设备。I 形是比较常见的布局（图 10-32)。现在新设计的单身公寓，超小面积厨房常采用开放式的格局。

(2) 餐厅

1) 大型餐厅。面积为 16 ～ $30m^2$，开间在 3.6m 以上。这样的大餐厅除了就餐家具外还可以有娱乐起座的家具和设施，可以采用岛式的空间格局，见图 10-33。

2) 中型餐厅。面积为 8 ～ $15m^2$，开间在 2.7 ～ 3.3m 左右。有独立的就餐空间，可以采用岛式的空间格局（图 10-34)。

3) 小型餐厅。面积为 4 ～ $8m^2$，只能采用靠边的空间格局，满足小家庭的就餐需要（图 10-35)。

4. 厨房与餐厅的空间划分

厨房和餐厅的空间划分应以操作流程为依据，以功能为线索。厨房的功能区有：

(1) 储存区　由整体设计的厨柜（上柜和下柜）及冰箱等组成。

(2) 洗涤区　围绕着水槽和龙头，抹布、切菜板、洗涤用品、垃圾桶等有序排列。

(3) 烹饪区　围绕着灶具和排油烟机，调味品、饮具、碗盆抬手可及。

(4) 备餐区　可分为生菜备餐与熟菜备餐，应有足够的操作空间。

(5) 进餐区　配备餐桌椅，进入宽敞，起坐舒适，背景美观。

以上5个功能区可完成10个具体的操作功能，见图10-36。

图10-29　大厨房

图10-30　中厨房

图10-31　小厨房

■ 图10-32　超小厨房

■ 图10-33　大型餐厅

■ 图10-34　中型餐厅

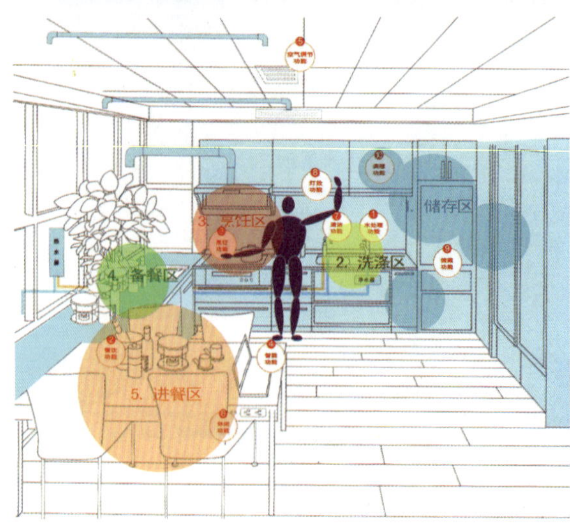


图10-35　小型餐厅

图10-36　厨房的功能区

## 10.5 厨房常用的材料与设备 >>>

### 10.5.1 厨房常用的材料

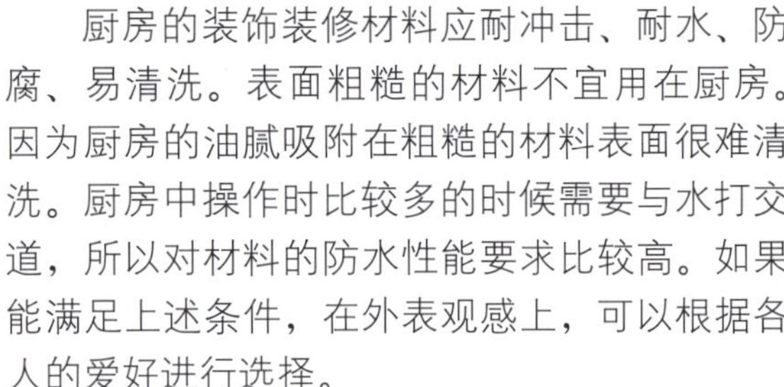

厨房的装饰装修材料应耐冲击、耐水、防腐、易清洗。表面粗糙的材料不宜用在厨房。因为厨房的油腻吸附在粗糙的材料表面很难清洗。厨房中操作时比较多的时候需要与水打交道，所以对材料的防水性能要求比较高。如果能满足上述条件，在外表观感上，可以根据各人的爱好进行选择。

餐厅的装饰装修材料看其与什么空间组合，如果和厨房在一起，材料应与厨房的装饰装修材料相协调。如果与起居室在一起，材料应与起居室的装饰装修材料一致。

#### 1. 厨房墙面

瓷砖是厨房墙面常用的材料，美观，防水、防腐性能都很好。除此之外，玻璃、防火板、铝塑板、涂料、油漆也是可选的材料（图10–37、图10–38）。与火或水不接触的部分选材比较自由。厨房的备餐操作区，最好用无缝砖，便于清洗油渍。

#### 2. 地面

中式厨房主要用地砖或花岗石作为地面材料（图10–39），但是一定要注意防滑。开放式厨房地板也是可选的材料。但注意地板不能用在水斗下面。

#### 3. 顶面

厨房顶面常用的装饰装修材料有纸面石膏板、涂料、金属扣板、塑料扣板（图10–40）。

#### 4. 门窗

厨房门窗常用材料有铝合金、塑钢、木材、玻璃。

#### 5. 橱柜

(1) 台面　花岗石、人造大理石、不锈钢、密度板覆盖防火板等。

图10-37　厨房最常用的墙面材料——瓷砖

图10-38　厨房常用的墙面材料——玻璃

图10-39　厨房常用的地面材料——地砖

图10-40　厨房常用的顶面材料——扣板

(2) 柜身材料　木夹板、细木工板、密度板、木屑板。

(3) 门板材料

1) 耐火板。尽管耐火板用于橱柜台面存在防潮性能差等缺陷，但是作为橱柜门板则有其无法取代的优点。在装饰装修市场，耐火板门板能长盛不衰、长时期地占据市场份额的主导地位，是由其综合性能所决定的。耐火板耐磨、耐高温、耐刮、抗渗透、易清洁以及色泽鲜艳的特性，符合橱柜使用要求，适应厨房内特殊环境，更迎合橱柜“美观实用”相结合的发展趋势。

2) 冰花板。冰花板是在钢板表面压一层带有花纹图案的PVC亮光膜，既有光泽又真正防火，是一种理想的门板材料，不过花色品种不够多，一定程度上限制了它的发展。

3) 实木板。用实木板制作橱柜门板，具有回归自然、返璞归真的效果。尤其是一些德国、意大利原装进口的高档实木门，在边角的处理和漆的色泽上达到了较高的工艺水平，但价格昂贵。

4) 喷漆板。喷漆门板的优点是色泽鲜艳，具有很强的视觉冲击力。缺点是技术要求高，废品率高，所以价格居高不下。

5) PVC模压吸塑板。用中密度板为基材镂铣图案，再用进口PVC贴面经热压吸塑后成形。PVC模压板具有色泽丰富、形状独特之优点。由于吸塑后能将门板四边封住成为一体，因此不需要封边，解决了封边时间长可能开胶的问题，国外称其为“无缺损板材”。一般PVC膜为0.6mm厚，也有使用1.0mm厚高亮度PVC膜的，色泽如同高档镜面烤漆。

6) 金属质感板。用磨砂、镀铬等工艺处理过的高档铝合金门框，有的进口门框线具有金属面上印制木纹，在木纹面上印制金属的高科技水准。门心板由磨砂处理的金属板或各种玻璃组成(如磨砂玻璃、布纹玻璃、水纹玻璃、毛石玻璃等)，有凹凸质感，具有科幻世界的超现实主义特色(图10–41)。

图10–41　各色门板

## 10.5.2 厨房常用的设备

厨房设计必须讲究厨房设备的配合。在装饰装修方案确定之初，设计师应综合考虑橱柜、电器特别是线路出口的预留位置。应根据家装的整体风格和橱柜的风格，来选择设备的款式和色彩，做到与家装的整体风格相一致。最好选择知名品牌、正规厂家的产品，并综合考虑价格、环保、售后服务等因素。

### 1. 厨房的设备

(1) 燃气灶(图10–42)　选购燃气灶，主要考虑下列因素：

1) 燃气类型。不同燃气的灶是不同的，不要弄错。

2) 性能。燃气灶使用的安全性、耐用性、打火器使用方便性、火力调控性能、外壳洁净度等主要指标应合格。

3) 功能和大小。按灶眼数量，燃气灶分为单眼灶、双眼灶、三眼灶、四眼灶及五眼灶，按功能不同，燃气灶分为单功能灶、多功能灶、组合灶。要根据空间大小和使用习惯选择合适的燃气灶。

4) 材料。燃气灶的面板材料常见的有金属、钢化玻璃、搪瓷、陶瓷、特氟龙涂层。一般家庭可以选择玻璃和不锈钢燃气灶。注意燃气灶面板成形起伏要少，造型要简洁。

图10–42　燃气灶

5) 造型风格和安装要求。燃气灶的造型风格要与厨房中其他电器和厨具风格相协调。最好选择嵌入式燃气灶和组合式燃气灶。嵌入式燃气灶安装时，必须严格按说明书中安装位置、开孔尺寸的要求开孔，灶具安装位置四周有易燃材料时，必须采用隔热防火板；开孔尺寸的大小应适当。特别是玻璃面板灶具，安装时要注意玻璃面板的四角不应受到硬物碰撞。无论何种燃气灶，安装时都应在灶台下适当的位置开一个不小于150mm×150mm的进气孔，用来补充空气及安装进气管

(2) 抽油烟机　选购抽油烟机，主要考虑下列因素：

1) 吸油性能。抽油烟机的吸油性能主要取决于集烟腔、风压、噪声、进风口、滤网及风机系统。要选择吸力大、噪声小、运转平稳的抽油烟机。

2) 清洗方便。抽油烟机的外形应简单，最好是一次拉伸成形的。滤网的拆卸要方便，缝隙和死角要少，材料要容易清洗。

3) 外观造型风格。抽油烟机通常有两类造型，一类是适合中式烹饪的抽油烟机(图10–43)。另一类是适合西式烹饪的抽油烟机(图10–44)。

4) 安装要求。抽油烟机的位置要靠近排烟道，避免排风口过长，拐弯过多。一定要有抽油烟机的外形尺寸，以便在设计时提高精密度。

(3) 冰箱　家用电冰箱是一种用于低温保存或冷冻食品的家用电器。在选购时一般应注意以下几点：

1) 节电及其他技术指标。应选择已取得安全标志和通过节能认证的产品，且应重点考虑

能耗指标、冷冻能力和噪声水平。

2) 功能。冰箱的制冷方式有风冷式、直冷式及风直冷式。不同的制冷方式各有特点。制冷是消费者购买冰箱的最原始的目的和最基本的需求。好的制冷应表现为三个方面：制冷速度快、制冷温度低和保温时间长。选冰箱时要选发泡层厚、紧密而且饱满的冰箱。冰箱制冷管道的结构与布局合理，可以制冷更快、噪声更低、更省电。

3) 外观造型风格。要根据厨房面积、室内装修的主基调及生活习惯来选择冰箱的容积、高矮宽窄、左右开门方向、外观色彩及装饰图案。

4) 安装要求。设计时一定要取得冰箱的外形尺寸及安装要求说明书等。

图10-43 适合中式烹饪的抽油烟机

图10-44 适合西式烹饪的抽油烟机

(4) 消毒柜 选购消毒柜，一是看核心部件，消毒柜的核心部件是电路板、温控器；二是看型，消毒柜大致分卧式、柜式、壁挂式等几种。根据厨房面积及使用需求等，来选择不同档次和不同类型的消毒柜；三是看价格，目前消毒柜的价格从几百元到上千元不等。

(5) 洗碗机 洗碗机的优点不仅仅是能清洗餐具，还能对餐具进行消毒、烘干、贮存。无论是柜式洗碗机还是台式洗碗机，首先都要解决一个放置的问题。在厨房装饰装修之前，要给洗碗机预留出一个合适的位置，这样才能合理利用有限的厨房空间。操作台台面的高度一定要在 820mm 以上，这样即使装修时没有买洗碗机，以后添置了也可以放得下。

(6) 微波炉 选购微波炉，主要看使用安全性、耐用性、产品外观、价格和品牌。微波炉应放在平稳、干燥、通风的地方，炉子背部、顶部和两侧均应留出 30mm 以上的空隙，以保持良好的通风。

(7) 热水器 目前市场上的热水器大致可以分为三类：燃气热水器、电热水器、太阳能热水器。可根据需要选择，如安装在厨房中，应考虑预留位置。

### 2. 其他不需要安装的厨房加工设备

电饭煲、电炖锅、电炒锅、电磁炉、面包机、多功能食品粉碎机等厨房加工设备越来越多地出现在现代厨房中。这么多的电器如果都摆在面上，会显得凌乱，所以一定要给它们都找一个合适的落脚点。在设计橱柜时，一定要预留好摆放电器的位置。微波炉、冰箱这样体积较大的电器，则可以干脆镶在柜体里，既安全又好看。为了使用方便，还以采用抽屉式的储藏方式，拉出来可以使用，推进去则看不见电器。

另一个要注意的地方是由于电器较多，相对电线也会较多，有的时候多个电器可能会一块使用，这就要在设计当初预留较多的电源接头，并且安装在合理的位置上，有的甚至可以做成隐藏式的，既不影响美观，又不影响使用。

## 10.6 厨房与餐厅的色彩及照明 >>>

### 10.6.1 厨房与餐厅的色彩

**1. 配色原则**

(1) 协调统一　如果厨房的色彩杂乱无章，就会使使用者的眼睛得不到放松，产生疲倦感。随着现代装饰装修材料的大量面世和各种颜色、图案及表现技法的层出不穷，厨房装饰陈设的色彩组合的选择范围越来越大。厨房的各个面都需要有色彩，而且还要有亮度的空间，因此在厨房装饰装修、布置家具和陈设等小物件的过程中，色彩设计的大原则是协调统一。

(2) 色相要求　应选择干净、能刺激食欲和使人愉悦的色相。大部分人都喜欢为自己的家营造一份温馨的感觉，面对大量的金属厨具的冷感，如何能缓和这种感觉，使厨房给人以温馨的感觉呢？秘诀在于使用柔和以及自然的颜色。原木调子加上简单的图案设计的橱柜组合，十分具有田园风味；浅色调的橡木纹理展现着清雅脱俗的美感，使厨房的设计更显清新。

(3) 色彩简化　简约风格早已蔓延到厨房，创造清新、明快的厨房空间，消除杂乱色彩和线条，是今天厨房设计的主流。厨房本是个繁杂之所，如果能在设计上将其简化，那么心情也将变得更轻松，工作也更高效。不要使用有立体感的图案，或是明暗对比强烈的装饰装修材料，这不仅会使厨房面积在视觉上显得狭小，而且容易使人产生高低不平、凹凸不平的错觉。电器色彩作为补丁色，不宜与主色调形成太大的反差。过多过杂的色彩在灯光反射时容易改变食物的自然色泽而使操作者在烹饪时产生错觉（图 10-45）。

**2. 配色方案**

(1) 白＋灰　效果清洁。白色、灰色是无彩色，因此也是最保险的色彩组合。在五彩缤纷的厨房家具中，这种配色反而成为最流行的时尚。灰白的搭配最好有一块反差比较大的色彩做陪衬，如奶棕色、黄色或红色，它会使灰白色的主色更加明亮、洁净、清爽（图 10-46）。

(2) 原木色＋白色　效果简约。白色和原木色也是经典的配色方案。它的效果温和、闲适、和谐，如沐春风，如临湖水，自然随意，挥洒自如，具有尊贵细致的简约风范，能够体现出使用者的品位和素养（图 10-47）。

(3) 黑色＋白色＋灰色＋蓝色　效果经典。这也是大量的无彩色加上少量原色的配色，与灰白配色不同的是它的视觉效果更加明快、强

图10-45　色彩简化

图10-46　白+灰

图10-47　原木色+白色

烈、醒目。黑白可以营造出强烈的视觉效果，灰色则在其中起到缓冲的作用，它缓和黑与白的视觉冲突感，而蓝色这个原色则起到了点睛的作用。这种空间效果充满未来感，理性、秩序而专业（图 10–48）。

(4) 蓝色 + 白色　效果清丽。蓝色给人一种冷静高贵的感受，这种色调有助于营造宁静的氛围。色彩心理学表明，多看蓝色会令人情绪稳定，而白色则有开阔、纯净的感觉，两者搭配效果清凉、无瑕，令人感到心胸开阔，十分自由，赏心悦目（图 10–49）。

(5) 红色 + 黄色 + 白色　效果热烈。以暖色系为主的色彩搭配，在色相上是刺激食欲的颜色。红色 + 黄色 + 白色在明度上是个长调，

图10-48　黑色+白色+灰色+蓝色

图10-49　蓝色+白色

因此感觉很明快。结合界面设计可表现出现代与传统的交会，碰撞出兼具现实与复古风味的视觉感受，这三种色彩能给予空间一种新的生命(图 10-50)。

(6) 黄色 + 赭色　效果温暖。黄色是一种温和、亲切的颜色。赭色是宽厚、内敛的颜色，

图10-50　红色+黄色+白色

图10-51 黄色+赭色

图10-52 金属色

两种颜色组合在一起会产生一种金色秋天的丰收景象，让人内心感觉平静喜悦(图 10-51)。

(7) 金属色 效果现代。在橱柜的面板材料中，大量采用闪光的金属材料，给厨房带来一股凛冽的工业味和科技味，能够体现具有冲击力的技术美感。有的进口橱柜用上金属铝箔面，给人非常高贵的感觉(图 10-52)。

## 10.6.2 厨房与餐厅的照明

### 1. 总体要求

(1) 明亮 厨房操作性比较强，所以必须有足够的亮度。

(2) 清晰 厨房的工作区的照明一定要清晰，餐桌桌面的照明也要清晰。因厨房操作时温度较高，一般配以冷色光为宜。

(3) 艺术 餐厅照明的艺术性可以加强进餐的氛围，增进食欲。

### 2. 设计手法

(1) 直接照明 厨房灯光需要可分成两个层次：一是对整个厨房的照明，一是对洗涤、准备、操作区域的照明。后者一般在吊柜下部布置局部灯光，设置方便的开关装置(图 10-53)。

(2) 氛围照明 餐厅的照明可结合吊顶设置，氛围照明灯具要与厨具协调，可选用长杆或长线的吊灯来加强形式感。灯罩的形状和色彩要精心选择，好的灯具不仅光感好，而且形象别致，能成为视觉上的一个焦点(图 10-54)。

## 10.7 厨房与餐厅的界面 >>>

### 10.7.1 顶面

西式厨房没有太多油烟，不需要经常清洗。因此厨房顶部常用石膏板。中式厨房通常采用铝扣板吊顶，便于清理和拆卸。吊顶最好为浅色，也可选择和墙面同色或柜体颜色相近的色彩。

### 10.7.2 立面

厨房立面的主体是橱柜，所以橱柜应尽量选择鲜亮的色彩，增加视觉上的跳跃性。橱柜设计时一定要注意，既要实用，又要有装饰性，同时还要与整体和谐统一。因为厨房温度相对较高，厨房的立面尽量用偏浅色的冷色调。白色墙面最易搭配不同颜色的橱柜，地面颜色最好比墙面深，可避免头重脚轻的感觉。

餐厅如果是独立的，其立面可以像其他房间一样，根据喜好自由设计。如果与厨房或起居室组合在一起，这部分的立面除了整体统一以外，还可以适当强调一点艺术性，以强化进餐的氛围。墙面上艺术品的点缀必不可少。

### 10.7.3 地面

厨房地面一般采用耐磨、防水、易清洗的地砖，抛光砖是很好的选择。界面多数是一色到底，当然也可以拼花。餐厅的地面主要看它是与厨房还是起居室组合，设计时分别与组合的房间相统一（图 10-55)。

图10-53　操作台上的直接照明

图10-54　餐桌上的氛围照明

图10-55 地面设计

## 10.8 厨房与餐厅的家具 >>>

### 10.8.1 橱柜

橱柜是厨房中的主要家具，橱柜的效果直接影响到厨房及餐厅的效果，因此它是厨房设计的重点，必须予以足够的重视。橱柜的设计可以由家装设计师设计，也可以由专业厨房制造企业的设计师设计。橱柜设计的风格必须与家居的整体风格协调。如果由橱柜制造商设计，那么家装设计师必须把关认可。

#### 1. 自己设计自己制作

橱柜的设计和制作都由装修公司负责，一般现场制作。这种方式的好处主要是价格低，工期短，没有配合的问题。缺点是做工比较粗糙，因为没有专门的加工设备。这种方法现在一般只在低造价的家装工程中采用，而且也越来越少地被业主选择。

#### 2. 部分定制

框架自己制作，门板台面定制。费用比较低，效果也比较好，被很多实惠型的业主选择。

#### 3. 专业厨房机构定制

具体选择程序为：先看“整体厨房”样板间，定下大致的款式和材料；再请橱柜设计师上门测量设计，按10.2.2中的设计要求和橱柜设计师全面交流，根据设计图样定尺寸加工制作。这时设计师是一个参谋，把握总体风格，协助业主提出要求，审查图样。

### 10.8.2 餐桌、餐椅

餐桌、餐椅多数家庭都是选购成品。选购的要点主要是：

#### 1. 大小

餐桌的大小应根据餐厅的大小和位置及自己家人的用餐情况确定。

#### 2. 形状

餐桌的主要形状有长方、正方、圆、椭圆等，有些餐桌具有伸缩结构，可以扩大或缩小。

#### 3. 材料与色彩

餐桌、餐椅的材料一般以木质为主。名贵木材木纹很美，这样材质的餐桌、餐椅一般采用木本色，亚光的比较高档；一般材质的有可能采用混油，色彩一般较深，也可采用白色的油漆。玻璃餐桌近年来异军突起，它的晶莹剔透受到很多人特别是年轻人的欢迎，比较适合于小面积居室。餐椅的材质一般也以木、皮革、塑料和织物居多。选择材质要重点考虑清理的方便性，因为餐桌、餐椅受污染的机会非常多。

#### 4. 风格

餐厅一般与起居室相连，所以它们必须与整个家居的风格相协调，另外餐桌和餐椅必须配套(图10-56)。

图10-56　餐厅必须与整个家居的风格相协调

图10-57　酒柜、陈列柜

### 10.8.3 酒柜、陈列柜

酒柜、陈列柜是餐厅的辅助家具，它们可以为餐厅营造更好的就餐气氛(图 10–57)。品牌家具商一般对餐厅家具进行整体设计，只要成套选购即可。当然酒柜和陈列柜也可以不同于餐桌和餐椅的风格，这样可以更加突出餐桌和餐椅的主体地位。

## 10.9 厨房与餐厅设计的新概念 >>>

### 10.9.1 开放式、起居化

厨房空间在设计上越来越开放，开敞的厨房空间可以让“煮妇(夫)”们一边做饭一边和家人聊天，在家人一起参与烹饪的过程中，在厨房劳作的“煮妇(夫)”会心情舒畅。高兴的话，甚至还可以在大厨房里开一个 Party。虽然中国的传统做菜方式不适合开放式厨房，但半开放或全开放式厨房已成为一部分人的选择。可以把备菜部分做成开放式，把炒菜的一小部分封闭起来即可。毕竟备餐时的工作时间比炒菜的时间要长，这样既能使家人之间互相交流，又不会因为油烟影响其他空间的环境，心理上可以营造清凉的感觉。开放式厨房使厨房和餐厅连成一体，使房间更显通透，空间也有无限延伸之感，而半开放式厨房成为厅的延伸。开放式起居化的厨餐空间是全职太太的最爱(图 10–58)。

### 10.9.2 美食家的天堂

对美食家来说，下厨房是他的“享受”，做各色各样的菜肴是他的兴趣爱好，琳琅满目的调味品和工具是他的宝贝(图 10–59)。

图10-59 美食家的天堂

图10-58 开放式起居化的厨餐空间是全职太太的最爱

## 10.9.3 展示性厨房

当今社会，不做饭的家庭越来越多了。尽管如此，厨房还是要配备的。当厨房不用来做饭，就成了家居中的一道风景。

现在有一种说法，厨房是家居的中心，有的人甚至认为整个家居的装饰装修风格都应该围绕厨房来设计。在厨房不被用来做饭的家庭，这样的设计被认为是很有新意的。

如果厨房不用来做饭，厨房的设计风格就可引领整体家居环境，那么厨房就一定要设计成开放式。把厨房打开，才会融入整体空间之中，使客厅更敞亮。如今的厨房家具已经不只是几个简单的柜体组合了，它可以变幻出各种造型，厨房家具完全可以胜任客厅家具的职能与款式，甚至可以有更多的选择。如电视柜，可以用厨房的门板做成，华丽的烤漆或者稳重的实木，一点也不逊色于市场上的板式家具；用人造大理石台面做成的岛式吧台，是比较盛行的设计形式，用在这种厨房中，它的作用就更大了，可以作为早餐的操作台与早餐桌，同时也可以成为客厅里的一个中心点，放两把吧椅，一边是柜体，一边是电视柜，闲暇时，泡杯咖啡，看看电视，安逸的小资生活就呈现了。

在这个厨房里，抽油烟机变成了完全的奢侈品，不过再奢侈也一定要配备，因为难免会用上几次。不过，一定要选择西式的，而且最好挑那些造型奇特的款式，会为整个厨房增色不少。

如果厨房不被用来做饭，自然少了油烟，那么厨房里的墙壁自然也不必只局限于式样简单的瓷砖了。

马赛克原本是厨房里的大忌，由于夹缝多，时间长了，很难清理。但它时尚的外表与多变的造型，往往博得年轻人的钟爱。如果厨房不用来做饭，只要喜欢，就可以选择任何色彩的马赛克，甚至可以拼接出多种多样的图案组合，来与厨房风格相配合(图10-60)。

壁纸用得最多的地方是卧室和起居室，却极少用在厨房，因为它防油腻的能力较低。在不用来做饭的厨房中墙壁装饰装修完全可以用一些防水壁纸，如大花图案的壁纸搭配具有古

图10-60　马赛克作为厨房装饰装修材料

图10-61　明亮晶莹

图10-62　迷蒙浪漫

图10-63　贵族经典

典风格的厨房、条状图案的壁纸与简约式厨房相配。如果客厅墙壁装修用的就是壁纸，那么厨房的风格可以与其一致，整体感会更强。如果厨房不用来做饭，墙壁还可以用一种方法处理，那就是刷清漆，这会让墙面显得非常清爽，与时尚类橱柜相配会非常和谐。

## 10.9.4 秀色也是美味佳肴

俗话说“秀色可餐”，物质文明发展到今天，餐厅的硬件已经不是问题，重要的是餐厅的氛围，进餐的气氛，交流的气氛，说白了就是餐厅的文化氛围、餐厅的情调。通过设计师的精心创意，可以营造非常悦目的视觉氛围，使人感到极大的视觉享受，就餐的心情会变得很好。因此，确实可以这样说：秀色也能成为美味佳肴（图 10-61 ～图 10-68）。

图10-64 维多利亚风情

图10-65 天使陪伴

图10-66 艺术party

图10-67　现代时尚

图10-68　天外来光

## 设计技巧　厨房与餐厅设计需要关注的细节

### 1. 厨房的安全性

厨房是危险系数最高的空间，这里最容易发生意外损伤，如切伤、烫伤或烧伤等，厨房设计的好坏可以直接反映厨房安全与否。为了自己与家人的安全，最好的办法是从根本入手，从最初的厨房设计中就消除隐患。

(1) 吊柜　吊柜高度以及吊架的挂设高度，甚至厨房中悬挂物的尺寸都要好好计算一下，根据家人的身高来设计，避免个子高大的人一不小心撞上头，同时吊柜的宽度应设计得比工作台窄。

(2) 抽油烟机　抽油烟机的高度，一定要以使用者身高为基准，最好比头部略高一点。一般来说抽油烟机与灶台的距离不宜超过600mm。

(3) 灶台　最好设计在台面的中央，保证灶台旁边预留有工作台面，以便炒菜时可以安全及时地放置从炉上取下的锅或汤煲，避免烫伤。

(4) 台面及橱柜　台面及橱柜的边角或是把手有时为了造型的好看往往设计得很尖，虽说外形很酷，但很容易碰伤或划伤人，所以最好用圆弧修饰橱柜及把手的边角部位，可有效减少碰伤的可能。

(5) 厨房门　厨房门设计也很有讲究，为了确保往内开的厨房门不会因突然开启而撞到正在备餐的人，最好改为外开或推拉门。

(6) 防止孩子发生危险　厨房的许多地方要考虑到孩子可能发生的危险。如炉台上设置必要的护栏，防止锅碗落下；各种洗涤制品应放在矮柜下（洗涤池）专门的柜子里，刀等器具应摆在能安全开启的抽屉里。

(7) 厨房电器　由于厨房中电器数量较多，使得电器安全显得尤其重要。在处理内置式家电时，应预留边位，以便电器出现故障修理时易于移动。冰箱进厨房已是趋势，但位置不宜靠近灶台，因为后者经常产生热量而且又是污染源，影响冰箱内的温度。同时冰箱也不宜太接近洗菜池，避免因水溅出导致冰箱漏电。

(8) 电源插座　在装修初始就要有计划地在厨房的各个角落多设电源插座，可减少电线横陈的危险性。不可在洗涤盆、电炉或其他炉具旁铺设电线，同时均需安装漏电保护装置。

(9) 厨房防水　厨房是个潮湿易积水的场所，所有表面装饰装修用材都应选择防水耐水性能优良的材料。地面、操作台面的材料应不漏水、不渗水。墙面、顶棚材料应耐水且可用水擦洗。橱柜内部的用料必须易于清理，最好选用不易污染、容易清洗、防湿、防热而又耐用的材料，如瓷砖、防水涂料、PVC 板、防火板、人造大理石等都是厨房中运用得最多的安全材料。

(10) 防火　厨房里使用的表面装饰装修材料必须注意防火要求，尤其是炉灶周围，更要注意材料的阻燃性能。

### 2. 橱柜的分隔

橱柜的分隔与厨房里需要添置的设备及厨房里需要储存的物品有关。抽油烟机、水池、垃圾箱、煤气灶、微波炉、消毒柜、冰箱、电饭煲等是厨房设备中常见的大件。橱柜的造型设计要将这些设备考虑进去。所以在厨房装饰装修设计前，必须确定这些电器的品牌、型号。设备安装的位置根据厨房的流程和美感来确定，尺寸配合要天衣无缝。

对厨房里放置的物品如碗碟、调料调味品、食品备料工具、食品加工工具、干果食品、水果、蔬菜等，需要按使用情况进行分类。这些物品的特点是零碎，大小差异大，还需要防止串味等。好在现在有许多橱柜五金，可以将这些物品井井有条地放置起来。因此在设计橱柜的分隔时，需要事先确定需要配置的橱柜五金的大小、尺寸、安装方法。所有这些还需要从美学的观点去考虑位置，以达到最好的视觉效果。

厨房里的矮柜最好做成抽屉，方便取放物品，视觉也较好。吊柜一般可做成 300 ~ 400mm 宽的多层格子，柜门为对开或者折叠拉门形式。

橱柜的开敞和封闭要有机结合，造成很有秩序、很有节奏的感觉。吊柜与操作平台之间的间隙一般可以利用起来，放置一些烹饪中所需的用具，有的还可以配置简易的卷帘门，避免小电器上落灰尘 ( 图 10–69)。

### 3. 垃圾存放

厨房里垃圾量较大，气味也大，应将其放在方便倾倒又隐蔽的地方，如可在洗漱池下的矮柜门上设一个垃圾桶，或者设置可推拉式的垃圾抽屉。

### 4. 能坐着干活

厨房里不少活是完全可以坐着干的，所以，可以设置一个可以坐着干活的平台，并配备高低适度的椅子 ( 图 10–70)。

### 5. 其他小细节

1) 厨房门开启方向与冰箱门开启方向不要冲突。

2) 抽屉不要设置在柜子角落里。

3) 装修厨房前需要把厨房内的暖气位置考虑好，以防柜门、抽屉与之碰撞。

4) 厨房窗户的开启与洗涤池龙头不要冲撞。要对厨房进行多次测量，以免过后被动。

5) 别墅中厨房内相关管道设计要精细。

①烟道设计。别墅的层高较高，通常都在 3m 以上，抽油烟机的烟道走得较长，因此抽油烟机的排风量、电动机的功率都应较大。如果烟道长度大于 4m，就应考虑增加一级排风装置，增进排风效果。另外地排式的油烟机也是一种不错的选择，如果想在大厨房里享受野外烧烤的乐趣时，不妨使用这种油烟机，会有耳目一新的感觉。

②上下水设计。普通公寓的上水管通常用使用 PVC 管或镀锌管，容易损坏。为了追求视觉的美观，别墅的上水管基本上都是藏在墙

里面，更换很不方便。因此，别墅中的上下水管建议使用优质的铜管，既时尚又能满足环境的需求。下水管则最好不要从同层走，这样的管路设计复杂又不美观。可将下水管引入地下车库，排水通畅且视觉效果良好。

③煤气管道设计。煤气是有毒又易燃的气体，其管路的设计要极其小心。最好管道集中整齐，且靠近灶台，既有利于操作使用也避免了危险。

图10-69　开敞和封闭要有机结合

图10-70　可以坐着干活的平台

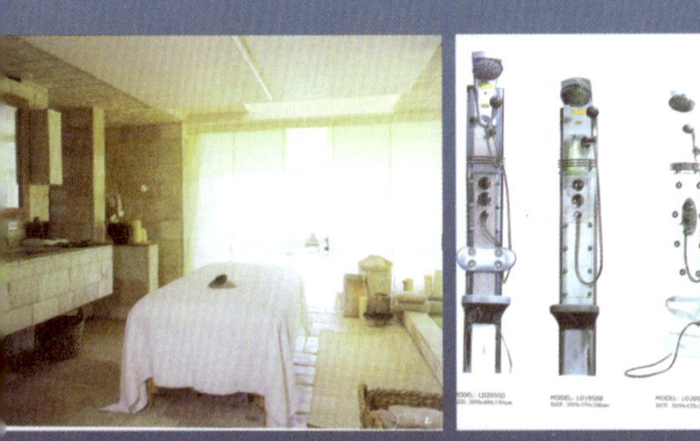

卫生间既是每日必上的“公事房”，也是最私密的个人空间。从重视它的程度，可以看出人们善待自己的程度。在越来越讲究生活品质的今天，卫浴文化正在盛行。精心设计+品质品味＝享受空间＋自得其乐。从被放逐在角落的楼梯间、套间的最深处，晦涩的灯光、泛黄的瓷砖、一扇够不到的小窗户，到现在光线明亮、空间宽敞，卫生间设计的流行的鼓点越敲越响。

# 11. 净身享受 卫生间

11.1 卫生间的概念与功能

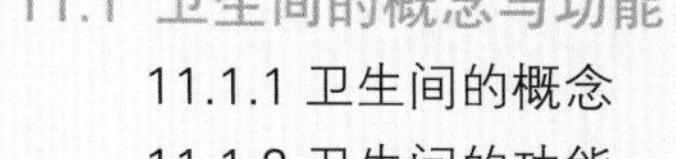

11.1.1 卫生间的概念

11.1.2 卫生间的功能

11.2 卫生间的设计原则与要求

11.2.1 卫生间的设计原则

11.2.2 卫生间的设计要求

11.3 卫生间的类型与尺度

11.3.1 卫生间的类型

11.3.2 卫生间的尺度

11.4 卫生间的组合与布局

11.4.1 卫生间的组合

11.4.2 卫生间的布局

11.5 卫生间常用的材料与设备

11.5.1 卫生间常用的材料

11.5.2 卫生间常用的设备

11.6 卫生间的色彩与照明

11.6.1 卫生间的色彩

11.6.2 卫生间的照明

11.7 卫生间的界面

11.8 卫生间的家具与陈设

11.8.1 卫生间的主要家具

11.8.2 卫生间的其他家具

11.8.3 卫生间的陈设

11.9 卫生间设计的新概念

11.9.1 专用化

11.9.2 梯度化

11.9.3 差异化

11.9.4 心境化

11.9.5 科学化

设计技巧　卫生间的舒适度设计

## 11.1 卫生间的概念与功能 >>>

### 11.1.1 卫生间的概念

“卫生间”的概念好像不需要解释，它是个约定俗成的名称，大家都知道它的含义。但现在许多公共场所不称卫生间，而是称洗手间。“洗手间”的称谓是从香港传到广州，然后又从广州传到南方。现在全国各地很多地方都用洗手间代替卫生间。为什么香港的卫生间称为洗手间？原因很简单，香港的卫生间其洗手的部分装修得比较豪华，大的洗手台和镜子，旁边还有干手器、干发器等，比当时内地的卫生间好多了。再说洗手间听起来比较雅，比较含蓄，所以就用“洗手间”代替“卫生间”了。

严格来说，人们脑子里卫生间的概念是由“厕所＋盥洗室＋浴室”三个概念合成的。厕所除了方便以外，洗手是必须附带的功能。俗话说“饭前便后要洗手”，所以就是设施很差的厕所都会有一个洗手槽。盥洗室是用来洗脸、洗手、刷牙、简单化妆的。至于浴室，它的主要功能是洗澡。把三种功能合在一起有生活逻辑的道理，也有经济逻辑的道理。三者在功能上有联系，而且联系紧密。在经济上，绝大多数家庭里不可能拿出三个独立的空间来做专门的厕所、浴室和盥洗室。于是，大家都接受这样的逻辑，合三为一。可是真正从科学的逻辑去考虑，这并不十分合理。因为厕所比较臭，浴室比较潮，盥洗室最好与它们分开。所以真正好的家庭卫生间三者的分区必须相对独立。

图11-1 “养眼”的卫生间

对卫生间的观念过去一直是阴暗、潮湿、异味，是人在不得已时才去的地方。可是现在观念已经发生了天翻地覆的变化。时尚的卫生间不但整洁美观，而且情调高雅，甚至气味芬芳。一切布置是那么宜人、动人、吸引人，不但养生，而且养眼。这里折射出优雅的“品质生活”的光芒、时尚的“魅力生活”的色彩（图 11-1）。

### 11.1.2 卫生间的功能

#### 1. 卫生间的基本功能

(1) 方便　大便、小便。

(2) 洗澡　淋浴、盆浴。

(3) 日常洗涤　洗脸、洗手、洗头、洗脚、洗下身。

(4) 化妆　女子每日不可缺少的功课，时尚男人也离不开。

(5) 储存　卫生器具、化妆用品、清洁用品等的储存。

(6) 洗衣　将洗衣机放在卫生间是很多人的选择。

(7) 清理卫生　家庭卫生清理设施使用和储藏的地方。

#### 2. 卫生间的扩展功能

卫生间的扩展功能有更衣，衣柜特别是内衣柜可以设置在卫生间；接打电话；视听；休闲阅读；美容等。

## 11.2 卫生间的设计原则与要求 >>>

### 11.2.1 卫生间的设计原则

#### 1. 重视人的享受需求

时代发展到今天，卫生间满足人们基本的功能需要已经不是问题。随着人的享受需求越来越得到发掘，满足他们的这些愿望成为卫生间设计的新原则。

#### 2. 适度张扬卫浴个性

长久以来，洁具的造型单调而缺乏新意。近年来出现了一些造型奇特、棱角分明的浴缸，形状百变的龙头和款式更符合审美观的大便器，受到时尚人士的欢迎（图 11–2）。

#### 3. 时刻把握卫浴的流行趋势

卫生间的设计风格和材质需要特别关注。近两年金属材质的卫浴制品越来越多，如金属的浴室把手、毛巾杆、卷纸器、肥皂盒、口杯、棉签盒以及铜铝复合或铝制的新型散热器等。石材、玻璃、木材等成为陶瓷制品的替代品。玻璃面盆受女性青睐；木制浴桶让“小资”心动（图 11–3)；玻璃马赛克在卫生间里大行其道。细节的小小变化让卫浴间整体变得时尚而有个性。

#### 4. 恰当选用智能化卫浴产品

智能感应水龙头、智能调温的浴缸、智能抽水的大便器已经出现（图 11–4)。设计师应及时了解这些新产品的功能，并及时向客户推荐。

图11–2　与床结合在一起的浴缸

图11–3　木制浴桶

图11–4　智能抽水大便器

### 5. 注重健康环保

健康和节水是卫浴革命多年来的一个主题。从浴缸到大便器，到小便斗，各个能够抗菌防污和节水的部位和地方都在进行变革。兼备抗菌、节水两大功能的卫浴产品将更加出众。

## 11.2.2 卫生间的设计要求

### 1. 卫生间设计应满足的环境心理

卫生间的环境心理要求为具有私密性、享受性、亲密性、方便性、艺术性(图 11–5)。

### 2. 卫生间设计需要重点解决的问题

(1) 私密性　卫生间隐藏着秘密、孕育着幸福、包藏着快乐。这种快乐是内享的，一般不外露。有三条途径可以解决私密性的问题：

1) 使用磨砂玻璃。透光不透形。

2) 使用浴帘。可以遮挡视线，也防止水的外溅。

3) 使用窗帘。可以随时按需调节。

(2) 合理性　卫生间的合理设计应做到四个分离。

1) 干湿分离。在宽大的卫生间里，干湿自然分离，良好的物理环境使得浴室柜有着充裕的容身之处。设计师可以根据使用者的功能要求和审美需求来放置不同形式的浴室柜，各种洗浴用品、清洁用品以及衣物等分门别类地置放。另外，还可以根据家庭成员来分类，使每个人都有独立的储物空间，让使用者更方便、卫生(图 11–6)。

2) 厕浴分离。卫浴功能分拆，大小便区与洗浴、洗脸的区域分开。能更好地满足使用要求。并减少互相的干扰(图 11–7)。

3) 男女分离。男女方便的方式不同。男士站立式小便方式客观上容易造成坐便器的污染。为了卫生的要求，在空间条件许可的情况下应安装男士小便器(图 11–8)。

4) 脸、手、脚盆分离。设置个两盥洗盆，一个专门洗手，一个专门洗脸图(11–9)。可设专门的洗脚盆，保证卫生干净，不交叉污染。

(3) 享受性　解决这个问题需要有物质条

图11–5　符合环境心理要求的卫生间设计

图11–6　卫生间的干湿分离

图11-7　厕浴分离

图11-8　安装男式小便器

图11-9　两个盥洗盆各有用途

件：

1) 大空间。现在一些对时尚敏感的房产开发商、建筑师，从人文角度考虑，建造商品房时，已经开始注意到在户型设计时为消费者配置大空间的卫生间。如一些3室2厅2卫的房型和复式房、别墅都配置了$12m^2$以上的卫生间。即便是小房型，一些年轻前卫的人士，也要求将卧室甚至客厅与卫生间打通，形成大空间，可以安排舒适、方便、温馨、怡人的卫浴功能。考虑到卫浴空间的特殊性，可采用视觉上连接、空间上隔离的玻璃房的形式。如与客厅、卧室连接的墙面，用大面积的玻璃、玻璃砖或采用镜面，营造一体化的空间效果，扩大房间的感觉。

2) 功能细化。洗漱、化妆、沐浴、排泄等功能不以干湿分区，而是根据功能特点，以舒适性分区。

3) 室内外沟通。光线、视线、空气透畅，出现诸如阳光浴室、透明天棚、露天浴室等形态。

4) 丰富的配置。音乐、影视、家具、绿化、小型更衣空间、化妆空间，甚至小书房、小酒吧也进入卫浴空间。卫浴功能的舒适性、休闲性大大提高。

5) 讲究的浴池。台阶式的浴池配合嵌入式浴缸，可以放置很多沐浴物品的大平台，不仅感觉豪华，而且还能增添休闲的意味，同时也方便了家中老人和儿童方便出入浴缸（图11–10）。

6) 开放式卫生间。开放式卫生间在国内还是十分前卫的理念，主卧中开放式卫生间的设计，不仅仅打掉了卧室与卫生间之间的墙，还扩展了空间面积，增加了层次感。卧室中地毯、布艺沙发、窗帘、床上用品等柔软性的材料同卫生间的洁具、玻璃、石材、不锈钢等质地坚硬的材料形成了强烈对比，使“软材料”更显温馨，“硬材料”更显现代（图11–11）。

**(4) 解决个性洗浴的问题** 经济条件好、空间富裕的家庭，可以考虑设置个性化洗浴的功能。家庭个性化洗浴方式有：木桶浴、热带雨林维其浴、冲浪按摩浴、干热蒸汽浴、桑拿浴（图11–12）、芳香浴等。

图11–10 台阶式浴池

图11–11 开放式卫生间

图11-12　桑拿浴

## 11.3 卫生间的类型与尺度 >>>

### 11.3.1 卫生间的类型

(1) 纯厕所　只满足如厕和洗手的功能。

(2) 纯浴室　只满足洗澡的功能。

(3) 基本的卫生间　满足大小便和洗手、洗澡的功能，有的还有洗衣的功能。

(4) 干湿分离卫生间　洗脸、洗衣的功能和如厕、洗澡的功能分离。

(5) 浴厕分离卫生间　洗澡和如厕分开。

(6) 家庭SPA　时尚的多功能的注重洗浴文化的卫浴空间。强化洗澡的功能，同时加上按摩、休闲、视听等功能（图 11−13）。

图11-13　家庭SPA

(7) 整体浴室　整体浴室的外形是一个方方正正的"匣子"，采用保温隔潮的航空航天树脂材料压膜而成，在浴室装修时只要把这个"匣子"搬回家就可以了。其内部与传统装修完成后的浴室相同：沐浴区、盥洗区以及相应的设施一应俱全（图 11–14）。其局限性在于整体浴室的尺寸和款式都是固定不变的，而每一个楼盘卫生间的大小却是不等的。整体浴室与传统浴室的不同之处见表 11–1。整体浴室在整体厨房之后再一次体现了"整体"的魅力。

图11–14　整体浴室

表 11–1 传统浴室与整体浴室的比较

| 性质 | 传统浴室 | 整体浴室 |
| --- | --- | --- |
| 材料 | 红砖、混凝土、瓷砖、大理石、防水夹板（天花板）、油漆 | FRP、SMC、BMC、防锈钢板、硬发泡PU（赛勒玛）、复合石膏/纤维板磁砖、大理石 |
| 设计 | 建筑师和水电技师临场设计 | 建筑师、工业设计师和水电技师共同的设计 |
| 理念 | 依设计及工人素质而定，不确定 | 工业化与艺术性的完美结合 |
| 构造 | 砖砌墙或混凝土墙、混凝土楼板、瓷砖表面，湿式施工，水电管线埋于墙内 | 分底盘、墙板和天花三大部分，以组装方式干式施工，材料本身为防水材料，不需另作防水，水电管线和墙壁分隔 |
| 生产 | 工地现场施工，需多种工种相互配合。工期约需 8～12d | 工厂生产大件，现场组装。单一工种，每套约需 4～6d |
| 性能 | 易渗漏，易产生卫生死角，装饰装修材料可能有辐射 | 无缝，底板跑水沟设计，洁净干爽，无污染无辐射，环保安全成本 |
| 成本 | 制造成本低，管理成本高 | 制造成本高，管理成本低 |
| 维修 | 打掉重做，施工责任不易理清 | 组件卸换，单一施工与维修责任 |

## 11.3.2 卫生间的尺度

卫生间的人体活动尺度见表 11–2。

表 11–2 卫生间的人体活动尺度　（单位：mm）

| 设备 | 尺度 |
| --- | --- |
| 台盆的高度 | 800 左右 |
| 最小淋浴空间的大小 | 800 × 800 左右 |
| 淋浴龙头的高度 | 1700 ～2000 |
| 成人小便器的安装高度 | 600 左右 |

卫生间的常见设备尺度见表 11–3。

表 11–3 卫生间常见设备尺度　（单位：mm）

| 设备 | 尺度 | 设备 | 尺度 |
| --- | --- | --- | --- |
| 普通浴缸 | 1500 × 700 × 400 | 洗脸台 | (600 ～1200) × 800 |
| 双人浴缸 | 1500 × 1200 × 400 | 柜子 | 房间宽度 × 600 × (2200 ～2600) |
| 三角浴缸 | 1500 × 1500 × 400 | 按摩床 | 700 × 1800 × 450 |
| 淋浴房 | (800 ～1200) × (800 ～1500) × 170 | 双人沙发 | 1700 × 800 × 450 |

## 11.4 卫生间的组合与布局 >>>

### 11.4.1 卫生间的组合

1. 卫生间+卧室

使用方便，现在已经成为主卧的标准配置。有的是在主卧内的一个独立空间，有的与主卧连体（图 11–15）。

2. 卫生间+书房

在卫生间里设置书柜，不仅令卫生间有了书卷气，沐浴和方便的时候顺手可以拿到想看的书籍，可以大大舒缓心理压力，符合一群人的喜好（图 11–16）。

3. 卫生间+储藏室

卫生间 + 储藏室的组合虽然不常见，但很合理（图 11–17）。

4. 卫生间+健身房

健身是时尚人群的必修课，健身以后顺便沐浴是非常合乎逻辑的（图 11–18）。

图11–15　卫生间+卧室

图11–16　卫生间+书房

图11–17　卫生间+储藏室

图11-18 卫生间+健身房

## 11.4.2 卫生间的布局

### 1. 最小的卫生间

面积为 1.5 ~ 2m²，主要设备有洗脸盆台、坐（蹲）便器（图 11–19）。

### 2. 基本的卫生间

面积为 3 ~ 4m²，主要设备有洗脸盆、坐（蹲）便器、淋浴房或浴缸、浴柜、洗衣机、电话（图 11–20）。

### 3. 标准的卫生间

面积为 4 ~ 6m²，主要设备有洗脸盆、坐便器、妇洗器、淋浴房、浴缸、拖把盆、浴柜、洗衣机、干发器、电话（图 11–21）。

### 4. 讲究的卫生间

面积为 6 ~ 8m²，主要设备有洗脸盆（2 个）、坐便器、妇洗器、淋浴房（多功能）、功能浴缸（冲浪或加气）、拖把盆、浴柜、洗衣机、干发器、干手器、电话（图 11–22）。实行三个分离：干湿分离、洗便分离、淋泡分离。

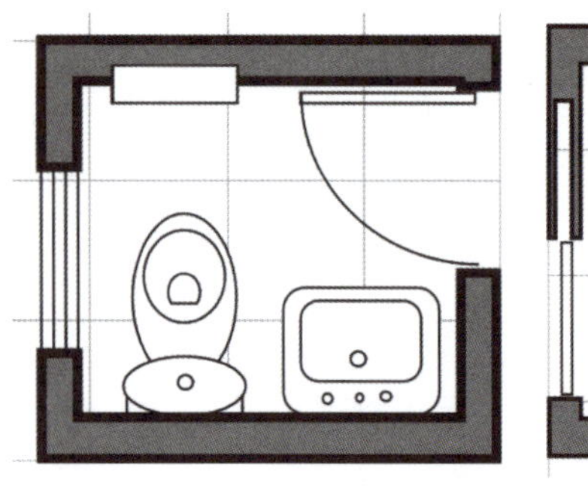

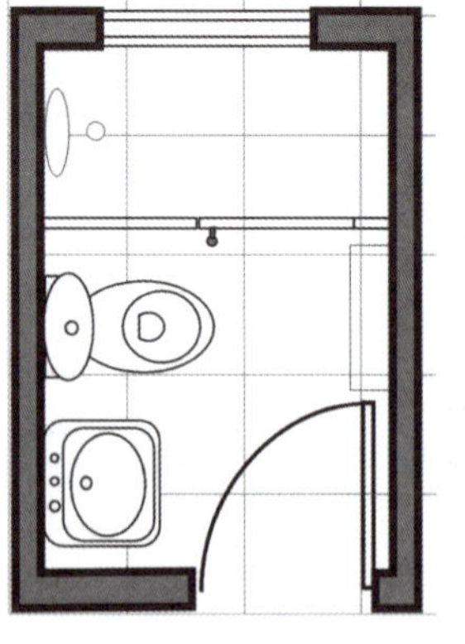

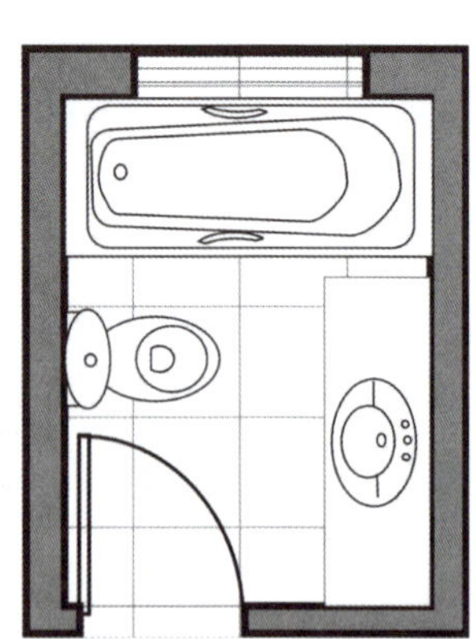

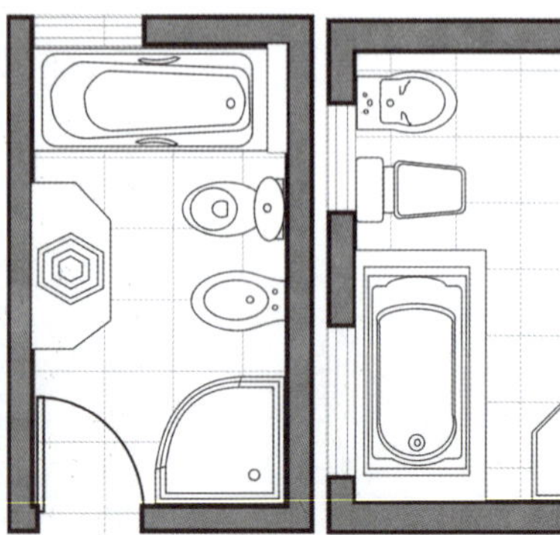

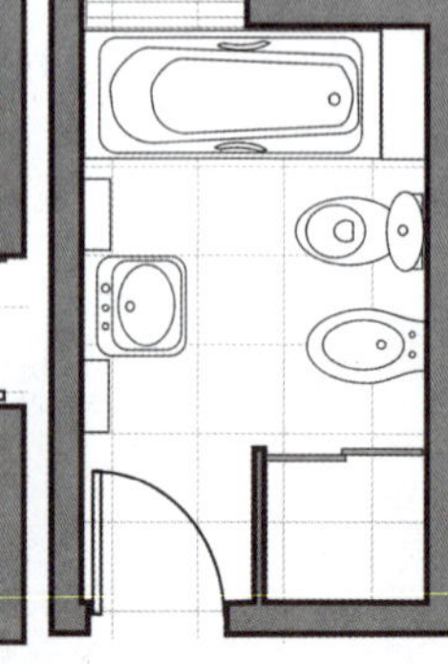

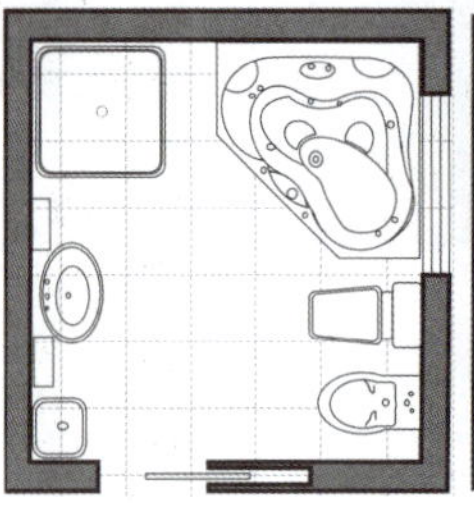

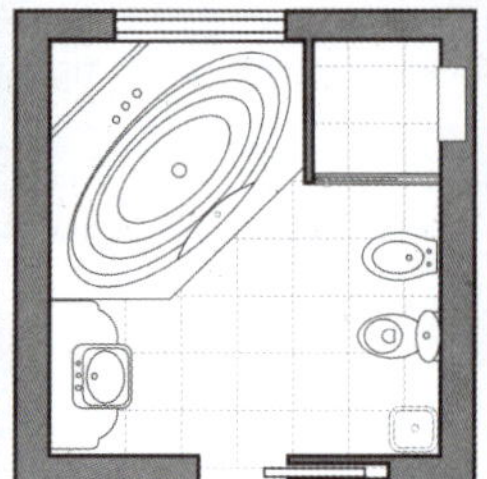

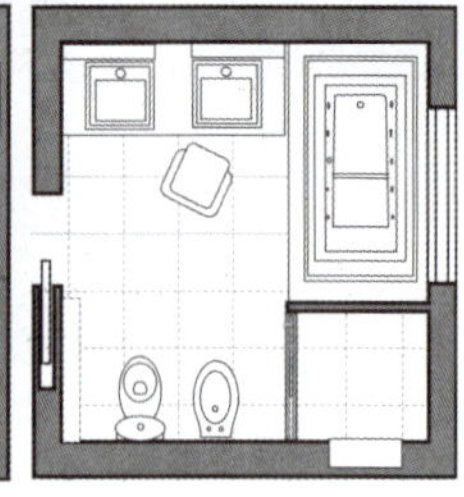

图11-19 最小的卫生间

图11-20 基本的卫生间

图11-21 标准的卫生间

图11-22 讲究的卫生间

5. 豪华的卫生间

面积为 12 ~ 20m²，主要设备有洗脸盆(2 个)、坐便器、妇洗器、小便器、洗脚器、淋浴房、大尺寸功能浴缸(冲浪或加气或木泡澡桶)、浴柜、衣柜、坐椅、按摩床、干发器、干手器、视听设备、电话(图 11-23)。实行三个分离：干湿分离、洗便分离、淋泡分离。

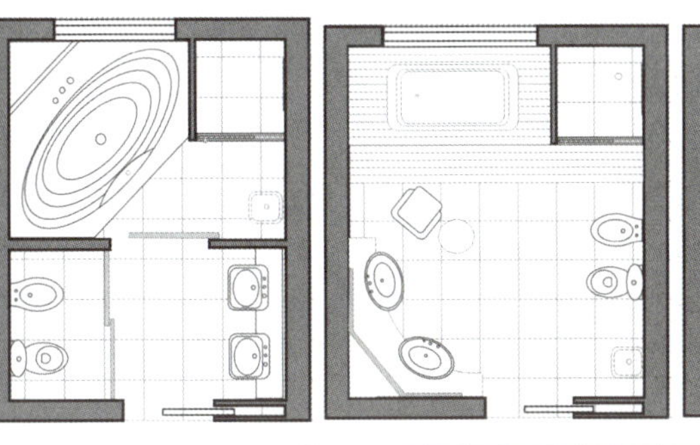

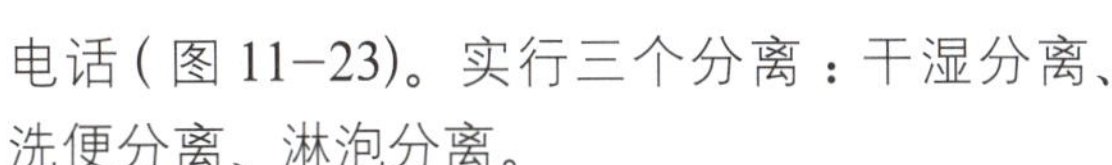

6. 奢华的卫生间

面积为 12 ~ 20m² 以上，主要设备有洗脸盆(2 个)、坐便器、妇洗器、小便器、洗脚器、淋浴房、大尺寸冲浪或加气浴缸、家庭桑拿房、浴柜、衣柜、坐椅、按摩床、干发器、干手器、视听设备、电话(图 11-24)。实行三个分离：干湿分离、洗便分离、淋泡分离。

图11-23 豪华的卫生间

图11-24 奢华的卫生间

## 11.5 卫生间常用的材料与设备 >>>

### 11.5.1 卫生间常用的材料

1. 墙面

卫生间墙面常用装饰装修材料有防水涂料、防水油漆、玻璃、瓷砖、玻璃马赛克、雨花石、文化石、防水木板等(图 11-25 ~ 图 11-28)。

2. 地面

卫生间地面常用装饰装修材料有地砖、抛光砖、文化石、玻璃等、防水地板、防水油漆等(图 11-29、图 11-30)。

3. 顶面

卫生间顶面常用材料有 PVC 扣板、铝扣板、玻璃、木材等(图 11-31、图 11-32)。

4. 门窗

卫生间门窗常用材料有铝合金、塑钢、木材、玻璃等(图 11-33 ~图 11-35)。

5. 固定家具或构造

卫生间固定家具或构造常用材料有人造石、大理石、玻璃、防水木材、夹板、装饰面板、铁艺等(图 11-36、图 11-37)。

图11-25　玻璃是卫生间常用的墙面材料

图11-26　石材是卫生间常用的墙面材料

图11-27　马赛克和玻璃砖是卫生间常用的墙面材料

图11-28　防水木材是卫生间常用的墙面材料

图11-29　卫生间常用的地面材料

图11-30　花色地砖是卫生间常用的地面材料

图11-31　桑拿板是卫生间常用的顶面材料

图11-32　扣板是卫生间常用的顶面材料

图11-33　木材是卫生间常用的门窗材料

图11-34　刻画玻璃是卫生间常用的门窗材料

图11-35 铝型材是卫生间常用的门窗材料

图11-36 经过油漆的木材是卫生间常用的家具材料

图11-37 人造石是卫生间常用的家具材料

## 11.5.2 卫生间常用的设备

### 1. 面盆

面盆的种类、款式、造型非常丰富，不仅有普通的台上盆、台下盆、柱盆，而且还有嵌墙式面盆、几座式面盆等。面盆价格相差悬殊，档次分明，从一二百元到过万元的都有。影响面盆价格的主要因素有品牌、材质与造型。普通陶瓷面盆的价格较低，而用不锈钢、钢化玻璃等材料制作的面盆价格比较高。

(1) 陶瓷面盆　陶瓷面盆的性能早就深入人心，且经济实惠，加上完美的造型，使陶瓷面盆也不乏个性产品（图 11–38）。陶瓷面盆优质的釉面“蜂窝”极细小，光滑致密，不易脏，一般不用经常使用强力去污产品，清水加抹布擦拭即可。吸水率也是陶瓷面盆的一个重要指标，吸水率越低越好。

(2) 钢化玻璃面盆　时尚、快节奏的生活令都市人愈发向往单纯明朗的境界，而玻璃盆恰好能满足人们的渴望。它晶莹剔透，通透的台面、纤细的立柱，可以给卫浴间带来一份简约与灵气。现在市场上出售的玻璃面盆壁厚有 19mm、15mm 和 12mm 等几种。经过特殊工艺处理的玻璃面盆表面光洁度极高，并不易挂脏 ( 图 11−39)。

## 2. 浴缸

浴缸按材质分有亚克力、铸铁、陶瓷、塑料等；按形式分有嵌入式浴缸、裙边浴缸、独立浴缸、木桶等；按功能分有冲浪按摩浴缸和普通浴缸。

**(1) 嵌入式浴缸** 设置支架，边沿用瓷砖或其他材料装修，然后将浴缸嵌入其中。下水设备都隐藏在支架中预留（图 11−40）。为了维修方便要留检修孔。如果空间足够大，这个所谓的支架可以做得很大，如台阶式的。

**(2) 裙边浴缸** 浴缸本身带一侧或两侧的裙边，安装时只要预先做好地面和墙面，把浴缸靠上去用玻璃胶封边就可以了 ( 图 11−41)。

**(3) 独立式浴缸**

1) 铸铁或亚克力独立浴缸。可以安放在卫生间的任何地方，因为造型现代，甚至可以摆在客厅里。其长达一圈的围杆设计可以把毛巾、浴袍、干净内衣统统挂好，便于取用 ( 图 11−42)。

2) 泡澡木桶。目前市场上的普通浴缸高度大多只有 50 多厘米，只有躺在里面才能让水浸泡全身。可是木桶就大不一样了，即使最浅的木桶也有 68 厘米高，它独特的深型设计，使人坐着甚至站着时就可以彻底被水环绕了，跟泡在一个小型游泳池的感觉差不多。

3) 溢流型水疗按摩浴缸。溢流型水流能产生无数的小气泡，使温暖的水流包围沐浴者的全身，并将身体轻轻浮起；它能轻轻呵护沐浴者的肌肤，而水在中升腾具有对皮

图11−38 陶瓷面盆

图11−39 钢化玻璃面盆

肤的按摩作用，因此具有一定的水疗效果。这种按摩浴缸能创造出无与伦比的浸泡感受，沉浸在这样的水池中，令沐浴如同置身于香槟泡沫中一般浪漫惬意，聆听水流缓缓四溢滑落，享受自在漂浮。

### 3. 淋浴房

淋浴房是现代沐浴的主要设备之一。简单的淋浴房只要在卫生间用玻璃等材料围合出一个空间，装上一个淋浴龙头，就可以了。玻璃隔断可以防止淋浴时水花飞溅，弄湿卫生间(图11-43)。复杂的则是如图11-44所示的多功能淋浴房，淋浴房与浴缸复合，不但可以淋浴，而且也能泡澡，同时还有能喷出“针刺”

图11-40　嵌入式浴缸

图11-41　裙边浴缸

图11-42　独立式浴缸

图11-43　淋浴房

效果水流的多功能淋浴屏。多功能淋浴房中还可装置音响设备，淋浴时可以听到悠扬的音乐。这样的淋浴房其实是组合式的，上面的顶是可以选装的，不选装时空气比较流通，沐浴时人不会觉得气闷。

### 4. 淋浴屏

把龙头、花洒、按摩喷嘴、肥皂盒、镜子等组合设计在一个长条形的淋浴设备中，只要接上冷热水就可以实现淋浴按摩等功能了。它不占地，只要挂在墙上即可，安装极为方便（图 11−45、图 11−46）。淋浴屏配合玻璃门和玻璃隔墙，就可以成为一个非常实用漂亮的淋浴房。

### 5. 龙头

(1) 面盆龙头　安装在洗面盆上，主要供人们洁面、洗涤衣物之用。面盆龙头应选用双联龙头，能够混合冷热水，它的结构有螺杆升降式、金属球阀式、陶瓷阀芯式等。好的面盆龙头阀体用黄铜制成，外表有镀铬、镀金及各种颜色的烤漆，造型多种多样。手柄有单柄式和双柄式，开启方式有旋转式、按压式、自动感应式等几种。

(2) 淋浴龙头　安装在浴缸上或卫生间墙上的龙头，一般体积大，有两个出水口，一个连接浴缸花洒，供淋浴之用，一个连接花洒下面的龙头，供往浴缸放水之用。目前市场上的淋浴龙头分带花洒和不带花洒的两种，带花洒的又分带软管的花洒和嵌墙式花洒两种。淋浴龙头还有一个特殊的品种，就是专用于按摩浴缸上的龙头，这种龙头造型考究，出水口分水柱式和瀑布式，可谓淋浴龙头中的贵族。

(3) 恒温节水龙头　恒温节水龙头放出来的水的温度是经过设定的，不会忽冷忽热。高档的恒温节水龙头不但可以调控温度，还利用金属球阀“记忆”适合的温度。当沐浴者选择一种水温后，将其固定，在以后的每次洗浴中

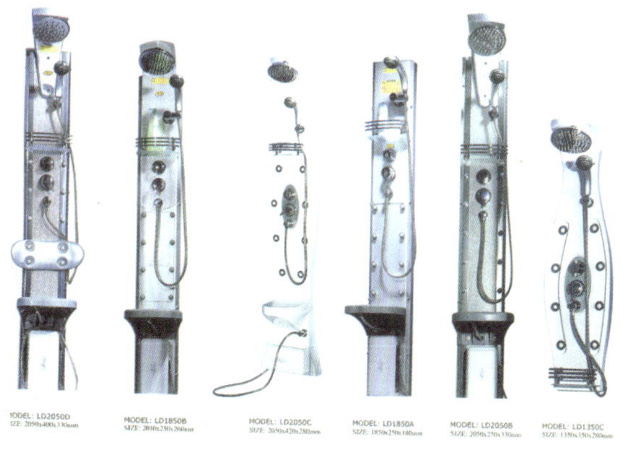

图11−44　多功能淋浴房

图11−45　形式多样的淋浴屏

图11−46　淋浴屏的效果

水温将恒定不变，使淋浴者对水温、流量控制轻松，同时也能对老人、小孩的洗澡安全起到保障作用。这种装置的外形与普通龙头开关一样，同时配有调节热水控制器，用来控制热水进入混水槽的流入量，从而使热水可以迅速准确地流出，既能节水又节约热能，也就是说一边记忆水温，一边调节水量，最高可节水 50%。图 11–47 所示为各种个性龙头。

### 6. 花洒

花洒主要起调节的作用，有些还能使水雾化，保持水的恒温（图 11–48)。

### 7. 洁具

(1) 坐便器　坐便器的品种很多，功能与形式各不相同，分类方法也不一样。设计师要根据不同的用户推荐使用合适品种型号的坐便器。

1) 按冲水方式分有直冲式、虹吸式两种。其中虹吸式又分为虹吸喷射式和虹吸漩涡式。直冲式坐便器最普通，排污效果好，价格便宜，但冲水声音大。虹吸式坐便器的排污管道设计呈侧倒 S 形，池壁坡度缓，喷射虹吸式设计，冲洗更干净。虹吸漩涡式坐便器利用虹吸和漩涡两种物理作用，能产生强大的向心力，将污物迅速卷入其中，又随着虹吸力的生成将污物全部排走，同时在静音方面也更加出色。

2) 按结构形式分有分体式和连体式坐便器，其材料有陶瓷、玛瑙、塑料等。市场上主要以陶瓷坐便器为主。

3) 按功能分有普通坐便器、洁身坐便器、电脑程控坐便器、智能感应坐便器、缓降盖板静音坐便器等。其中缓降盖板静音坐便器的盖板能够匀速放下，

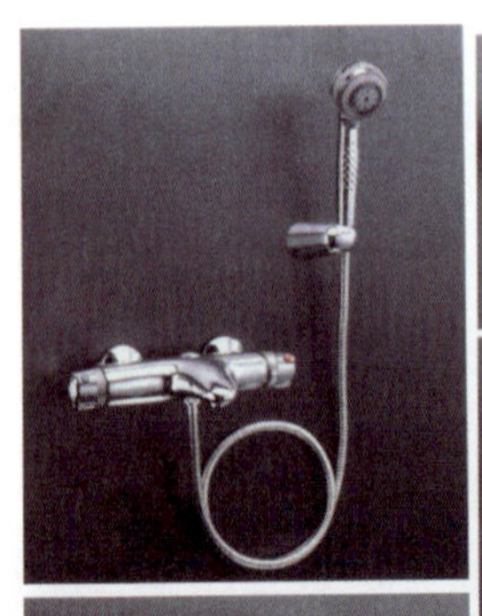

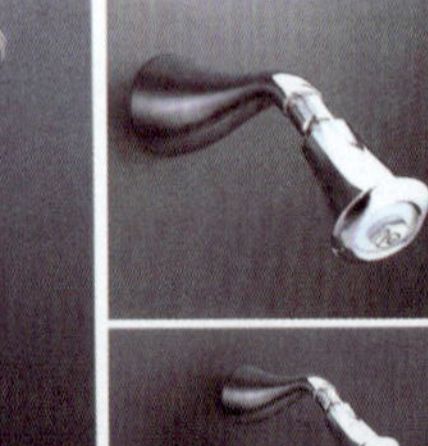

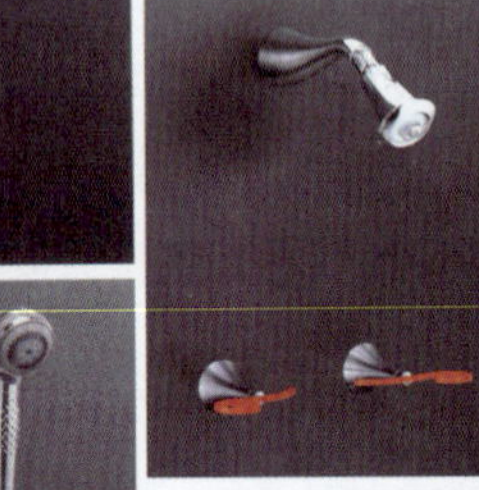

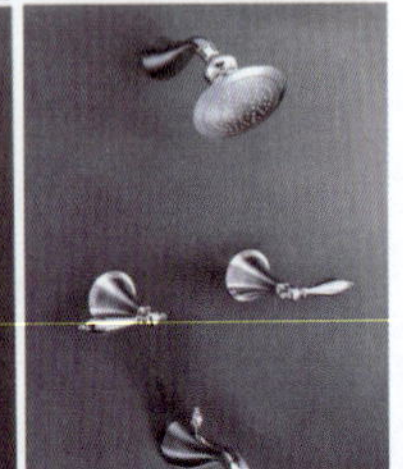

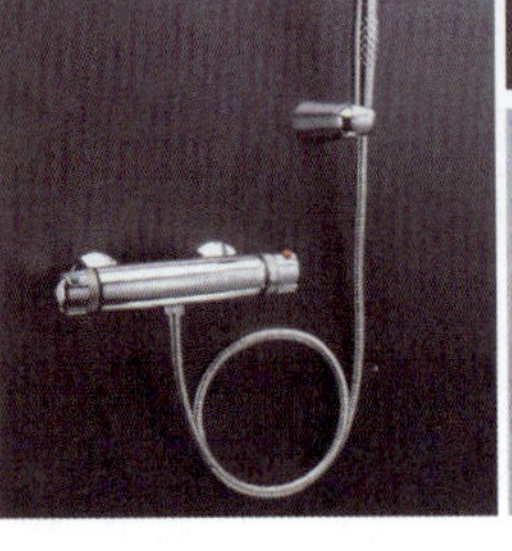

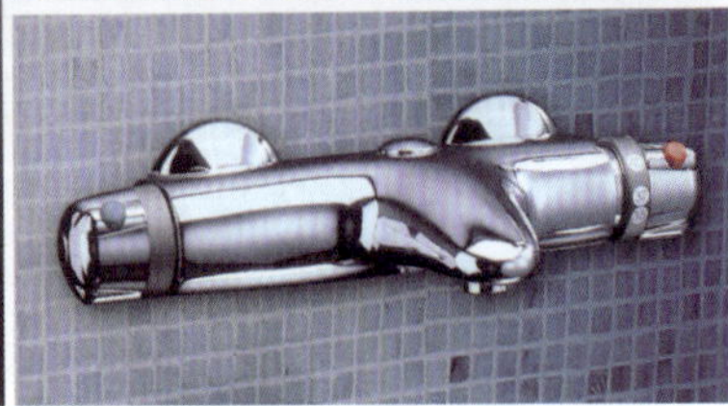

图11–47　各种个性龙头

图11–48　形形色色的花洒

使盖板与坐便器的缸体不发生猛烈撞击，因此就消除了“可怕”的撞击声。

4) 按水箱容量分有节水型和普通型。普通型坐便器水箱的容量是9L，而节能型的坐便器的水箱容量3～6L不等，有的采用两种排水容量开关，大小便排水使用不同的水量，既能节水，也不影响冲洗功能。

5) 按造型分有高背式、低背式、子弹头式(图11-49)、裙体式，可根据个人喜好和卫生间整体风格选则。

6) 按落水方式分有底部出水和横向出水，底部出水又分前落水和中落水。对这个指标，设计师要向业主作特别说明，因为其他要素只要随业主自己的喜欢就可，而落水方式必须与下水道的设计配合，型号不能错，否则无法安装。

(2) 小便器　供男士专用(图11-50)。

(3) 妇洗器　供女士专用，是冲洗女士下体的专门设备(图11-51)。

### 8. 热水器

参见10.5.2厨房的设备。

### 9. 洗衣机

洗衣机主要有两种形式，一种是直筒的，一种是滚筒的。就家装而言，对洗衣机的考虑主要是针对不同的洗衣机形式进行位置、供水、排水的设计配合。

### 10. 其他设备及配件

(1) 干发器　用来吹干头发，比吹风机更加整洁，一般最好装在脸盆旁边的墙面上。

(2) 干手器　一般最好装在脸盆旁边的墙面上。

(3) 通风器　一般安装在顶棚上或墙上。

(4) 浴霸　用来照明、取暖和通风，一般安装在顶棚上或墙上。

(5) 空调　比较大的卫生间可安装空调。如采用中央空调，要在这里留一个空调口。

图11-49　“子弹头”坐便器造型

图11-50　小便器

图11-51　妇洗器

(6) 电话　一般安装在坐便器和浴缸之间。

(7) 电视　电视安装位置最好选择在靠在浴缸和坐在坐便器上都能看到的地方，还要注意防水。

(8) 音响　在漫长的泡澡过程中享受美好的音乐是一件惬意的事情，因此豪华的卫生间一定要安装音响设备。卫生间比较潮湿，所以音响设备的安装位置比较讲究。喇叭最好嵌在顶棚上或装在洗脸台板的下侧，音源最好是MP3，功放最好是有源的。这样控制器很小，不易受到潮气的损害。

(9) 氧气发生器、洗脚器　如需要安装氧气发生器、洗脚盆，应预留位置，并准备电源。

(10) 毛巾杆、浴巾架、杯架、肥皂盒等　这些是卫生间不可缺少的小五金，通常是不锈钢制成的，肥皂盒有很多是陶瓷材质的。这些小五金形式多样，各种各样的款式也能为卫生间增添时尚气息(图 11–52)。

(11) 镜子　镜子是卫生间必不可少的设备。可在洗脸台上面安装一面整块的大镜子。最好是防雾的。

(12) 放大镜　在洗脸台边安装一个放大镜可帮助人们化妆时端详自己。

(13) 防滑垫　虽然卫生间的地面要求用防滑的地砖，但是在弄湿的状态下还是有可能打滑。因此，最好准备好防滑垫。

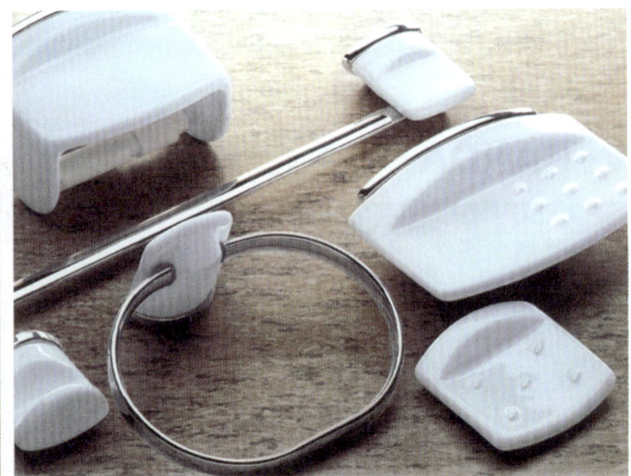

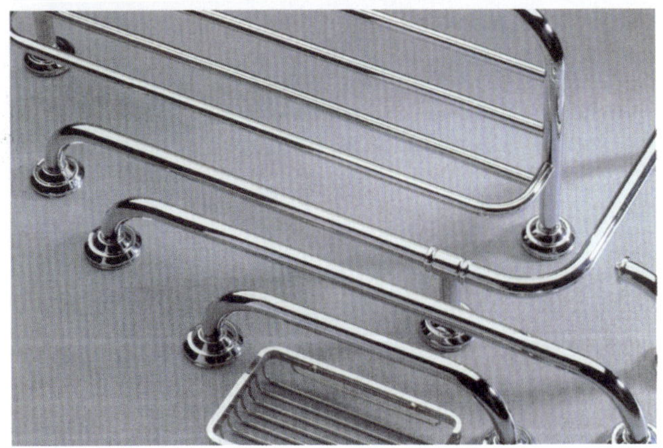

图11–52　浴室小五金

## 11.6 卫生间的色彩与照明 >>>

### 11.6.1 卫生间的色彩

卫生间应以淡雅、浪漫、清洁的色彩为主，明度接近，反差不宜太大。色彩处理应以女人味为主。

淡雅风格的卫生间，中性色系是最佳选择，中间偏亮的色调比较适宜；浪漫风格的卫生间，其典型色调是粉色系列，具有适度的性暗示和性刺激。强烈的颜色要慎用，要用的话也要使其退远，作为背景处理（图 11–53)。

### 11.6.2 卫生间的照明

卫生间的照明总体上应该给人明亮清爽的感觉。一般情况下，普通的卫生间只要在镜前安装一个镜前灯，在浴缸上方安装一个浴霸就可以满足照明要求了。镜前灯的照明一定要有合适的亮度，灯光色彩保持自然，不要给人虚假的光影，应不刺眼，没有眩光。

在豪华的卫生间，可以多种照明方式并用，整体照明、局部照明、功能照明、氛围照明、夜间照明等可以随意调节。

灯具的造型要感性一些，富有情调和想象力（图 11–54)。可采用光带的形式，运用一定的图案造型，营造浪漫的氛围。

重点要考虑镜前灯和泡澡阅读的照明。

图11–53 淡雅、浪漫、清洁的色调为主

图11–54 卫生间可以多种照明方式并用

## 11.7 卫生间的界面 >>>

1. 顶面

小卫生间的顶面变化不是很多，基本上可以一种材质为主。

2. 墙面

卫生间的墙面大多采用瓷砖，有的是通体一色的瓷砖，有的采用三段式、二段式，色彩交界的部位可用花瓷砖装饰。现在的卫生间墙界面变化形式更多，感觉更加丰富，个性化也更强。材料也不局限于瓷砖，马赛克、玻璃、防腐木材、亮水泥、油漆等都是可选的材料(图 11–55)。

3. 地面

面积小的卫生间，地面基本上不作变化，但面积大的卫生间，其地面可通过材质变化来丰富效果。

## 11.8 卫生间的家具与陈设 >>>

### 11.8.1 卫生间的主要家具

1. 盥洗台

(1) 一体组合式　盥洗台、脸盆、龙头、托柜、镜子一体化，款式、材质变化很多；木材、人造石、玻璃等都很常见(图 11–56)。

图11–55　卫生间的界面

(2) 石材定制　用天然大理石或人造石定制盥洗台是非常普遍的(图 11-57、图 11-58)。也可以用人造石制作一体化的脸盆，没有接缝，容易清洗。

2. 化妆品柜

(1) 小搁架　用来搁置化妆品，常见的有木头、金属、藤编等搁架。

(2) 壁龛　在墙上挖一个壁龛，用墙面材料自然铺贴过去，用来放化妆品很美观实用。

(3) 独立化妆品柜　比较大的卫生间可以设置独立的化妆品柜，容量大，非常实用(图 11-59)。

3. 衣柜

卫生间的衣柜，一定要用防水材料。最好不要直接落地，最好悬吊安装。以保持柜子的干燥。

图11-56　一体组合式盥洗台

图11-57　人造石材定制盥洗台

图11-58　天然石材定制盥洗台

图11-59　化妆品柜

## 11.8.2 卫生间的其他家具

### 1. 插入柜

插入柜可以伸进浴缸，也可以伸进按摩床。方便人们取放物品。

### 2. 沙滩椅

面积大的卫生间室中可以放一把沙滩椅。

### 3. 按摩床

特别大的卫生间可以放一张特制的按摩床，最好是木质的，可以防水（图 11–60）。

## 11.8.3 卫生间的陈设

### 1. 画

悬挂画可以使卫生间具有艺术的感觉，气氛生动，有文化的氛围（图 11–61）。

### 2. 工艺品

化妆品柜或盥洗台上点缀小的工艺品会使卫生间有艺术的灵动感，使人觉得温馨。

### 3. 器皿

卫生间里使用的器皿最好别致一点，许多化妆品的瓶子造型很美，摆放要注意艺术性。

### 4. 植物

植物可以使卫生间的空间产生形态对比并增加绿色元素，对制造氛围、调节空气、增加生命的感觉很有作用（图 11–62）。

图11–60　按摩床

图11–61　用画作为卫生间的陈设

图11–62　用植物作为卫生间的陈设

5. 织物

(1) 浴帘　浴帘的主要作用防止水花四溅。浴帘一般要采用防水材料，可设计得非常浪漫。

(2) 窗帘　窗帘的主要作用是为了保持私密性，最好在光线调节和保持私密性方面达到平衡。窗帘可以采用上下两层的悬挂方式，下面一层主要阻挡视线，上面一层主要采集光线。

(3) 踏毯　坐便器下面可放置一块踏毯，可以提高脚的温度感和舒适性。在视觉上也更温馨。

(4) 坐便器盖套　冬天特别适用，皮肤接触时没有激冷的感觉，适合的图案和质感可以使它变为一个十分讨人喜欢的物品 ( 图 11–63)。

图11–63　浴帘和坐便器盖套

# 11.9 卫生间设计的新概念 >>>

## 11.9.1 专用化

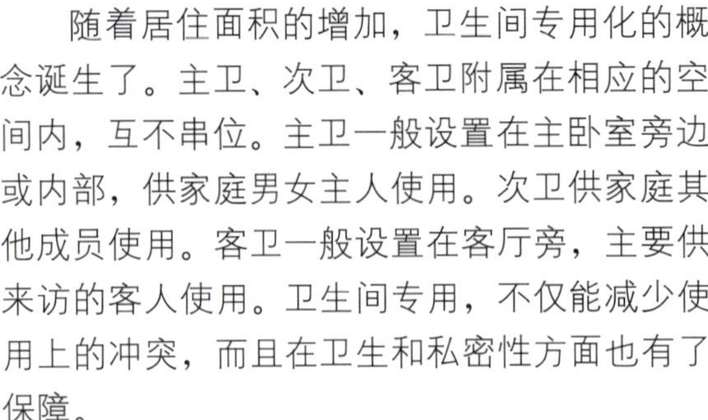

随着居住面积的增加，卫生间专用化的概念诞生了。主卫、次卫、客卫附属在相应的空间内，互不串位。主卫一般设置在主卧室旁边或内部，供家庭男女主人使用。次卫供家庭其他成员使用。客卫一般设置在客厅旁，主要供来访的客人使用。卫生间专用，不仅能减少使用上的冲突，而且在卫生和私密性方面也有了保障。

## 11.9.2 梯度化

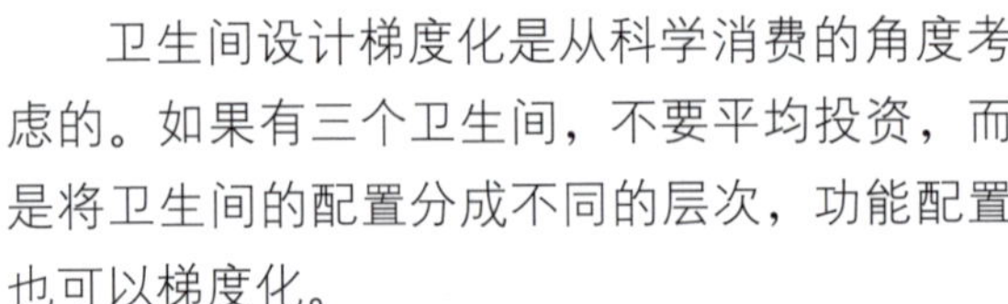

卫生间设计梯度化是从科学消费的角度考虑的。如果有三个卫生间，不要平均投资，而是将卫生间的配置分成不同的层次，功能配置也可以梯度化。

客卫面积不必太大，一般 $2m^2$ 左右，只要可以容纳面盆、坐便器和一个淋浴装置便可。装饰装修材料选择应以耐磨、易清洗为标准，不必过多考虑品牌。洁具也可选用一般品牌的。

次卫一般面积为 4 ~ $6m^2$，配置淋浴房、洗衣房和洁具，可选用一般品牌的装饰装修材料和设备。

主卫一般是几个卫生间中面积最大的，配置方面也要进行重点投资。可采用知名品牌的高级洁具，豪华的按摩浴缸，流线形的洗脸台，折角反射的镜子，高档瓷砖，还可配置氧吧和美容设备。

通过梯度配置，各种功能满足了，空间节省了，投资也能大大降低（图 11-64）。

## 11.9.3 差异化

同样大小的卫生间设计必须追求差异化。如一个卫生间配置的是淋浴设施，另一个卫生间就可设置浴盆。一个卫生间重点投资，另一个卫生间就一般投资。一个卫生间全功能，另一个卫生间就不追求全功能。总之，要适度地拉开差异。

## 11.9.4 心境化

### 1. 透明卫生间

卫浴空间本来应该是很私密的空间，但是也有人把其开放至透明化。“透明浴室”即把墙拆掉后，换成玻璃墙面，于是卫生间成了客厅的背景，而客厅墙面上的装饰画也就成了卫生间的背景。有的主人还在卫生间上方悬挂电

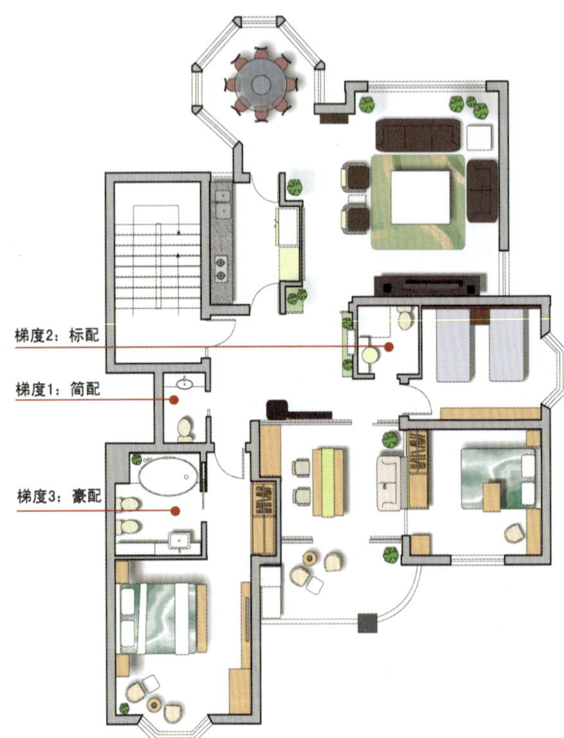


图11-64 卫生间的梯度化配置

视，在浴缸的旁边摆放古董或是鲜花。由于房间没有墙的阻挡，主人可以看到房间的每个角落（图 11–65）。

道具：玻璃墙面、浴缸、电视、地毯、茶几。适合人群：喜欢在浴室从事创作的人。

优点：空间通透、开阔思路。

提醒：要时刻保持卫生间清洁，还要有配置一个足够功率的排风扇。

### 2. 诗意卫生间

一个开满鲜花的卫生间会让觉得浪漫、温馨，如果在桌子上、坐便器边都放满红色的玫瑰，主人在沐浴的时候可以与鲜花为伴，伴着清香一定会让这原本放松的时刻更加赏心悦目（图 11–66）。

在浴缸的旁边放一个冰箱，里面放置红酒和冰冻的饮料，沐浴时刻也变成了品酒、闻香的过程。

道具：冰箱、美酒和鲜花。

适合人群：勤快、爱浪漫的人。

优点：沐浴过程就好像在花园中漫步。

提醒：浴室里最好放度数较低的红酒或者水果酒。

### 3. 艺术卫生间

浴室也有文化，德国作家 KLaus Kramer 曾经写过《欧洲洗浴文化史》，他提到“洗澡不再只属于生活，它已经成为了一种艺术”。所以对这个空间赋予艺术气息也是潮流所趋（图 11–67）。简单的方法是悬挂名画；复杂点的做法是用古典家具和饰品装饰进行装饰，如中式梳妆台、首饰盒，还可以使用有中国书法图案的瓷砖装饰卫生间墙面。

图11–65　透明卫生间

图11–66　诗意卫生间

图11–67　洗澡不再只属于生活，它已经成为了一种艺术

道具：中式家具和欧美家具，中国字画和欧洲油画，古董饰品。

适合人群：有深厚文化底蕴、崇尚艺术的人群。

优点：让卫浴空间更加个性化。

提醒：注意干湿分区。

#### 4. 看得见风景的卫生间

能看见风景的卫生间是十分美妙的，有这样的天然条件一定要大加利用，浴缸的方向与视线一定要朝向看得见风景的方向，使人在长时间沐浴时可以欣赏美丽的风景（图 11–68）。

#### 5. 率性的卫生间

卫生间的布置体现主人的率性。主材可采用亮面水泥、碎瓷砖片等材料，家具选择藤艺梳妆台、储物柜，用窗纱、相框配饰，别具个性。这里是生活的延伸，而不是中断。率性的主人可以在这个卫浴空间做很多事情：化妆、换衣服、打电话、写东西，所以桌子和灯光也是必不可少的。除了吊灯，还可在梳妆台前放置台灯，这样既保证了必要的照明，又给空间增添了温馨的感觉。因为是“开放型”卫生间，为了和卧室有一定的隔挡，可选用窗纱，它让这个略显冰冷的空间有了温柔的气息，化妆的时候也有了一份很好的心情（图 11–69）。

#### 6. 其他有魅力的创意

图 11–70 ～图 11–73 为其他一些有魅力、有创意的卫生间。

### 11.9.5 科学化

设计卫生间时需要注意以下问题：

#### 1. 防水

卫生间的家具必须防水，因为如果干湿分区做得不好的话，里面的木制家具很容易受潮而开裂变形。采用烤漆表面的家具防水性会好一些。如果放旧的中式家具在卫生间，事先要

图11-68　看得见风景的卫浴空间

图11-69　率性的卫生间

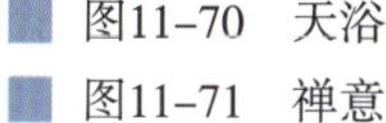

图11-70 天浴

图11-71 禅意

图11-72 让白云飘进浴室

图11-73 有人脸模样的古董家具让卫生间具有非凡的气质

做一些防水措施，或者严格干湿分区。小浴室最好还是选择防水材料的家具。另外，在浴室放置冰箱、电视等电器时一定要远离淋浴区和浴缸，因为潮气同样会影响家电的寿命。最好单设洗衣房，因为潮气对于洗衣机会有影响。

### 2. 节水

卫生间用水量占家庭用水的60% ~ 70%，而便器水箱过大是造成大用水量的一个重要原因。因此，配置坐便器时除了关注外观、颜色、品牌等，还应考虑节水。

目前，各大卫生洁具的生产厂商都在加大节水型洁具的开发以及生产。对节水器具的研制主要集中在水箱内部的小构件的改进，传统的科研方向也集中在节水阀的功能设计上，如采用陶瓷片防漏水龙头，蹲便池采用自动控制装置或延时自闭阀门，采用6L以下冲洗容器等。装饰装修设计时要尽量选用符合节水要求的产品。

### 3. 漏水

卫生间装饰装修比较常见的问题是漏水。如果卫生间漏水就会严重影响楼下住户的生活。因此，必须做好卫生间的防水，防止渗漏事件的发生。

(1) 尽量不破坏原有防水层　卫生间装修时，尽量不要破坏原有防水层，以防发生渗漏。如防水层不慎被破坏，要及时修补，以免留下隐患。

(2) 重铺地砖要做地面防水　如果需要更换卫生间原有地砖，将原有地砖凿去后，一定要先用水泥砂浆将地面找平，再做防水处理。

做完地面防水以后要做24h闭水试验，验收防水效果。在防水工程做完后，封好门口及下水口，在卫生间地面蓄满水达到一定液面高度，并做上记号，24h内液面若无明显下降，特别楼下住户的房顶没有发生渗漏，则防水工程合格。

(3) 做好墙面防水　在卫生间洗浴时水会溅到邻近的墙上，所以一定要在铺墙面瓷砖之前，做好墙面防水。一般墙面要在地面以上30cm高的范围内做防水处理，非承重的轻质墙，最好整面墙都做防水，至少也要做到地面以上1.8m高处。与淋浴位置邻近的墙面防水也要做到地面以上1.8m高处。

(4) 墙内水管凹槽要做防水　施工过程中在管道、地漏等穿越楼板时，其孔洞周边的防水层必须认真施工。墙体内埋水管，应做到合理布局，并做大于管径的凹槽，槽内抹灰圆滑，并在凹槽内刷聚氨酯防水涂料。

### 4. 异味

为防止卫生间里散发异味，一定要做好地漏和反水弯的设计。

(1) 地漏　地漏虽然不起眼，但很重要。它除了排水的功能以外还有一个重要的功能就是防臭。

地漏的样式从构造上分有盖板式地漏、钟罩式地漏、水封式地漏、超薄地漏、升降地漏、自动封闭防臭地漏。从材质上分有不锈钢地漏、PVC地漏和全铜地漏。从功能上分有防臭地漏、普通地漏、洗衣机专用地漏等。普通的盖板式地漏不能阻隔异味，水封式地漏的缺点就是有水的时候防臭效果好，没有水的时候就没有防臭效果；水封浅了水在1 ~ 2d就会干枯，水封深了，不好清理垃圾，下水慢，存在地漏中间的水，时间长了也会有臭味。因此最好采用自动封闭防臭地漏。钟罩式地漏和带返水弯的地漏阻隔异味的效果也比较好。

(2) 反水弯　一般卫生间和厨房地漏下水都应设计反水弯，平常靠水的密封来阻止异味。洗脸盆下水管一定要设反水弯，不能直接排水。一些新建小区为了增加层高和降低成本，取消了地漏下面的反水弯，采用了新型的防臭地漏。但一些漂亮的不锈钢、铜地漏，没有合格的反水湾设计，且水封层只有1 ~ 2cm(合格地漏的水封层至少为 5cm)，无法起到隔绝气味的作用。

5. 安全

(1) 电路　卫生间比较潮湿，所以在设计电路时要格外小心。灯具和开关最好使用带有安全防护功能的，接头和插销也不能暴露在外。

(2) 防滑　卫生间地面的装饰装修材料，最好采用有凸起花纹的防滑地砖，这种地砖不仅有很好的防水性能，而且即使在沾水的情况下，也不会太滑。

(3) 防潮　在装修卫生间的顶部时，要注意防止水蒸气，所以最好采用防水性能较好的PVC 扣板。

6. 技术

(1) 强电　卫生间中最好敷设两套线路，以备不测。开关插座要注意防水，位置也必须考虑，不能被水溅到。

(2) 信息　普通电视线、网络线、电话线均应考虑。

(3) 音乐　好的卫生间应该考虑设置背景音乐。

(4) 控制　采用人工控制还是智能控制、集中控制还是分散控制要事先确定。

(5) 夜间灯　夜间长明灯需要考虑。

7. 环境

(1) 空气　最好配置氧气发生器或新风装置，补充因通风不畅而造成的氧气不足。

(2) 光线　卫生间灯光最好可随意调节光亮。

(3) 通风　卫生间最好能自然通风，在关窗的情况下也能调节通风，且风量可以调节。

(4) 保温　卫生间的温度最好在 20℃左右。冬季不要出现结露的情况。

(5) 湿度　卫生间合适的湿度宜在 40% ~ 60% 左右。

(6) 环保　卫生间的装饰装修材料及工艺一定要环保，因为这里的一切都会与人体的皮肤直接接触，不环保的做法会对人体造成直接的伤害。

## 设计技巧　卫生间的舒适度设计

(1) 人性关怀　想要办的事情都在手臂长度的范围内，或在很短距离内，欠一下身体就可以拿到。如坐便器旁顺手可及便纸、垃圾箱、卫生箱、电话、音响控制器、电视遥控器、书刊架等（图 11–74）。浴缸旁顺手可及挂衣架、毛巾架、防滑垫、电话、音响控制器、电视遥控器、书刊架、饮料架。可以坐在脸盆前洗脸等。

(2) 安全性　家具、设备没有任何伤害到人体的尖和硬的棱角。

(3) 多任务　泡澡时能看电视（图 11–75），按按摩时可以听音乐、聊天。

(4) 好的景观　临水、临山、临广场、临公园的好景色一定要善加利用。

图11–74　坐便器旁的书刊架、便纸

图11–75　泡澡时能看电视

家装设计除了要重视主要居室的设计以外，还要适当关注玄关、阳台、过道和楼梯间等一些必不可少的辅助空间的设计。没有它们的家居，魅力会大打折扣。

# 12·不可或缺 辅助空间

12.1 玄关

12.1.1 玄关的功能和类型

12.1.2 玄关的组合

12.1.3 玄关的设计要点

12.1.4 玄关的设计手法

12.2 阳台

12.2.1 阳台的功能和类型

12.2.2 阳台的组合

12.2.3 阳台的设计要点

12.2.4 阳台的创意

12.2.5 阳台的设计案例

12.3 交通空间

12.3.1 过道

12.3.2 楼梯和楼梯间

# 12.1 玄关 >>>

**玄关原指佛教的入道之门，现在泛指厅堂的外门，也就是居室入口的一个区域。**

## 12.1.1 玄关的功能和类型

### 1. 玄关的功能

(1) 保持私密性　为避免客人一进门就对整个居室一览无余，在进门处用木质或玻璃隔断等装饰构造划出一块区域，即玄关，在视觉上对室内进行遮挡。

(2) 装饰作用　进门第一眼看到的就是玄关，这是客人从繁杂的外界进入这个家庭的第一印象。有时，玄关设计是设计师整体设计思想的浓缩(图 12–1)。

(3) 实用功能　为了方便主人脱衣、换鞋、挂帽，最好把鞋柜、衣帽架、大衣镜等设置在玄关内。鞋柜可做成隐蔽式，衣帽架和大衣镜的使用要方便顺手(图 12–2)。

### 2. 玄关的类型

(1) 硬玄关　硬玄关是空间和装修都固定的玄关形式。它有三种基本表现形式：

1) 独立玄关。独立玄关是真正意义上的玄关，它是一个独立的空间，适合面积大的居室。独立玄关不但优雅，而且在遮拦视线、保持私密性方面有超强的功能(图 12–3)。

2) 围合式玄关。在屋子的入口部分用柜子或隔断等装饰构造围合出一个空间，形成玄关。多数住宅因为面积和套型的限定都是采用这样的形式(图 12–4)。

3) 入户花园。入口设置在阳台上，自然形成的花园在入户门与客厅之间形成过渡，将客厅与外界进行了一定的分隔。增加了家庭的私密性，同时丰富了室内的空间格局，营造出温馨浪漫的氛围(图 12–5)。

(2) 软玄关　指利用家具、材质、陈设等变化形成玄关区域的空间处理方法。如利用天花板高低的变化，墙面或地面材质的变化、家具、植物、织物等的摆设定义出玄关空间(图 12–6)。

图12–1　装饰功能明显的玄关

图12-2　玄关衣帽架非常实用

图12-3　独立玄关

图12-4　围合式玄关

图12-5　入户花园

图12-6　软玄关

## 12.1.2 玄关的组合

### 1. 经济组合

《住宅设计规范》中规定，“套内入口过道净宽不宜小于 1.20m”，这也可看作是玄关的底限（图 12-7）。

### 2. 舒适组合

面积 3 ~ 5m$^2$。在玄关可设置一个 0.8 ~ 1.2m 宽、1.8m 高的衣鞋柜组合，放置平时更换的外衣和鞋（图 12-8）。

### 3. 豪华组合

面积 6 ~ 12m$^2$。可具有储物、休息、简单会客等功能（图 12-9）。

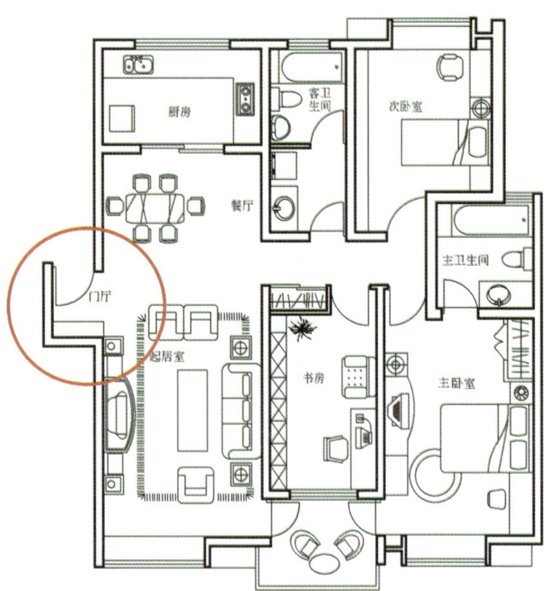

图12-7　空间经济的玄关

图12-8　空间舒适的玄关

## 12.1.3 玄关的设计要点

玄关作是人们打开户门后见到的第一道风景，所以备受重视，也是居室设计的第一个重点。一般来说玄关的空间往往不大而且通常不太规整。在这个不大的空间中，设计师既要表现出居室整体风格和主人的不俗品位，又要兼顾展示、换鞋、更衣、引导、分隔空间等实用功能。所以看起来虽然简单的玄关却往往是最能体现设计师功力的一个细节。

玄关的空间设计依据房型而定，可以是圆弧型的，也可以是直角型的，有的房型还可以设计成玄关走廊。

### 1. 玄关的灯光

玄关的灯光是烘托居室氛围的重要角色（图 12−10）。暖色和冷色的灯光在玄关内均可以使用。暖色制造温情，冷色体现清爽。玄关中可以应用的灯具有很多，如荧光灯、射灯、吸顶灯，还可使用壁灯。造型独特的壁灯，配在空白稍大的墙壁上，既是装饰，又可照明，一举两得。也可采用小型地灯，光线可以向上方照射，整个玄关都有亮度，又不至于刺眼，而且低矮处还不会形成死角。灯光设计时要注意应有重点，不要面面俱到。

### 2. 玄关的色彩

玄关一般以清爽的中性偏暖的色调为主（图 12−11）。很多人偏好白色作为玄关的颜色。如果在墙壁上加一些浅浅的颜色，如橙色、绿色、蓝色等，与室外的环境有所区别，也能体现出家的温暖。

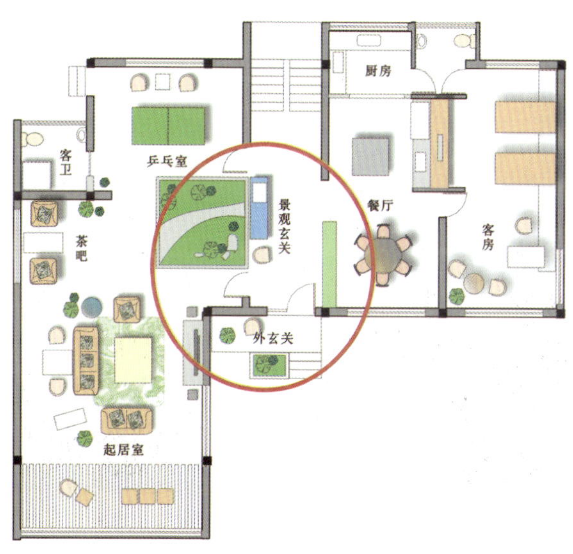


图12−9 豪华的玄关

图12−10 玄关灯光烘托亲切的家庭氛围

图12−11 清爽的中性偏暖的色调

### 3. 玄关的家具

在不大的玄关空间中，放置家具要注意。既不能妨碍人们出入，又要发挥家具的使用功能。通常的选择一种是玄关桌，另一种是凳椅，还有就是玄关柜。

(1) 玄关桌　玄关桌应靠墙而立，在造型上多为半圆形或长方形，它的装饰性往往大过实用性(图12-12)。玄关桌上可放一些精致的装饰品，如几本心爱的书籍，一瓶淡雅的香水，无论主客，进得家门时都能感受到满室馨香。墙上可悬挂镜子或画。让它成为凝聚视觉的焦点。

(2) 凳椅　在玄关适合的地方放上一把长凳子或单椅，有很温馨的效果。在视觉上它有一种等待主人回家的感觉(图12-13)。长凳的作用主要是方便换鞋、休息等，而且不会占去太大空间。

(3) 玄关柜　玄关柜除了具有装饰作用外，另一重要的功能就是储藏物品。玄关柜可以放鞋、杂物等，柜子上还可放钥匙、背包等物品。有些人喜欢将低柜做高，使之成敞开式的挂衣柜。其实玄关的面积不大，如果一进门，就有一堆衣服迎面而来，多少会显得有些拥挤无序，因此最好还是将衣物挂在专门的衣柜中。鞋柜可设计成多夹层的，采用百叶门，以维持鞋柜内良好的空气流通。玄关内可以组合的家具有鞋柜(图12-14)、壁橱、衣柜等，在设计时应因地制宜，充分利用空间。玄关家具在造型上应与其他空间风格一致，互相呼应。

(4) 衣帽架　玄关面积较小时可设衣帽架(图12-15)。

### 4. 玄关的装饰物

(1) 装饰画　在玄关的墙壁上可挂风景装饰画，美丽的景色让人一进门就心旷神怡；家人合拍的照片，可以感受到家庭的温馨。

(2) 镜子　不论是方形或是长形，都有不

图12-12　玄关桌装饰性往往大过实用性

图12-13　玄关处设长凳

图12-14　玄关鞋柜

错的效果，既可扩大视觉空间，又可在主人出门前检视仪容。

(3) 小摆件及布艺品　小摆件及布艺品是调节气氛的好帮手。别致的相架、精美的座钟、古朴的瓷器等也是不错的选择（图 12-16)。

(4) 小饰品和绿化　可选择与玄关颜色相配的小花瓶，配上干花或是花型小的鲜花，有情有景；或是一盆细心呵护的君子兰，都能从不同角度体现屋主的学识、品位和修养。有了小饰品和绿化的点缀，玄关就增加了一份灵气和情趣（图 12-17)。

5. 玄关的设计形式

(1) 低柜隔断式　通过矮柜来限定空间，既可储放物品，又起到划分空间的作用（图 12-18)。

(2) 玻璃通透式　以大块玻璃作装饰隔断，在装饰构造上嵌饰喷砂玻璃、压花玻璃等通透的材料，既可以分隔大空间，又能保持整体空间的完整性（图 12-19)。

图12-15　玄关设衣帽架

(3) 格栅屏风式　以不同花格图案的透空木格栅屏作隔断，既有古朴雅致的风韵，又能产生通透与隐隔的互补作用（图 12-20)。

(4) 半敞半蔽式　隔断下部为完全遮蔽式设计，上端敞开。下部的隔断高度大多为 1.2 ~ 1.5m；一半遮蔽，一半开敞，通过线条

图12-16 美丽的景色让人一进门就心旷神怡
图12-17 绿化表达的是灵气和情趣
图12-18 低柜隔断式玄关
图12-19 玻璃通透式玄关

的变化和装饰物的布置，达到一定的艺术效果（图 12–21）。

(5) 柜架式　柜架的上部可采用通透格架作装饰，下部为柜体；左右对称形式设置柜件，中部通透；不规则手段，虚、实、散互相融和，以镜面、挑空和贯通等多种艺术形式进行综合设计，以达到美化与实用并举的目的（图 12–22）。

### 12.1.4 玄关的设计手法

1. 地灯呼应中规中矩

利用顶面和地面变化呼应，从而突出玄关空间，这是常用的设计手法。这种方法大多用于比较规整方正的玄关。

2. 实用为先装饰点缀

由于条件所限，很多居室一进门的空间狭窄，为了便于主人和客人换鞋、更衣，在设计玄关时可以实用设计为主，稍做装饰点缀。

3. 随形就势引导过渡

玄关设计往往需要因地制宜，随形就势。如果条件所限无法达到更衣、储藏等实用功能，也不必强求。只要花点心思，顺其自然地设计玄关，不但能起到空间过渡、引导客人的作用，而且还能使狭小的玄关闪放光彩。

4. 通透玄关扩展空间

空间不大的玄关往往采用通透设计以减少

图12–20　格栅屏风式玄关

图12–21　半敞半蔽式玄关

图12–22　柜架式玄关

空间的压抑感，使进门处不再感觉局促。

5. 个性玄关不拘一格

设计时可以突破以上规律，采用现代大胆、不拘一格的设计理念，赋予玄关新的内容。

## 12.2 阳台 >>>

### 12.2.1 阳台的功能和类型

1. 阳台的功能

阳台的功能包含实用、休闲两方面。实用的阳台可以称为“家政阳台”，休闲的阳台可以称为“景观阳台”。

(1) 实用功能　阳台主要用作洗衣、晾衣及少量储藏的空间。有时还可把它改为一个小房间，如书房，或把它“加入”到其他房间中去成为卧室、起居室或书房的一部分。

(2) 休闲功能　阳台纯粹作为休闲空间，如种花养草、品茶聊天或健身娱乐，或者干脆就是一个呼吸新鲜空气的“家庭氧吧”。这里是室内向室外的一个延伸空间，是房主人摆脱室内封闭环境、呼吸室外新鲜空气，享受日光，放松心情的场所。阳台作为休闲区，可种上些绿色植物、花卉，如常青藤类的植物在夏天攀爬于阳台上，显得生机盎然。不仅起到了装饰墙面的作用，还有利于人体健康。为了使阳台更富于情趣，可以将各具特色的小饰品挂于侧墙上，陶瓷壁挂，或用草、麻、苇等编织成的工艺品都可以提升阳台的韵味。

2. 阳台的类型

(1) 开敞式阳台　阳台完全伸出，三个侧面均没有任何遮挡，视线开阔，晴天凉晒衣服干得快，雨天阳台就会失去部分功能 ( 图 12−23)。

(2) 封闭式阳台　将阳台伸出的部分完全用玻璃窗封闭起来 ( 图 12−24)。对房地产商来说，这部分可以完全计入销售面积，而获得额

图12−23　开敞式阳台

图12−24　封闭式阳台

外的利润。封闭阳台的优点是不会遭到风吹雨淋，在风雨天还可以保持阳台的功能。

(3) 半封闭式阳台　阳台两侧是封闭的，只有前面一侧是敞开的。这样的阳台其特点介于封闭式阳台和开敞式阳台之间。

(4) 阳光房　阳光房是有玻璃顶的阳台（图12–25）。阳光房需要有一定的条件，如顶楼或有大的庭院空间的底楼。在阳光房里可以放置越冬花草。阳光房的地面可选用天然材料铺设，会有更自然的效果。

## 12.2.2 阳台的组合

大户型由于空间充足，一般设有面积不等的多个阳台，可将其中一个作为家政阳台，强化其他阳台的休闲功能，将其改造成休闲区。小户型由于面积较小，可充分利用阳台空间扩大居室面积，最好是将其与居室打通。

### 1. 空中花园

面积大的阳台可以用空中花园的理念来设计。在阳台外侧装一个铁架，错落有致地置上各种盆栽花木；在阳台内侧和扶栏上摆放一些山水盆景；刻意点缀一些小草花和起伏的小草坪，种一两株造型特别的树木，搭起花架种植几株牵牛花、长春藤、葡萄等攀藤植物。较为宽阔的阳台还可在中央砌一小型喷水池，池内可置些假山、贝壳，养些观赏龟、小鱼、小虾之类的水族，使整个阳台上有绿叶相掩，下有花卉相映，池中鱼逐虾戏，令人不出家门就可尽情地享受到大自然的乐趣。阳台就成为了令人羡慕的时尚的“空中花园”（图12–26）。

### 2. 家庭茶吧

宽敞的阳台也可布置成喝茶聊天的空间（图12–27）。家人、朋友可一边欣赏风景，一边品茗、聊天。

图12–25　阳光房

图12–26　时尚的“空中花园”

### 3. 阳台与居室空间相连

现在很多住宅的阳台入口通常是采用非承重墙设计。所以，当拆掉非承重墙以后，阳台的空间自然而然地就和各类居室融合在一起。

(1) 阳台与厨房连通用　阳台的面积扩充厨房的面积，使之成为厨房的一部分，厨房就不局促了，宽大的空间使用起来感觉很舒服

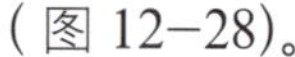

(图 12-28)。

(2) 阳台作为书房　当居室面积小时，一般都不设单独的书房或工作间，此时，可以把阳台与居室打通，将阳台布置成书房。在靠墙的位置装上层层固定式书架，再放上一张小巧的写字台或电脑桌，就是一个可爱的“迷你书房”了(图 12-29)。

图12-27　阳台成为家庭茶吧

图12-28　阳台与厨房连通

(3) 老人的休闲空间　老人对阳光有特殊的需要。可以把与老人卧室相连的阳台布置成休闲空间，供老人聊天、下棋，看书、喝茶(图 12-30)。

图12-29　迷你书房

(4) 阳台连卫生间　把阳台的景观要素与卫生间很好地结合起来，可以提升卫生间的品质，成为时尚流行的“景观卫浴”(图 12-31)。

图12-30　老人的休闲空间

图12-31　时尚流行的“景观卫浴”

## 12.2.3 阳台的设计要点

### 1. 注意阳台装饰装修的特殊性

1) 由于阳台的温度普遍比室内温度高，所以应该注意阳台的通风及温度的调节，以免夏季持续的高温造成阳台家具的变形与干裂。

2) 用绿色植物布置阳台，需要做好防水层，以确保排水系统的顺畅，避免积水渗透进居室。另外，花草要选择抗虫性高的物种，以免虫蚁进屋。

3) 如果有多个阳台，在设计中必须分出主次。与客厅、主卧相邻的阳台是主阳台，功能应以休闲为主。

4) 在封闭阳台时，窗户的下口最容易渗水，通常做法是窗下沿预留 2cm 的间隙，然后用水泥填死，最好用专用发泡剂密封，避免渗水现象。窗台板最好选用石材，因为和木质窗台板相比，石材窗台板具有防水、防晒、不开裂的特点。

5) 内阳台地面与房间地面铺设一致可起到扩大空间的效果。

6) 阳台的吊顶有多种做法。葡萄架吊顶、彩绘玻璃吊顶、装饰假梁等。阳台面积较小时，可以不吊顶，以免产生向下的压迫感。家政阳台的顶上可以安装升降式晒衣架，既美观又方便。

### 2. 阳台装饰装修材料

(1) 封闭阳台的材料　用于封闭阳台的材料主要有两种：铝合金和塑钢型材。铝合金是目前采用较多的装饰材料，产品质量和施工工艺都比较成熟。塑钢型材是近几年新兴的装饰材料，与其他门窗材料相比，塑钢型材的保温隔热以及隔声降噪功能要好，如果再配合双层玻璃使用，那么效果更好。

(2) 地面材料　如果阳台不封闭，可以使用防水性能好的防滑地砖；如果阳台封闭，并和室内打通，就可以使用同室内一样的地面装饰装修材料（图 12–32）。如果要在阳台晾衣服的话，最好还是采用防滑地砖。如果阳台封闭做得好，还可以用木质地板或铺设地毯。

(3) 墙壁和顶部材料　阳台不封闭的话，可以使用外墙涂料；外墙砖、文化石等材料；如果封闭的话，就可以使用内墙乳胶漆涂料，也可以与相连房间采用同一种墙面材料（图 12–32）。

## 12.2.4 阳台的创意

### 1. 果蔬园

利用阳台种菜、水果以及食用香草、观赏植物等，使阳台成为家庭果蔬园。

### 2. 迷你园林

在阳台上建造假山与水池，是很多休闲阳台的打造手法（图 12–33）。

### 3. 玻璃屋

在阳台上方加玻璃顶棚形成晶莹剔透的玻璃屋。

### 4. 阳光晒台

阳光晒台也称阳光露台，一般只有顶楼和“退台式”的楼盘才会拥有（图 12–34）。

### 5. 家庭健身房

在阳台中央的顶上挂一副吊环，再配置杠铃、哑铃、拉力器、健骑机等健身器材，每天清晨，就可在这里呼吸到新鲜空气，进行健身健美锻炼。还可在阳台上安装简单的音响设备，一边锻炼，一边欣赏音乐或收听新闻。

### 6. 儿童游戏室

将阳台布置成儿童游戏室，使孩子在此能尽情游玩（图 12–35）。

图12-32　阳台地面、墙面装饰装修材料

图12-33　迷你园林

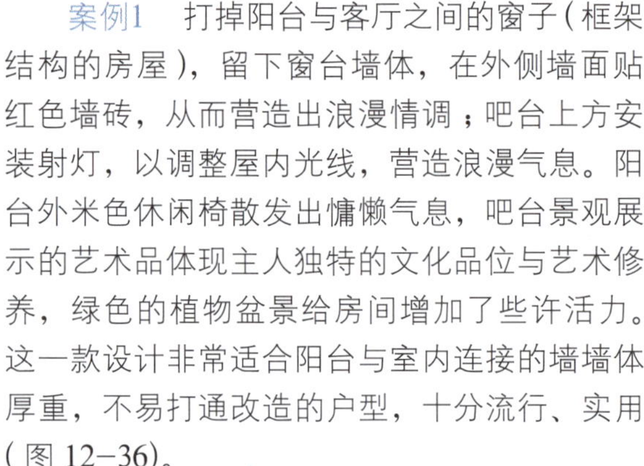

### 12.2.5 阳台的设计案例

案例1　打掉阳台与客厅之间的窗子（框架结构的房屋），留下窗台墙体，在外侧墙面贴红色墙砖，从而营造出浪漫情调；吧台上方安装射灯，以调整屋内光线，营造浪漫气息。阳台外米色休闲椅散发出慵懒气息，吧台景观展示的艺术品体现主人独特的文化品位与艺术修养，绿色的植物盆景给房间增加了些许活力。这一款设计非常适合阳台与室内连接的墙墙体厚重，不易打通改造的户型，十分流行、实用（图 12–36）。

案例2　一跨进阳台，就仿佛进入了植物的世界，可以让都市繁忙的人群远离工作的困扰和烦恼，感受到生命的葱葱绿意。椅子周围，摆满了高低错落的绿色植物，让眼睛得到

图12–34　阳光晒台

图12–35　儿童乐园

图12–36　阳台设计案例1

最大程度的放松(图 12–37)。

案例3　亚热带地区，将阳台与客厅打通，阵阵海风吹拂整个阳台，迷人的阳光下，休闲的人们享受着自然赋予的莫大恩惠——日光和海风，将生活的压力抛到九霄云外。全木的材质跟肌肤有着亲密的接触，古朴的家具以及散落的室内植物，让整个阳台与室外融为一体(图 12–38)。

图12–37　阳台设计案例2

图12–38　阳台设计案例3

## 12.3 交通空间 >>>

在家居空间中交通空间也是必不可少的。交通空间有过道、楼梯和楼梯间。

### 12.3.1 过道

一个房间通向另一个房间的交通空间就是过道(图 12–39)。过道有长短之分，只有一个房间的长度的过道可以称之为短过道，超过一个房间长度的过道就是长过道了。

过道设计要注意以下几点：

(1) 过道不仅仅是通道　过道设计的败笔就是将过道仅仅设计为通道，成为一个又长又暗的空间，形象苍白乏味，根本没有设计的感觉。过长过暗的过道甚至会使人产生一种可怕的感觉。如果房间的格局决定了过道比较长，一定要通过墙面的退让设计使过道消除过长的感觉(图 12–40)。

(2) 过道一定要有亮点　可以考虑做一个特别的展示区，墙界面可以通过点缀一些照片消除乏味的感觉。家人的照片、艺术照片都是可行的选择。造景也是消除过道乏味的一个有效的办法。过道顶面可以设计一些有节奏感的变化，打破单调的感觉。过暗的通道可通过灯光或将一面隔墙改成玻璃材质的透光墙，改变其不佳的视觉感受(图 12–41)。

(3) 过道的入口和收尾要讲究变化　比较长的过道在入口之处可以做成喇叭状，在视觉上改变单调的弄堂感觉。过道尽端可以设计装饰小品，给人视觉上一种依托感。有些转折的过道通过一些艺术品的暗示，让人感觉到后面还有精彩的空间(图 12–42 ~图 12–44)。

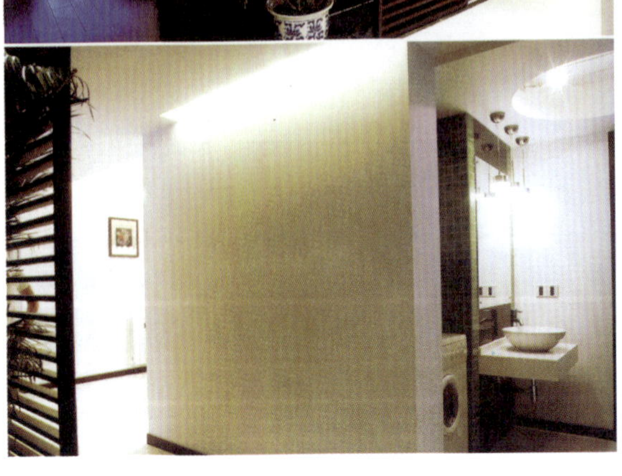

图12-39 过道
图12-40 通过墙面的退让设计
图12-41 过道一要有亮点
图12-42 过道入口

图12-43　过道收尾

图12-44　长过道的中部

### 12.3.2 楼梯和楼梯间

楼梯是没有专门围合的交通空间，实际上是开敞式的过道，它与房间连成一体。它是房间里的空间构造，在视觉上非常引人注目。要注意楼梯形式的整体设计，结构、踏步、扶手、上下空间等都要精心设计，它往往可以成为空间设计的亮点（图12–45）。

楼梯间一般是封闭式的，也有用玻璃做成开敞式的格局。封闭式的楼梯间要注意墙界面的设计，不能太暗，否则会有压抑的感觉（图12–46）。

在复式和跃层住宅的起居室里，最为引人注目的往往是楼梯。合理利用空间，巧妙地选择装饰，可使居室产生最佳装饰艺术效果，既满足人们使用功能的要求，又可以给人美的享受。从功能上讲，作为垂直交通的工具，楼梯将层与层之间紧密地联系在一起，但除了满足实用功能之外，还应该把它作为一件艺术品来设计。

#### 1. 楼梯的种类及材料

(1) 木制楼梯　这是住宅中使用最多的一种楼梯。消费者喜欢木制楼梯的主要原因是木材本身有温暖感，加之与地板材质和色彩容易搭配，施工相对也较方便。选择木楼梯要注意楼梯地板尺寸应与室内地板尺寸的匹配。目前市场上地板的尺寸以900mm长、100mm宽为最多，新推出的超长超宽的地板可达1200mm长、150mm宽，这样一级楼梯只要两块地板就够了，可少一道接缝，也容易施工和保养。对柱子和扶手的选择，也应做到木材和款式尽量匹配（图12–47）。

(2) 铁制楼梯　实际上是木制品和铁制品的复合楼梯。有的楼梯扶手和护栏是铁制品，而楼梯板仍为木制品；也有的是护栏为铁制

图12-45　楼梯

图12-46　楼梯间

图12-47　木制楼梯

品，扶手和楼梯板采用木制品。比起纯木楼梯来说，这种楼梯多了一份活泼情趣。楼梯护栏中锻打的花纹选择余地较大，有柱式的，也有各类花纹组成的图案；色彩有仿古的，也有以铜和铁的本色出现的（图 12–48）。

(3) 大理石楼梯　如果已在地面铺设大理石，为保持室内色彩和材料的统一性，可用大理石铺设楼梯。但扶手一般选用木制品，使冷冰冰的空间内增加一点暖色材料（图 12–49）。

(4) 玻璃楼梯　玻璃楼梯适合现代风格的居室。玻璃大都用磨砂的，不全透明，厚度在 12mm 以上。玻璃楼梯一般也用木制扶手（图 12–50）。

(5) 钢制楼梯　一般在钢制材料的表面喷涂亚光的颜料。没有闪闪发光的刺眼感觉。这类既新潮，又有点回归自然的装饰楼梯，价格低廉，也不失时髦的选择（图 12–51）。

图12–48　铁制楼梯

图12–49　大理石楼梯

图12–50　玻璃楼梯

■ 图12-51　钢制楼梯

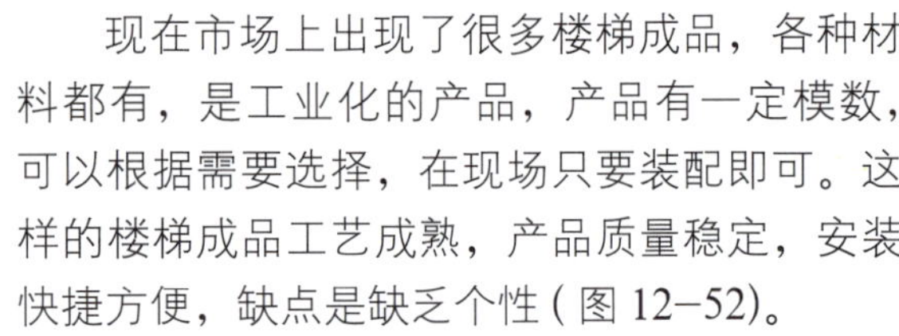

现在市场上出现了很多楼梯成品，各种材料都有，是工业化的产品，产品有一定模数，可以根据需要选择，在现场只要装配即可。这样的楼梯成品工艺成熟，产品质量稳定，安装快捷方便，缺点是缺乏个性(图12–52)。

2. 楼梯的相关尺寸

(1) 楼梯天花板的高度(楼阶的前端至天花板的距离)　一般应在2m左右为宜，最低不可少于1.8m，否则将产生压迫感。

(2) 楼梯扶手的合理高度　楼梯扶手高度一般在800～1100mm之间。

(3) 踏步高度　楼梯踏步的高度应为150～200mm。

(4) 踏步宽度　踏步宽度不应小于220mm，一般为220～270mm。

(5) 套内楼梯的净宽　当一边临空时不应小于750mm。当两侧有墙时，不应小于900mm。

■ 图12-52　楼梯成品

### 3. 楼梯的设计要点

(1) 安全方便、尺度合理　为了上下楼的方便与舒适，楼梯坡度要合理。楼梯的坡度过陡，就会不方便行走。要想轻松地拾级而上，就需要有一定的空间给楼梯一个延伸的余地。台阶设计切忌忽高忽低。

(2) 栏杆配套、式样统一　装饰楼梯的创作必须服从总体风格的统一，但它也可以成为创作的源头，即采用它的线形来统一总体格调。楼梯不单是为了满足垂直交通功能，也是点缀室内空间的独特风景。除了对楼梯本身进行装饰，楼梯同时也构成了一个位于上下楼层之间的独立空间，由外观之，略显朦胧，曲径通幽。几幅照片或是几幅油画都能透出主人的品位和时尚，一条个性走廊会为居室增色不少(图 12–53、图 12–54)。

(3) 利用空间、合理选型　在空间大小与层高尺寸充裕的情况下，楼梯式样的选择范围可以非常广泛。但如果这两个条件受到限制，就不得不谨慎考虑。如对于狭小的空间来说，旋转楼梯就是比较明智的选择。

小面积的居室还可充分利用楼梯下的空间。楼梯的造型千变万化，大多数都会在楼梯下面留有空间。这样的空间若能好好地规划一番，能起到很好的收藏和展示作用(图 12–55)。

(4) 形式新颖、个性鲜明　个性鲜明的楼梯是空间中的亮点，一定要充分利用空间条件，把楼梯塑造成形式新颖的有魅力的空间构件(图 12–56)。

(5) 设计周到、细节精致　好的楼梯的各个部分的设计非常周到。楼梯的开头、展开、收尾、扶手、栏杆、周围的配合等各个部分都经过精心的考虑，各个部分的配合协调、妥贴，精致有味(图 12–57)。

图12–53　栏杆形式

图12–54　风格统一

图12-55 楼梯下的空间利用

图12-56 个性鲜明的楼梯

图12-57　精致的楼梯

设计完成并不是家装设计师工作的结束。要实现设计的效果，设计师必须对整个家装工程“一竿子插到底”，牢牢控制家装工程的每一个关键环节。抓住了工程施工的关键环节就是抓住了家装的“牛鼻子”，设计效果就会一步一步呈现出来。当家装施工最后完成，与业主一起打开所有灯光，美轮美奂的家装效果呈现出来了，业主脸上浮现出满意而自豪的笑容，这时家装设计师所有的辛苦和烦恼都烟消云散了。

# 13. 把握关键 实现设计效果

# 13.1 设计交底 >>>

## 13.1.1 什么是设计交底

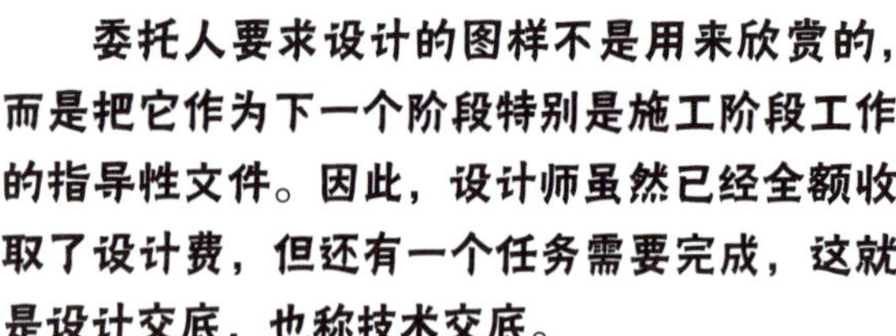

**委托人要求设计的图样不是用来欣赏的，而是把它作为下一个阶段特别是施工阶段工作的指导性文件。因此，设计师虽然已经全额收取了设计费，但还有一个任务需要完成，这就是设计交底，也称技术交底。**

设计交底的形式是设计师对照设计图样给施工人员讲解施工要点、技术难点、需要关注的地方。然后由施工人员对图中的疑难问题提问，设计师对此作出解答。对有些复杂的构造，设计师还要进行图解，直至施工人员理解为止。在设计交底之前最好请施工人员先熟悉图样，了解图样对各工种施工的具体要求。交底的地点最好选在施工现场。

## 13.1.2 设计交底注意事项

1. 人员要齐全

客户、设计师、工程监理、施工负责人四方在设计交底时应全部到达施工现场，并由工程监理协调，办好各种手续。

2. 要履行文字手续

各方应该杜绝口头协议，对所有应该明确的技术条款都必须用书面形式表达清楚。现场存在的问题，如卫生间下水发现堵塞现象、电视天线信号存在问题、具有防盗功能的户门门锁损坏，以及特殊的施工方法等都要在现场由当事方签字确认。各方应该清楚的是，现场交底时达成的书面共识，属于协议式设计文件，与家装合同具有同等的法律效力。它是在施工以及以后的合同执行过程中合同各方必须遵守的。

家装是一个很复杂的过程，实际操作的经验是：因为多种多样的原因，只进行一次设计交底是不够的。因此，在整个施工过程中，设计师免不了要经常回答施工人员提出的问题。严格地说，后续的咨询是要另付咨询费的，但这需要事先约定。

# 13.2 设计变更 >>>

## 13.2.1 什么是设计变更

**设计变更就是在设计完成后，因种种原因，需要设计师对原设计进行部分修改，设计修改了，造价、施工内容等也会发生相应的改变，这种改变需要按相关程序进行确认。**

## 13.2.2 设计变更的原因

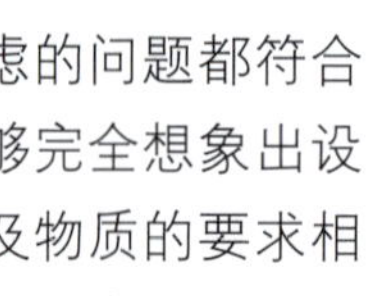

严格地说，如果设计师考虑的问题都符合实际，家装业主在设计阶段能够完全想象出设计效果，并且与他自己的精神及物质的要求相符合，就不会有设计变更。但在现实中，设计变更的情况是经常发生的。之所以会这样，主要是由下列原因造成的。

1) 业主看不懂设计图，等到实际施工后发现，这个效果不是其真正想要的。

2) 业主的要求改变了，需要增加、减少或改变某些设计。

3) 设计师没有注意到现场的某些情况，发生了设计实施的困难。

4) 施工技术无法实现设计要求。

5) 无法采购到设计师需要的材料。

### 13.2.3 设计变更的责任

业主要求变更，责任自然在业主。因设计师的疏漏造成的变更责任就在设计师。设计变更之后，一个直接的后果就是工程造价的变动。如果是轻微变更，不影响外观和功能的尺寸，基本不影响造价，设计师可以自行决定进行调整。如果要影响外观和功能，属于重大调整，这就要与业主沟通，征得业主的同意。这样的沟通一定要事先进行，并办好书面手续。

### 13.2.4 设计变更的手续

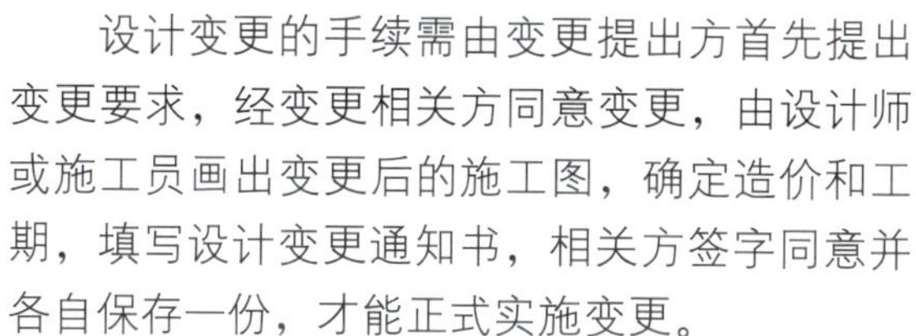

设计变更的手续需由变更提出方首先提出变更要求，经变更相关方同意变更，由设计师或施工员画出变更后的施工图，确定造价和工期，填写设计变更通知书，相关方签字同意并各自保存一份，才能正式实施变更。

### 13.2.5 设计变更的注意事项

1) 设计变更通知书由业主、设计方、施工单位各保存一份。

2) 涉及图样修改的必须注明修改图样所在的图纸、图号。

3) 不可将不同专业的设计变更办理在同一份变更通知书上。

4) 专业名称应按专业填写，如装修、结构、空调等。

## 13.3 设计效果的控制 >>>

### 13.3.1 家装施工组织网络图

家装设计师必须完全了解本公司的家装流程，也要熟悉具体项目的施工组织。不同的项目会有不同的施工组织。每一个工程最好绘制一张施工网络图。图 13-1 所示为是某装饰装修公司对 80 ~ 100m$^2$ 的家装工程制定的施工网络控制图。

80 ~ 100m$^2$ 的家装工程是中型的家装工程。从图中可以看出，这样一个工程整个施工期需要 75d。关键线路有 10 个环节，其他环节有 3 个，材料准备环节有 5 个，合计 18 个环节。

不同的家装公司会有不同的家装流程。一个一般复杂程度的中型家装工程 75d 工期还是比较紧凑的。它要求材料准备环节必须及时到位，不得拖延；工人的数量也必须合理配备，例如水电工必须配 2 人，泥工配 2 人，木工配 4 人，油漆工配 3 人；还需要好的天气条件的配合。没有这些保证，75d 工期是无法完成施工的。如在梅雨季节，20d 的油漆工期是不够的。下面结合图 13-1 对家装施工组织网络图进行简要介绍。

#### 1. 进场

进场是家装施工的第一个环节，大约需要 2d 时间。

首先施工队伍需要去物业管理部门办理进场手续；设计师与施工、监理方进行设计交底；施工员同时对泥瓦工、水电工进行分项设计交底；施工员检查墙改及线路放样情况。

#### 2. 采购水电材料

家装业主和材料员需要采购好泥瓦工和水电工要用的材料并及时进场，为他们准备好施工所需材料。

家装业主或监理人员需要对这些材料的品牌、规格、数量进行验收，然后与施工员做好交接。

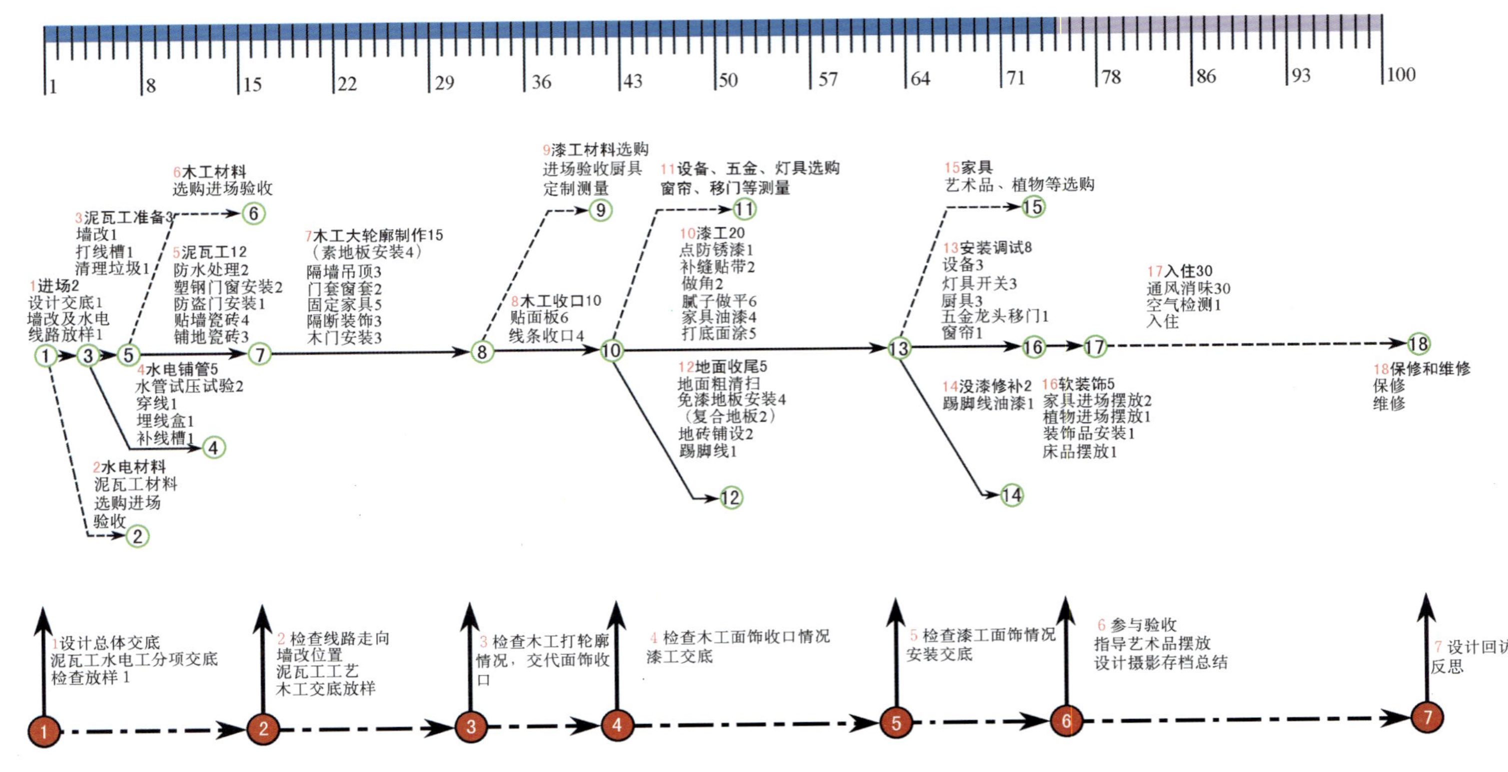


图13-1　80～100m²家装施工网络控制图及家装设计师应控制的关键点

### 3. 泥瓦工准备

泥瓦工准备大约需要 3d 时间。

泥瓦工进场后根据墙改放样进行墙改，该拆除的拆除，该建造的建造；然后根据水电走向的放样线路，在墙面或地面打出供管线预埋的线槽。这个过程会产生大量的垃圾，需要及时清理。

### 4. 水电铺管

水电铺管大约需要 5d 时间。它可以和泥瓦工准备同时进行。

首先进行按线路走向放样。电路先预埋 PVC 管和线盒，然后进行穿线；水路预埋冷热水管。水管预埋完成后需要进行水管试压试验，经过 24h 试验，确定没有漏水，才可以将线路补平。

### 5. 泥瓦工施工

80 ~ 100$m^2$ 家装，泥瓦工工作大约需要 12d 时间。

泥瓦工具体的工作有对防水要求的房间进行防水处理。一般厨房、卫生间、阳台都需要进行防水处理。处理完以后还需要做 24h 防水试验，确定没有漏水，才可以进行下一个工序。在这个期间可以进行塑钢门窗安装和防盗门。门窗的安装需要泥工收口。有些门窗还要泥瓦工做石材的窗台或窗套。接着就可以安装浴缸、贴墙瓷砖、铺地砖和过渡石。

### 6. 为木工准备材料

在泥瓦工施工阶段，家装业主或材料员需要采购木工所需材料。

家装业主或监理人员需要对这些材料的品牌、规格、数量进行验收，然后与施工员做好交接。

这些工作需要在木工进场之前完成。

### 7. 木工大轮廓制作

泥瓦工施工完成之后经验收合格，木工即可开始进行大轮廓制作。注意，验收工作应有木工参加。因为木工工作是在泥瓦工工作的基础上进行，泥瓦工没有做到位的需要整改。

大轮廓制作大约需要 15d 时间。如果是采用素地板需要增加 4d 时间。

大轮廓制作首先是制作隔墙、吊顶，接着是包门套、窗套，再制作固定家具、隔断装饰和安装木门。

大轮廓的制作决定家装的大效果。最关键的是把握尺度。

### 8. 木工收口

木工收口大约需要 10d 时间。其主要工作是贴面板和线条收口。面板是饰面用的，对视觉的作用很大。线条收口的作用是用装饰来掩盖缺陷。

### 9. 准备漆工材料

在木工进行工作的同时，要选购好漆工施工用材料，在木工工作结束时进场验收。如果是委托专业厂家定制橱柜，可以在这个时候到现场进行测量。如果橱柜是木工制作的话，则在上面的木工大轮廓阶段和收口阶段进行制作，工期增加 2 ~ 3d。

### 10. 漆工

木工施工完成之后需要进行验收。漆工应参加验收工作。因为漆工工作是在木工工作的基础上进行的。木工没有做到位的需要整改。

漆工工作的整个工期大约需要 20d 时间。其第一道工序是点防锈漆。在一些钉子暴露的地方点上防锈漆，以免今后铁钉发锈影响效果；接着是补缝、贴防裂带；然后需要把阴阳角做直，顶面、墙面腻子做平，家具进行油漆打底；最后用涂料和面漆进行面涂(如果贴墙纸也在这个时候进行)。

11. 设备、五金、灯具选购

将安装的家用设备、五金、灯具准备好。窗帘、移门等制作的测量工作也可以在这个阶段穿插进行。

12. 地面收尾

漆工基本完工之后，就可以进行地面清扫。接着进行地板或地砖的铺贴。这个过程需要 5d 时间。

免漆地板安装需要打龙骨、整平、喷防虫剂、填干燥介质，接着就可以铺设地板。如果铺设复合地板，工期可以缩减 2 ～ 3d，铺设复合地板前提是将地面整平。

最后安装踢脚线。

13. 安装调试

地面收尾完成之后就可以进行设备安装和调试了。

设备的安装涉及空调、热水器、厨房设备、卫生间器具、平板电视等。灯具和开关面板的安装也可以在这个时候穿插进行。定制橱柜的安装也在这个时候进行。

这些安装与调试过程中会产生大量的灰尘，安装完成之后需要对浮尘进行比较彻底的清扫。之后进行五金、龙头、移动门、窗帘的安装。

14. 油漆修补

在上述工作进行过程中不可避免会出现某些移损部位的损坏。移损部位主要指通道周边和地面、柱墙的阳角、设备安装部位周边。这些移损部位被损坏之后需要进行油漆的修补。

墙面和家具的最后一涂也在这个时候进行。

因为踢脚线在最后才完工，所以需要重新油漆。这个工期需要 3d 时间。

15. 家具艺术品、植物等选购

在进行安装调试、油漆修补的时候就可以选购合适的家具和艺术品、植物等。

16. 软装饰

在油漆修补完成并进行适当的保养后就可以进行家具、植物、艺术品的进场摆放，最后进行床品的摆放。软装饰完成后，整个家装工程就完成了。家装的效果也就完全显现出来了。

17. 入住

施工结束到业主入住还需要 30d 时间。不过这段时间是根据业主对空气环境的在意程度自由确定的。

家装公司一般建议业主留出不要少于 30d 通风消味的时间。通风消味的主要手段有：开窗通风消味、植物吸收消味、专用化学品专业消味等。

入住前要建议业主进行空气质量检测，空气质量指标达标后才可以入住。否则可能会对业主的身体造成伤害。

18. 整体验收、保修和维修

按道理讲，家装工程的整体验收是在入住之前进行的。但实际操作时整体验收往往是在油漆修补之后就进行了。后面的设备安装和软装饰一般交给业主自己打理。但这样做对家装设计师而言往往就会功亏一篑。在没有专业人员的指导下，软装饰阶段最可能破坏整体效果。使得设计的效果大打折扣。所以应该提倡家装设计师全过程控制，实现设计效果。

验收完成后就进入了保修环节。《住宅室内装饰装修管理办法》第三十二条规定：在正常使用条件下，住宅室内装饰装修工程的最低保修期限为两年，有防水要求的厨房、卫生间和外墙面的防渗漏为五年。保修期自住宅室内装饰装修工程竣工验收合格之日起计算。

在保修期内，发现了工程质量问题，家装公司需要及时对工程进行维修，而且维修费由家装公司负担。服务上乘的家装公司会给业主一本家装使用保养手册，关照业主合理使用，合理保养家装设施。过了保修期以后出现的工程质量问题，家装公司一般都会承诺进行终身维修，但维修发生的工料费需要业主自己承担。

### 13.3.2 设计效果控制的关键点

从图 13–1 可以看出家装施工的周期很长，一个中型的一般家装需要 2 ~ 3 个月左右的时间才能完成。大型家装的工期更长。设计师不可能天天盯着工程，但需要在一些关键环节对设计实施的情况进行把握和控制。整个家装工程中家装设计师应控制的关键点见图 13–1。

这些关键点的控制要点如下：

#### 1. 设计总体交底

设计总体交底并对泥瓦工、水电工分项交底；检查放样情况，确保放样正确。

#### 2. 检查墙改和水电线路走向和泥瓦工施工情况

先检查墙改位置是否正确，然后检查水电线路走向和泥瓦工施工情况。给木工进行施工交底，确保放样正确。

#### 3. 检查木工大轮廓

检查木工大轮廓情况，交代面饰和收口的注意要点。如果发现大轮廓有误，需要在面饰之前及时调整。

#### 4. 检查木工面饰

检查木工面饰收口情况。这时所有的硬装修已经定型，空间和界面效果已经呈现出来，设计师可以判断设计基本效果是否已经达到。

如果已经达到了预想效果，就可以进入下一个工序——对漆工进行施工交底。特别要给漆工确定色彩样板。

#### 5. 检查漆工面饰

漆工施工基本完毕时，设计师要检查漆工面饰情况。主要检查配色情况，色彩复杂的设计尤其要注意色彩的效果。色彩效果不理想的要检查原因，及时改正。接着就可以进行设备设施等的安装交底。

#### 6. 参与家装验收和指导软装饰

指导软装饰、艺术品、植物的摆放。软装饰阶段十分关键，设计师要亲自控制。稍有闪失，设计效果就会大打折扣。软装饰的款式、尺寸、色彩、风格都是控制的关键。控制好了就会给设计效果锦上添花，有的还会起到画龙点睛的作用。但控制不好，设计效果就会毁于一旦。

家装验收设计师是必须参加的。如果整个施工过程设计师都很好地把握了，那么竣工验收就会非常轻松。如果设计师没有全程控制施工过程，竣工验收时设计师的任务就艰巨了。因为设计与施工毕竟是两回事，再详细的图样施工时也有可能走样。验收的时候一切都木已成舟了。如果因为造型、色彩出现问题，返工量就会很大。出现这样的问题就会引起责任纠纷。因为返工不但涉及造价增加，而且耽误工期。所以这样的情况最好不要发生。

#### 7. 设计总结

一个设计作品完成之后，设计师最好进行设计总结，并对作品进行摄影存档。一方面反思一下自己在这个工程中的经验教训，同时也为自己积累设计的经验资本。成功的案例可为今后招揽客户提供有力的佐证。

## 13.4 工程验收 >>>

工程验收是家装工程完工的一个必须的程序，是全面考核设计水平和施工效果的一个重要的步骤。通过验收，工程就可以交付给客户投入使用，家装公司也可以获得合同规定的报酬。保修年限也从验收合格之日起算。

## 13.4.1 家装工程验收的主体与方法

### 1. 家装工程验收的主体

(1) 当事者验收　家装工程的验收由家装公司的设计师、监理或工长与客户一起共同进行。在没有纠纷的情况下，可以采用这样的方法。

(2) 第三方验收　一种是由法定检验机构验收，即由政府部门的技术监督局或建筑质检站这样的专业检验机构来验收。另一种是由具有资质的专业检验机构进行验收。如果家装公司和客户出现了矛盾，只好请第三方即检验机构进行验收。这样的验收是收费的，需要预先支付验收费用。

### 2. 家装工程验收的方法

(1) 分步验收　这种验收方法就是每完成一个分项工程就进行一次有针对性的验收。如隐蔽工程完工，就进行隐蔽工程的验收；防水工程完工，就进行防水工程验收；中期工程完成就进行中期工程验收等等。采用这种验收方法的优点是能及时发现工程缺陷，及时整改，如果出现问题，整改费用相对较少；缺点是程序比较复杂，工期有可能拖延。采用分步验收的家装工程在最后完工时也还有一个最终验收，但由于进行了分步验收，每个阶段的问题已经及时整改，所以在最后验收的时候就是履行一个手续。一般装饰公司比较多地采用这种验收方法。

(2) 完工验收　这种验收方法就是在工程最后完工的时候对整个家装工程进行全面的验收。优点是程序比较简单，但一旦发现问题，整改起来就比较困难了。如在隐蔽工程上发现了问题，需要整改时就需要敲掉已经完工的吊顶或墙面，返工工作量非常大。

## 13.4.2 家装工程验收的依据与步骤

### 1. 家装工程验收的依据

家装工程验收的依据主要有：

1) 家装公司与业主的各类约定，如家装设计文件、家装合同、工程预算，还包括施工过程中的一些验收单据、符合程序的变更文件。

2) 事先约定的验收规范。国家或地方对家装工程的施工都发布了技术规范和验收规范。如《建筑装饰装修工程质量验收规范》(GB50210—2001)、北京市《家庭居室装饰装修工程质量验收标准》、浙江省《家庭装饰装修工程质量验收规范》(DB33/1022—2005)等。究竟是采用国家规范还是地方规范，要事先约定。比较成熟的公司也有自己的家装工程的验收标准，如果双方约定以此作为工程的验收标准也可以，但必须在施工合同中加以明确。

### 2. 家装工程验收的步骤

(1) 准备相应的文件　工程验收时，必须准备好下列文件资料：

1) 施工合同和工程预算单，工艺做法说明。

2) 设计图样，如施工中有较大修改，应有修改后图样。

3) 工程变更洽商单。

4) 隐蔽工程验收单。

5) 材料验收单。

6) 如做了防水工程需要提供防水工程验收单。

7) 如做了工程中期验收，需提供工程中期验收单。

8) 工程延期证明单。

9) 拆改墙体、水暖管道等经物业公司、甲乙双方共同签字的批准单（如未做上述工程，可不提供）。

10) 其他甲乙双方在施工过程中达成的书面协议。

上述资料是正规的家装公司基本执行的工程文件，但有些文件可能是单方面的，即双方签字，家装公司存档。事实上，这些工程文件均是有法律效力的。在目前的家装市场有待进一步规范的情况下，作为客户索要上述工程文件是消费者保护个人利益的必备手段，是消费者知情权的具体体现。

(2) 查看工程设计效果　对照设计图样，查看各个房间的设计效果是否与图样一致，设计效果是否达到了图样的要求。

(3) 查看工程的施工情况　按照约定的验收规范，检查各个部分的施工情况和使用效果。例如，每个开关都要开启和关闭，每个插座都要检验是否通电，煤气、冷热水龙头、地漏、坐便器、水斗等都要试用，门窗、固定家具、抽屉都要开关抽拉，地面、墙面、吊顶、油漆等要仔细观察，看是否达到了施工规范的要求。

### 13.4.3 设计师在家装工程验收中的查看要点

设计师是工程验收的主角之一，验收重点是与其他验收人员一起查看设计效果是否已经达到。实际上到了这个环节，设计效果已完全呈现出来了，设计师可以向业主进一步解释自己的设计用心。因为，设计师的有些想法业主在图纸或者施工阶段是不能完全理解的。设计师一定要抓住机会向业主做充分的介绍。同时，设计师也要听取业主对设计不满意的地方或是设计缺陷的反馈意见，为设计总结收集第一手资料。

## 13.5 设计总结 >>>

### 13.5.1 设计总结的意义

1. 评估项目设计得失

一个有心的设计师会对每一个工程进行设计总结，要根据业主的要求从下列几方面对设计进行全面评估。

(1) 从总体效果评估　设计理念运用是否合适。

(2) 从实际使用效果评估　功能设计是否符合业主需要，考虑是否全面，哪个部分考虑不够周到，哪个部分可以进一步改进，技术设计是否合理。

(3) 从视觉效果评估　界面设计是否悦目，色彩配置是否协调，家具选择是否得当，软装饰配置是否协调，风格采用是否合适，家庭氛围是否温馨。

(4) 从设计的效果评估　哪个部分的效果自己最满意，哪个部分业主最满意，自己的设计追求与业主的爱好之间是否实现了平衡，从时尚展示到文脉延续是否实现了平衡。

(5) 从施工效果评估　材料选择是否合适，构造设计是否得当，设备选择是否合理。

(6) 从设计师的设计手段评估　设计工作是否有创新之处，有没有创造新的手法，是否体现了自己独特的设计个性。

(7) 从设计师自己的职业经历评估　通过这个工程自己获得了什么新的体会，什么地方自己有了新的提高，什么地方留下了遗憾，什么地方是最失败的。

### 2. 设计能力提高的加速器

通过总结，分析反思自己设计工作的成败得失，为以后的设计积累经验。这是设计师自身提高的最好、最实际的途径。

## 13.5.2 设计总结的形式

设计总结的形式不仅仅是一种思维活动，最好要形成具体的物质成果。成果的形式是多种多样的，主要有：

1) 通过摄影手段进行视觉效果评估，及时分类整理形成自己的案例集。

2) 通过工作笔记或日记的形式进行总结，为进一步的研究积累第一手的资料。

3) 为报刊杂志撰写专业文章，通过分析案例，介绍新的设计理念，展示成功的设计作品。

4) 对某个学术问题进行专题研究，撰写专著论文，这也是设计总结的一个形式。

5) 出版画册，设计师积累到一定程度，有了相当的成功案例，就可以考虑出版自己的成果画册，对自己的设计历程做一个回顾和总结。

## 13.5.3 设计回访

设计师最好在家装工程交付后的一定的时间内（一般是三个月到一年时间）对自己的客户进行回访。回访的形式主要是电话。如果是某种不期而遇，则要抓住机会进行面访。这样的面访十分自然。如果已经同客户成为了朋友，那回访就可以不拘形式地进行。

设计回访是设计师提高水平、提高接单率的一个有效的方法。真诚的设计回访一方面可以给业主留下良好的印象，另一方面也可以进一步了解自己设计的得失，有助于设计师总结经验教训，提高自己的设计水平。

小贴士

### 设计变更通知书的形式

设计变更通知书

| 设计变更通知书 | | 编号 | | |
|---|---|---|---|---|
| 工程名称 | | 专业名称 | | |
| 设计单位 | | 日期 | | |
| 序号 | 图号 | 变更内容 | | |
| 1. | | | | |
| | | | | |
| 2. | | | | |
| | | | | |
| 3. | | | | |
| | | | | |
| 4. | | | | |
| | | | | |
| 签字栏 | 建设单位（业主） | 设计单位 | 施工单位 | |
| | | | | |

注：1. 本表由建设（业主）/设计/施工单位各保存一份。
2. 涉及图样修改的必须注明修改图样所在图纸图号。
3. 不可将不同专业的设计变更办理在同一份变更通知书上。
4. 专业名称应按专业填写，如装修、结构、空调等。

## 14. 依法行事 家装设计师的法规意识

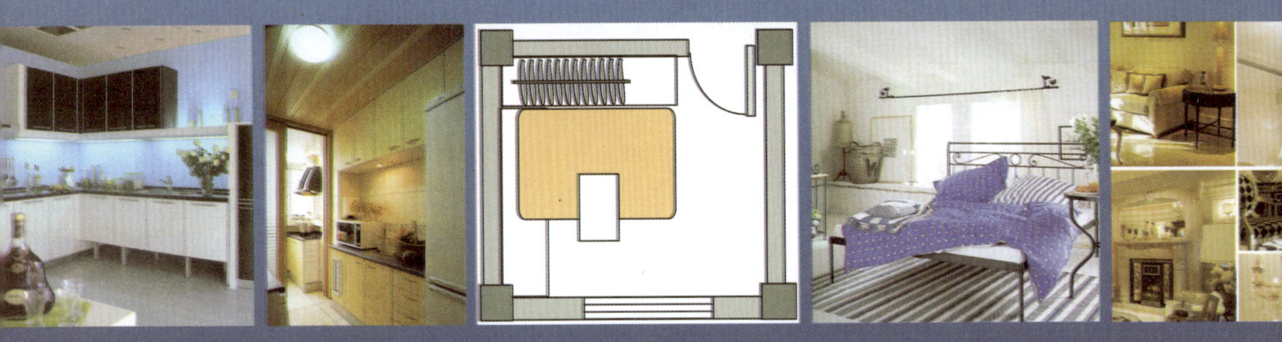

家装市场自发色彩很浓，开始时没有任何规章制度，更没有法律法规，基本是以家装“游击队”一统天下。所以这个市场特别乱：野蛮装修是普遍现象，安全隐患比比皆是。许多百姓一方面抱怨邻居们不顾安全，乱敲乱打。可是一但自己家装，一些野蛮的举动也照做不误。这些行为引起了很多人的恐慌，同时也引起了全社会的关注。经过长期的酝酿和斟酌，2002年3月5日，建设部发布《住宅室内装饰装修管理办法》，同年5月1日起施行。虽然有了法规，但要真正执行，必须从源头抓起——在家装设计环节杜绝一切违法设计和不当设计，这样才可以真正消除野蛮装修，还人民群众一个安心、安全的家装环境。

14. 依法行事 家装设计师的法规意识

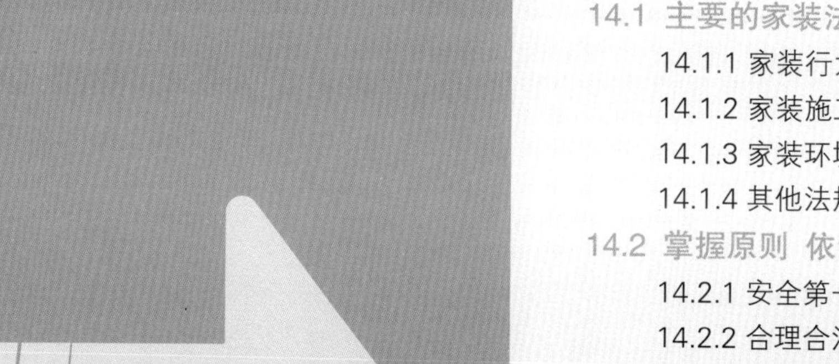

# 14.1 主要的家装法规 >>>

## 14.1.1 家装行为规范类法规

### 1. 全国性法规

全国性的法规是法规制定部门根据我国的宏观情况制定的约束全国的法条。规范家装行为的全国性法规主要有：

(1)《住宅室内装饰装修管理办法》(建设部110号令)(以下简称《办法》) 它的颁布施行，从开工申报与监督、委托与承接、竣工验收与保修、室内环境质量，装饰装修活动的禁止性行为、法律责任等方面对住宅装饰装修的管理进行了明确的规定，系统地阐述了装修人(包括住宅产权人和住宅使用人)、物业管理单位，装饰装修企业、设计单位、政府行政主管部门及有关管理单位在住宅室内装饰装修活动中的权利和义务。《办法》分四部分。

第一部分明确了室内装饰装修属于建筑活动，并解释了为什么说住宅室内装饰装修工程是建筑工程。企业应具备哪些条件才能够承接住宅室内装饰装修工程；装修人与装饰装修企业签订的书面合同包括哪些主要内容；住宅室内装饰装修工程质量如何控制；住宅室内装饰装修工程如何保修；室内环境质量如何控制等。

第二部分明确了装饰装修中各主体之间属于什么关系。解释了物权在住宅装饰装修行为中如何体现；住宅产权人与非产权人的住宅装修人(即住宅使用人)之间是一种什么关系；住宅相互毗邻的所有人或使用人之间体现了怎样的一种相邻关系；装修人与物业管理单位之间是一种什么关系；装修人与装饰装修企业之间是一种什么关系；装修人与设计单位之间是一种什么关系；政府行政管理部门在装饰装修行为中的作用是什么。

第三部分明确了物管企业应为装饰装修提供哪些管理和服务；物业管理单位提供装饰装修管理和服务的方式是什么；装修人为什么要缴纳管理服务费用；物管单位对装修人、装饰装修企业违反《办法》和协议约定内容的行为如何处理。

第四部分对政府主管部门提出了须加强对住宅装饰装修的管理的要求，并明确了住宅室内装饰装修涉及哪些主管部门和单位。指出了政府行政主管部门管理的侧重点是对房屋使用安全的维护；对装饰装修企业的管理；对物业管理企业的管理；对设计单位的管理。

《办法》是规范家装活动的国家规章，也是处理家装违法活动时的执法依据。

(2)《全国家庭装饰行业公约》 这是个行业自律公约。它是中国建筑装饰协会家庭装饰委员会(筹)在1996年11月30日“全国家庭装饰工作研讨暨经验交流会”上通过的。它是依据全国建筑装饰协会《全国建筑装饰行业公约》，再结合本行业特点制定的。它要求协会会员遵循下列约定，互相监督。对遵守者给予表彰和奖励，对违反者给予警告、通报批评、新闻曝光，直至取消会员资格，并上报政府主管部门给予相应处理。其主要精神有：

1) 遵守党和国家及各级政府部门的政策法规，讲究职业道德，不偷税漏税，不损公肥私，不搞歪门斜道。

2) 为民做实事，让民得实惠，做模范合法经营者。讲究质量，树立信誉。本着对国家对业主负责的精神，精心施工、造价合理、保证质量、完善服务，禁止破坏性装修，不偷工减料，禁止假冒伪劣。

3) 重合同、守信用，树立良好企业及从业者形象。科学管理，提高效益，建立健全企业各项规章制度，奖罚分明，树立良好的企业风气。

4) 尊重科学，重视人才，建立用工制度，努力提高员工素质。重视质量，安全第一。文明施工，防止扰民。以低消耗创高效益。

5) 规范行为，公平竞争，增强法律意识，规范市场行为。公平、公正、公开竞争。反对不切实际压价，抵制垫资施工，加强企业间团结联合，增强竞争实力。

6) 团结开拓，务实创新，提倡行业公益行为，支持协会工作，积极参与协会组织的各项活动，接受本会督导，树立行业正气，推动行业统一规范、有序发展。

2. 地方性法规

我国幅员辽阔，各地的情况千差万别，各地还要在全国性法规的范围内制订符合当地实际情况的地方法规和实施细则。身处地方的家装设计师在掌握全国性法规的基础上还必须掌握地方政府制定的地方法规。相继制定家装管理办法的有江苏、河南、浙江、上海、广东、无锡、重庆、辽宁、沈阳、北京、成都、河北、湖北、广州、南通、安徽等 16 个省市。比较早的有《江苏省住宅建筑装饰装修管理暂行办法》、《河南省家庭居室装饰装修管理暂行办法》(豫建 [1997] 40 号)、《关于进一步加强住宅装饰管理的通知》(浙建房 (97)198 号)、《上海市家庭居室装饰装修管理暂行规定》(沪建研 (98) 第 0056 号)、《关于加强广东省家庭居室管理工作的意见》(粤建施发 [1998] 6 号)等。

### 14.1.2 家装施工质量保证类法规

1. 全国性法规

(1)《住宅装饰装修工程施工规范》 由建设部会同有关部门共同编制的《住宅装饰装修工程施工规范》(GB50327-2001)(以下简称《施工规范》)，经有关部门会审，批准为国家标准，自 2002 年 5 月 1 日起施行。

《规范》分 16 个部分对住宅装饰装修工程施工材料、施工工艺进行了规范。

“第 1 章总则”，说明了制定本规范的目的、适用范围和尚应符合的其他国家现行有关标准和规范。

“第 2 章术语”，对住宅装饰装修工程施工的有关术语进行了准确定义。

“第 3 章基本规定”，对施工基本要求、材料、设备基本要求及成品保护的原则进行了规定。

“第 4 章防火安全”，指出了住宅装饰装修材料的燃烧性能、等级要求应符合现行国家标准《建筑内部装修设计防火规范》(GB50222—1995) 的规定，并对材料的防火处理、施工现场防火、电气防火、消防设施的保护进行了规定。

“第 5 章室内环境污染控制”，明示了住宅装饰装修后室内环境污染物浓度限值。

第 6 ~ 16 章对防水工程、抹灰工程、吊顶工程、轻质隔墙工程、门窗工程、细部工程、墙面铺装工程、涂饰工程、地面铺装工程、卫生器具及管道安装工程、电气安装工程分一般规定、主要材料质量要求和施工要点三个部分进行了规范。

《施工规范》是住宅装饰装修工程施工和验收最权威的依据。其中 3.1.3、3.1.7、3.2.2、4.1.1、4.3.4、4.3.6、4.3.7、10.1.6 为强制性条文，必须不折不扣地严格执行。

《施工规范》是处理家装工程质量纠纷的法定依据。

(2)《建筑内部装修设计防火规范》 由公安部会同有关部门共同编制的《建筑内部装修设计防火规范》(GB50222—1995)(以下简称《防火规范》)，经有关部门会审，批准为强制性国家标准，自1995年10月1日起施行。1999年4月，《防火规范》由中国建筑科学研究院会同有关单位进行了局部修订，自1999年6月1日起施行。这个修订后的国家标准是目前正在执行的标准。

《防火规范》有两个重点：一是对各个使用部位和功能装修材料按燃烧性能进行了分类和分级，共分A(不燃)、B1(难燃)、B2(可燃)、B3(易燃)四个等级。装修材料的燃烧性能等级，应按规范附录A的规定，由专业检测机构检测确定。B3级装修材料可不进行检测。二是对单层、多层民用建筑，高层民用建筑，工业厂房各部位装修材料的燃烧性能等级进行了规定。最后还对常用建筑内部装修材料燃烧性能等级进行了划分举例。

防火工作事关人的生命安全，设计师设计任何工程都要依据国家标准中列明的防火规范，否则就要承担相应的设计失误的责任，受到相关的责任追究。所以在进行具体的工程项目的设计时，必须查明相对应的阻燃等级和可以使用的材料，以便使设计符合规范的要求，顺利通过消防审查。

(3)《商品住宅装修一次到位实施导则》和《部品住宅装修一次到位材料技术要点》 住宅装修一次到位即做到全装修出售给消费者，是一个无可置疑的大趋势。但在实施的过程中除了存在购房者观念转变问题外，还存在着其他一些不容忽视的问题。主要表现在装修市场管理不健全，企业的诚信度低，自律水平差，装修质量粗糙，用材污染环境、达不到国家规定的标准，使得住宅装修工程投诉居高不下，影响了行业均衡、全面和可持续发展，在一定程度上影响了人民的健康。因此，加强住宅装修业的管理，建立生产和产品的诚信体系和环保安全体系，改变传统的装修方式已刻不容缓。建设部从2001年10月开始，先后下达了有关装修的施工设计管理、资质、计价、环保、验收等文件共10个，2002年7月18日发布的《商品住宅装修一次到位实施导则》(建住房[2002] 190号)及配套的《商品住宅装修一次到位材料、部品技术要点》，在住宅装修领域起到了重要的引导作用。导则发布的目的在于：逐步取消毛坯房，直接向消费者提供精装修成品房，规范装修市场，促使住宅装修生产从无序走向有序。装修部品材料的质量直接影响到全装修住宅的工程质量和环境质量。这是保证全装修住宅高品质的前提。因此，对于材料部品的来源和质量认定尤为重要，技术要点的发布，使装饰装修材料的生产和选购有了详细的技术依据。

在房地产市场风云变幻的情况下，商品住宅一次性装饰装修的数量会越来越多，家装设计师要不断地适应家装模式的发展和变化，熟悉有关政策文件，补充相应的新知识，寻找自己发展的新空间。从毛坯房过渡到全装饰装修房，这实际是一次生产方式上的变革，而工业化装饰装修方式则是代表了未来装饰装修的发展趋势。

### 2. 地方性法规

目前已制定家装质量验收标准的有北京、上海、浙江、成都、武汉、深圳、沈阳、广州等省市。

(1)《北京市家庭居室装饰工程质量验收标准》 北京市建筑装饰协会于1998年3月5日公布了《北京市家庭装饰工程质量验收规定(试行)》，不仅在全国都是创新，而且起到了示范作用。后几经修改，成为北京市地方标准《北京市家庭居室装饰工程质量验收标准》，并于2003年10年1日实施。

(2)浙江省《家庭装饰装修工程质量规范》 2005年10月，浙江省质量技术监督局批准发布了《家庭装饰装修工程质量规范》

(DB33/1022—2005)强制性地方标准，并于2006年1月1日正式实施。它主要规定了家庭装饰装修中抹灰、门窗、吊顶、轻质隔墙、镶贴、涂饰、裱糊、细木制品、电气、管道安装和卫生器具等工程及空气的质量要求和检验方法。其中电气工程、管道安装和卫生器具工程及室内空气质量等涉及到人身健康和财产安全的项目，在标准中被定为强制性条款。标准中还对家庭装饰装修的保修期作了明确规定，在正常使用条件下，家庭室内装饰装修工程的最低保修期限为2年，有防水要求的厨房、卫生间和墙面的防渗漏最低保修期限为5年。同时它还明确了家装工程的检验办法。

(3)上海家装行业系列标准及规定　2004年，是上海市装饰装修业的“标准”年。上海市装饰装修行业协会、上海市技术监督局等有关单位，出台了一系列家装行业标准及规定：《上海市建筑装饰室内设计制图统一标准》(以下简称《设计制图统一标准》)、《上海市家居住宅室内设计文件编制深度规定》(以下简称《深度规定》)、《上海市建筑室内设计师出图专用章使用管理办法》(以下简称《出图章管理办法》)、《上海市住宅室内设计收费参考价》(以下简称《收费参考价》)等一系列规范性文件。

《设计制图统一标准》规定了装饰装修制图的标准，设计师表达设计思想要用统一的制图标准。

《深度规定》中，规定一套规范的设计图纸至少是16张，以一套两室两厅的居室设计为例，必须包括原始房型、平面、立面、顶面、节点、大样、电器线路、照明、给水排水、材料清单、预算造价、效果透视等一系列的内容。如果是复式或错层的住宅，图纸更可能达到30～40张。今后，上海家庭装饰装修出现质量投诉时，如果追究到设计图纸责任，将以《设计制图统一标准》和《深度规定》进行衡量。

《出图章管理办法》规定，2004年1月1日起，加盖有建筑室内设计师出图章的统一标准设计图纸将成为装饰装修正式合同的重要组成部分。有图就有章，有章就有责，今后，只有那些持有上海市装饰装修行业协会颁发的出图章的建筑室内设计师，才真正拥有向客户提供设计服务的“合法身份”。

《收费参考价》(2004版)规定，上海市住宅室内设计从业者按照《设计制图统一标准》和《深度规定》的出图标准和技术要求，完成全套设计图后，可参照下述标准进行收费。其他建筑专业技术职称的设计人员，从事室内设计的可参照标准收费。如建筑特殊或对装饰有特殊设计要求的，设计收费可另行商议，不受收费标准的限制。

建筑室内设计师按职业资格等级收取设计费标准：

助理建筑室内设计师按每户(套)建筑面积不低于30元/$m^2$；中级建筑室内设计师按每户(套)建筑面积不低于50元/$m^2$；高级建筑室内设计师按每户(套)建筑面积不低于80元/$m^2$。

《装饰装修工程人工费参考价》2004年开始实施，针对装饰装修“价格陷阱”，对人工费给出了参考价，如安装浴缸150元、安装浴霸10元等。

2004年3月，上海市技术监督局和上海市建委共同发布了《住宅装饰装修验收上海市地方标准》。该标准为强制性标准，把涉及到人生安全健康的项目列为强制性的标准来执行。该标准中列入了环境空气污染的室内控制质量标准，使用的所有装饰装修材料必须符合国家标准。新标准中列为强制性验收的条款包括：排水管道、电器、卫浴设备和室内空气质量，充分考虑了人性化，标准对每一个工程项目进行了细分，涉及到安全健康的必须要确保，有一项不合格都不能通过。新标准实施后，装饰装修企业不仅要接受行业主管部门的管理，强制性条款的装修质量还要受到政府有关机构的监督管理。家装工程在交付前必须验收合格。企业交付方式可以采用质量承诺方式，也可以采用委托检验方式，但不论那种方式，都应向消费者提供装修质量合格的正式文件。

2004 年 6 月，上海市装饰装修行业协会制订了《上海市家庭装饰行业创建规范服务达标验收标准》(以下简称《验收标准》)。这个验收标准规定，合同必须规范，凡出现漏缺项的都要扣分，凡复制、修改的合同不得分。签订规范合同，是《验收标准》中的第一项。现场管理是《验收标准》的重点。它从现场施工告示、现场施工组织、现场安全施工措施、现场文明施工、施工人员持证上岗共 5 个方面加以规定，从细处要求企业做到施工规范化、进度程序化、组织严谨化。《验收标准》规定：施工人员应持有有关部门颁发的培训合格的上岗证，持证上岗率达 70% 以上。

2004 年 12 月，上海市装饰装修行业协会与上海市人事局职业能力考试院一起制订了《上海市室内设计专业技术水平认证暂行办法》，联合举办本市室内设计师考试，考试合格将颁发由市人事局监制的证书，证书盖有上海市装饰装修行业协会与上海市人事局职业能力考试院图章，是上海市装饰装修行业最为权威的技术水平认证证书。

## 14.1.3 家装环境控制类法规

《民用建筑工程室内环境污染控制规范》(GB50325—2001) 自 2002 年 1 月 1 日起正式施行，是国家强制性标准。它对一类和二类民用建筑的装修后环境质量作了强制性规定。住宅属于一类民用建筑，对环境的要求是最严格的，所以国家对住宅环境的质量要求是强制性的。

家装的污染问题历来是用户投诉的热点。2004 年 3 月 12 日，北京市消费者协会发布的《北京市家庭装修环境污染情况调查报告》具有典型意义。在调查的 294 户北京消费者家庭中，有近 1/3 居民家中空气环境污染，甲醛和苯最高污染值分别超出标准值的 3.5 倍和 50 倍。调查发现，消费者自购材料造成的污染情况比较严重，主要是消费者购买时注重价格比，忽略了环保因素，图便宜造成装修污染。检测结果中反映的消费者家庭装修污染状况不容乐观。调查显示，在 294 户消费者家庭中，室内空气质量优良的为 209 户，占总数的 71%；空气环境污染的为 85 户，占总数的 29%，其中，轻度污染的为 44 户，占 15%，中度污染的为 12 户，占 4%，重度污染的为 29 户，占 10%。在 294 户消费者家庭中，家装后甲醛超标的 44 例，占总数的 15%；苯超标 78 例，占总数的 26.5%。在空气环境污染的 85 户消费者家庭中，属于开发商精装修造成污染的两户，占发生污染总数的 2.35%；属于装修公司代购材料造成污染的 26 户，占发生污染总数的 30.58%；属于业主自购材料造成污染的 57 户，占发生污染总数的 67.05%。

室内污染引起的主要健康危害为多系统、多脏器、多组织、多细胞、多基因损害。如辣眼睛、流泪、咳嗽、胸闷等皮肤刺激症状；头痛、失眠、记忆力下降等神经、精神症状；鼻咽、肺、皮肤、血液癌症；基因、染色体等突变；过敏、哮喘等致敏作用和变态反应；免疫力下降；建筑病态综合征等。根据相关专家在专项调查中显示，在被调查的 1 万多人中，有皮肤黏膜刺激症状的约占 30% ~ 40%；出现胸闷、喉部问题的占 30% ～ 40%；鼻炎 40% 左右；反应头痛、头晕、乏力、睡眠不好的有 30% 左右，有过敏症状的为 15%，患哮喘病的为 3% ～ 5%。更为严重的是，当得知自己的家里被检测出各种污染物后，许多人心理负担明显加重，出现了抑郁症、多疑症等心理疾病，其中有 10% ～ 15% 的人心理问题严重。

因此，家装设计师要充分重视家装的环境质量问题。

## 14.1.4 其他法规

### 1.《中华人民共和国合同法》

1999 年 3 月 15 日，第九届全国人民代表大会第二次会议通过《中华人民共和国合同法》，1999 年 10 月 1 日起施行。

《中华人民共和国合同法》的制定是为了保护合同当事人的合法权益，维护正常的社会经济秩序。家装是家庭生活中的重大经济活动，因此，合同当事人的所有的活动也必须依照合同法，签定法律地位平等的经济合同。当事人应当遵循公平原则确定各方的权利和义务，并按照诚实信用原则行使权利、履行义务，受法律约束和保护。

各地工商管理局为了规范家装市场的经营行为，减少装饰装修合同纠纷的发生，都依据《中华人民共和国合同法》制订了家庭装修样板合同。如最新版的《北京市家庭居室装饰装修工程施工合同》(2003 版 BF—2003—0203) 就在 2004 年 3 月颁布。

### 2.《中华人民共和国反不正当竞争法》

该法在 1993 年 9 月 2 日经第八届全国人民代表大会常务委员会第三次会议通过。国家颁布《中华人民共和国反不正当竞争法》是为了保障社会主义市场经济健康发展，鼓励和保护公平竞争，制止不正当竞争行为，保护经营者和消费者的合法权益。

在家装领域存在着许多不正当竞争行为，家装设计师也要运用《中华人民共和国反不正当竞争法》这个法律武器，明辩不正当竞争行为，保护自己的合法权益。

该法所称的不正当竞争，是指经营者违反本法规定，损害其他经营者的合法权益，扰乱社会经济秩序的行为。不正当竞争行为的表现有：

1) 假冒他人的注册商标。

2) 擅自使用知名商品特有的名称、包装、装潢，或者使用与知名商品近似的名称、包装、装潢，造成和他人的知名商品相混淆，使购买者误认为是该知名商品。

3) 擅自使用他人的企业名称或者姓名，引人误认为是他人的商品。

4) 在商品上伪造或者冒用认证标志、名优标志等质量标志，伪造产地，对商品质量作引人误解的虚假表示。

5) 经营者不得采用财物或者其他手段进行贿赂以销售或者购买商品。在账外暗中给予对方单位或者个人回扣的，以行贿论处；对方单位或者个人在账外暗中收受回扣的，以受贿论处。

6) 经营者销售或者购买商品，可以以明示方式给对方折扣，可以给中间人佣金。经营者给对方折扣、给中间人佣金的，必须如实入账。接受折扣、佣金的经营者也必须将其如实入账。

7) 经营者不得利用广告或者其他方法，对商品的质量、制作方法、性能、用途、生产者、有效期限、产地等作引人误解的虚假宣传。

8) 以盗窃、利诱、胁迫或者其他不正当手段获取权利人的商业秘密。

9) 披露、使用或者允许他人使用以前项手段获取的权利人的商业秘密。

10) 违反约定或者违反权利人有关保守商业秘密的要求，披露、使用或者允许他人使用其所掌握的商业秘密。

11) 经营者不得以排挤竞争对手为目的，以低于成本的价格销售商品。

12) 经营者销售商品，不得违背购买者的意愿搭售商品或者附加其他不合理的条件。

13) 经营者不得捏造、散布虚伪事实，损害竞争对手的商业信誉、商品声誉。

### 3. 《中华人民共和国物权法》

《中华人民共和国物权法》(以下简称《物权法》)自2007年10月1日起施行。《物权法》共5编19章，对老百姓关心的物权的设立、变更、转让和消灭、不动产登记、动产交付、物权的保护、所有权、国家所有权和集体所有权、私人所有权、业主的建筑物区分所有权、相邻关系、共有、所有权取得的特别规定、用益物权、土地承包经营权、建设用地使用权、宅基地使用权、地役权、担保物权、抵押权、质权、留置权、占有做出了详细的规定。

物权法与家装没有直接的关系，但如果家装涉及到建筑物的共有部分以及建筑物的安全，就可以用物权法来规范这些行为。因为物权法对建筑物的所有权、共有权及其安全做出了明确的规定。物权法第七十条规定，“业主对建筑物内的住宅、经营性用房等专有部分享有所有权，对专有部分以外的共有部分享有共有和共同管理的权利。”第七十一条规定，“业主对其建筑物专有部分享有占有、使用、收益和处分的权利。业主行使权力不得危及建筑物的安全，不得损害其他业主的合法权益。”第七十二条规定，“业主对建筑物专有部分以外的共有部分，享有权利，承担义务；不得以放弃权利不履行义务。”

### 4. 《物业管理条例》

该条例自2003年9月1日起施行。这是我国第一部物业管理方面的条例，它标志着中国物业管理步入法制化轨道，对规范物业管理、维护业主权益具有重要意义。

住宅室内装饰装修管理是物业管理的基本内容和重要组成部分。从开工申报到竣工验收，物业管理始终贯穿于住宅装饰装修的各个环节中。需要明确指出的是，物业管理单位实施的不是行政管理，没有行政处罚权。

## 14.2 掌握原则 依法行事 >>>

### 14.2.1 安全第一原则

安全是头等大事，《住宅室内装饰装修管理办法》第一章第三条规定：住宅室内装饰装修应当保证工程质量和安全，符合工程建设强制性标准。

家装设计和施工容易导致危险的部位、部件、材料有：

(1) 阳台 高层住宅的阳台是一个容易出危险的部位，尤其对儿童，要有可靠的防范措施。

(2) 卫生间 有些不是框架结构的住宅由于卫生间设计得比较小，许多用户为了扩大卫生间，拆除或部分拆除承重墙，对结构造成危害。

(3) 承重墙、剪力墙 有些用户还会为了实现某种效果，打承重墙和剪力墙的主意，在上面开窗挖洞，有的甚至想把它拆除，这会对房屋整体的承重结构造成严重的影响。

(4) 楼梯 楼梯空间能够激发设计师无穷的想象力，为了追求空灵的效果会舍弃坚实的支撑，因而有可能产生安全问题。设计师应追求的是创意与安全之间的平衡。

(5) 护栏　护栏一般出现在危险部位，护栏本身的结构必须坚固。有些铁艺造型很浪漫，但有许多尖锐的构造，需要注意不要让这些锐利的东西伤害到使用者。

(6) 高龄二手房　房龄比较长的房子装饰装修时，尤其要注意不能拆除承重墙或在承重墙上开洞。碰到质量特别差的房子还应该做房屋结构的加固。

(7) 水、电、气　这些是最容易出现安全问题的隐蔽工程，家装设计师千万不要不懂装懂，一定要让有资质的专门设计师进行专业设计，以免留下隐患。

(8) 玻璃　为了追求时尚，家装中各种各样的玻璃出现在各种各样的构造上，有的甚至用在楼梯的踏板上和地面铺装上。但玻璃毕竟给人的印象是易碎品，尽管用在这些部位的玻璃经过了钢化，还是有必要照顾到某些人的心理感受，如年纪比较大的用户。其他如大面积地采用玻璃构造也要注意设计必要的防护。对某些使用率很高的部位和构件，应尽量避免使用玻璃。儿童和老年人使用的房间也要尽量避免使用玻璃，以免造成意想不到的危险。

### 14.2.2 合理合法原则

早期家装市场多数“设计师”是一些没有建筑结构知识、半路出家的“画家”；多数工匠是对业主百依百顺的“大胆”之徒——他们在业主和“设计师”的指挥下，没有任何约束地改变房屋结构，肆无忌惮地增加建筑的承重，甚至敢于拆除承重墙。用户的有些要求，对设计师来说比较为难，因为遵从了用户肯定要违反有关的规定，而拒绝了用户的要求有可能失去业务。这就尤其需要设计师把握原则，合情、合理、合法地进行处理。

如对有些业主提出打掉承重墙的要求，其本意是为“更有效地利用空间”。但业主想出的办法是扩大空间的“绝对”办法，而懂得专业知识的设计师可以提出“相对”的扩大空间的办法，如利用错觉、利用色彩、利用镜子的反射，在心理上扩大空间，还可以通过设计出小巧玲珑的家具或构造来扩大空间的感觉。通过巧妙地改变格局来避免采用过激的空间处理手段。

但是如果用户坚持不合理的要求，设计师可以向用户讲明危害，让用户自己在安全与设计效果之间做选择，并让其对设计的后果承担责任。如让其签下后果自负的承诺书。在这种情况下，一般用户还是会放弃这样的要求。

### 14.2.3 杜绝违法设计和不当设计原则

#### 1. 杜绝违法设计

违法设计就是设计行为违反了国家或地方制定的相关法律、法规、标准。没有设计资质的人从事有设计资质要求的活动也是违法设计，即使你完全具有相应的知识。住宅室内装饰装修超过设计标准或者规范增加楼面荷载的，应当经原设计单位或者具有相应资质等级的设计单位提出设计方案，家装设计师不能从事这类设计。

(1) 必须禁止的装修行为

1) 未经原设计单位或者具有相应资质等级的设计单位提出设计方案，变动建筑主体和承重结构。

2) 将没有防水要求的房间或者阳台改为卫生间、厨房间。

3) 扩大承重墙上原有的门、窗洞口尺寸，拆除连接阳台的砖、混凝土墙体。

4) 损坏房屋原有节能设施，降低节能效果。

5) 其他影响建筑结构和使用安全的行为。

6) 应该采用阻燃的装饰装修材料而没有采用。高级住宅的装饰装修材料阻燃要求是B1级，所有的材料应在B1级的清单中选择，这是《建筑内部装修设计防火规范》中有明确要求的。

这里所称建筑主体，是指建筑实体的结构构造，包括屋盖、楼盖、梁、柱、支撑、墙体、连接节点和基础等。这里所称承重结构，是指直接将本身自重与各种外加作用力系统地传递给基础地基的主要结构构件和其连接点，包括承重墙体、立杆、柱、框架柱、支墩、楼板、梁、屋架、悬索等。

(2) 必须经过批准的装修行为

1) 搭建建筑物、构筑物。

2) 改变住宅外立面，在非承重外墙上开门、窗洞口。

3) 拆改供暖管道和设施。

4) 拆改燃气管道和设施。

### 2. 杜绝不当设计

不当设计就是从专业角度看明显不合理的设计行为。虽然没有违法，但会给使用人造成使用不便、不舒适，甚至造成安全隐患，以下列举一些不当设计的表现。

1) 应该做防水设计的部位在设计中没有提出防水要求。

2) 应该考虑节能要求的部位没有作节能的技术处理。

3) 应该达到照度要求的部位没有达到相应的照度标准。

4) 需要隔声的部位没有作适当的隔声处理。

5) 只顾室内效果而影响了外墙的统一和美观。

6) 违反人体工程学要求的设计。

7) 应该采用环保设计的技术手段却没有采用。

8) 应该考虑健康设计的部位却没有考虑。

9) 在儿童和老人居室没有考虑居住者的特殊要求等。

不当设计行为在当前的家装设计中大量存在，要消除这些行为主要靠设计师不断总结思考，不断积累设计经验，不断提高设计素质和修养。

# 参考文献

[1] 卢安 · 尼森，雷 · 福克纳，莎拉 · 福克纳 . 美国室内设计通用教材 [M] . 陈德明，陈青，王勇，等译 . 上海：上海人民美术出版社，2004.
[2] 李朝阳 . 装修构造与施工图设计 [M] . 北京：中国建筑工业出版社，2005.
[3] 安娜 · 卡赛宾 . 居室第一印象 [M] . 李艳萍，朱玉山，译 . 上海：上海人民美术出版社 .2004.
[4] 杰克 · 克莱文 . 健康家居 [M] . 王甬勤，译 . 上海：上海人民美术出版社，2004.
[5] 杜台安 . 室内设计经典 [M] . 广州：广东旅游出版社，2004.
[6] 刘超英，张玉明 . 建筑装饰设计 [M] .2 版 . 北京：中国电力出版社，2008.
[7] 深圳市南海艺术设计有限公司 . 装潢世界 [M] . 海口：海南出版公司，2007.
[8] 武勇 . 住宅平面设计指南及实例评析 [M] . 北京：机械工业出版社，2005.
[9] 王苏眉 . 室内空气污染对策 [J] . 生态环境与保护，2005(3).
[10] 朱宝荣 . 应用心理学教程 [M] . 北京：清华大学出版社，2004.
[11] 贾森 . 接单高手基础教程 [M] . 西安：西安交通大学出版社，2004.
[12] 高满如 . 建筑配电与设计 [M] . 北京：中国电力出版社，2003.
[13] 时尚家居杂志社 . 有故事的家 [M] . 北京：中国城市出版社，2003.
[14] 时尚家居杂志社 . 有表情的家 [M] . 北京：中国城市出版社，2003.
[15] 时尚家居杂志社 . 把家搬到郊外去 [M] . 北京：中国城市出版社，2003.
[16] 刘超英 . 关于推行“全装修住宅”制度对各方利益影响的研究报告 [R] . 宁波工程学院院级软科学课题，2003.
[17] 刘超英 . 家装设计攻略 [M] . 北京：中国电力出版社，2007.
[18] 孙利明 . 方太 · 厨房 · 家 [M] . 上海：上海画报出版社，2005.
[19] 吴宗锦 . 杰出室内设计精选 [M] . 台北：泉源出版社，1980.
[20] 叶国献 . 建筑结构选型概论 [M] . 武汉：武汉理工大学出版社，2003.
[21] 于军，马浩东 . 重组空间扩充储藏 [J] . 瑞丽装修，2005(4).
[22] 欧美居室装饰设计资料集编委会 . 欧美居室装饰设计资料集 [M] . 哈尔滨：黑龙江科学技术出版社，1992.
[23] 刘超英 . 既有住宅如何进行节能改造 [J] . 新型建筑材，2006(1).
[24] EricaBrown.INTERIORVIEWSDesignatItsBest [M] . 东京：株式会社美术出版社，1980.
[25] 崔小波 . 传统与现代同居家庭的 Sexuality 及其意义 [C] .Sexuality 研讨会论文

集．中国人民大学性社会学研究，2002.
[26] 全国一级建造师执业资格考试用书编写委员会．装饰装修工程管理与实务 [M]．北京：中国建筑工业出版社，2004.
[27] 刘加平．建筑物理 [M]．3 版．北京：中国建筑工业出版社，2003.
[28] 查德·韦伯．你的客户住在哪里 [J]．哈佛商业评论，2005.
[29] 亚历杭德罗·巴哈蒙．小型公寓 [M]．张宁，译．大连：大连理工大学出版社，2003.
[30] 魏亚娟．客厅规划书 [M]．汕头：汕头大学出版社，2004.
[31] 魏亚娟．卧室规划书 [M]．汕头：汕头大学出版社，2004.
[32] 魏亚娟．儿童房规划书 [M]．汕头：汕头大学出版社，2004.
[33] 魏亚娟．浴室规划书 [M]．汕头：汕头大学出版社．2004.
[34] 刘超英．和谐家庭居住艺术 [R]．浙江省社会科学界联会会科学普及课题．2008.
[35] 刘超英．陈立来．宁式家具艺术 [M]．北京：中国电力出版社，2008.
[36] 刘超英．少年居室与成长 [M]．南昌：21 世纪出版社．1993.

# 后记

本书是家装设计领域第一本以《家装设计学》为名的书，之所以把“学”字赋予“家装设计”，并不是想打“学”字的大旗来提高家装设计这门学科的地位，也更不是要哗众取宠吸引读者的眼球，而是家装设计确确实实能够作为一个独立的“学科”，有一系列值得大家进行深入探讨的系统的学问。而且，与之相关的学科和学问也非常多、非常复杂。它需与社会学、心理学、经济学、市场学、美学、文化学、建筑学、材料学、艺术设计学、美术学、民俗学、管理学、教育学、法学等学科的相关内容紧密交叉，需要整合这些学科的相关知识，形成自己独立的学科体系。要成为成功的家装设计师，需要有开阔的学术视野，深厚的文化底蕴，丰富的相关学科知识以及多方面的能力——如对市场、业主、房屋、时尚等要素敏锐的洞察能力，对空间、形象、效果、氛围丰富的想象能力，对造型、理念、构思、特色高超的表达能力，对艺术、风格、个性、品位超强的把握力，与业主、材料商、施工人员及其他相关技术人员较强的沟通能力和全面的协调能力，对经济、质量、工期、规章严格的控制能力，对新知识、新技术、新理念持续的学习能力，以及对上述各个方面强烈的创新能力。所有这些都需要有多方面的学科知识的支撑。

但以本人的学识要完成这个任务显然是十分艰巨的，好在本书的成稿得到的许多人的鼓励和帮助，我的父母给予我无私而博大的爱和教诲；我的学生给予我不少期待和建议；我的同事和朋友给予我真诚的帮助和指正；我的工作单位——宁波工程学院的领导给予我大力的关心和支持。还要特别提到的是，我的书稿的责任编辑——机械工业出版社编辑李俊玲老师在本书的选题立项、加工提高、出版事务等方面做了大量严谨、细致而卓有成效的工作。在此，向这些给予我无私帮助的亲朋好友、同事学生、领导、编辑表示我由衷的感谢！

在本书的编写过程中，参考了《时尚家居》、《新居室》、《装潢世界》、《城市住宅》、《美化家庭》、《家居主张》、《宁波装饰》、《雅舍》、《当代设计》、《今日家居》等杂志，在此表示感谢！

限于水平和眼界，书中一定存在不少错误，希望读者、同行、专家不吝指正。需要特别指出的是，本书为了说明抽象的原理，引用了不少设计高手的设计作品，因为难于同原作者取得联系，在这里向这些作品的作者表示感谢和敬意，他们的设计实践既为人类创造了优异的生活空间和文化财富，同时也从不同角度为读者做了精彩的设计示范，这是他们的荣誉和贡献！